高等职业教育“十四五”规划教材

水处理实验技术

（第二版）

本莲芳　胡甫嵩　主编

中国石化出版社

·北京·

内　容　提　要

本书内容包括实验基础理论、给水处理实验、污水处理实验、污水微生物处理实验、智能水处理设施运维实训及典型污水处理厂 3D 仿真实训，共六部分 40 个实验。每个实验包括实验目的、原理和实验步骤，在内容叙述上力求做到简明扼要，并附有思考题以便学习和实验工作的深入。同时增加了实训和仿真实验，旨在培养学生独立思考、设计实验、独立分析问题和解决问题的能力。

本书可作为高等专科学校和高等职业本科院校的水净化与安全技术、环境工程技术、水环境智能监测与治理等环境类专业教学用书，也可供相关技术人员参考。

图书在版编目(CIP)数据

水处理实验技术 / 本莲芳，胡甫嵩主编. —2 版. 北京 ：中国石化出版社，2024. 12. —ISBN 978-7-5114-7614-2

Ⅰ. TU991. 2-33

中国国家版本馆 CIP 数据核字第 20245J1W14 号

中国石化出版社出版发行

地址：北京市东城区安定门外大街 58 号

邮编：100011 电话：(010)57512500

发行部电话：(010)57512575

http://www. sinopec-press. com

E-mail：press@ sinopec. com

北京科信印刷有限公司印刷

全国各地新华书店经销

*

787 毫米×1092 毫米 16 开本 12 印张 283 千字

2025 年 1 月第 2 版　2025 年 1 月第 1 次印刷

定价：38. 00 元

前　言

《水处理实验技术》是环境工程技术、给排水工程技术、水净化与安全技术等专业的必修课程，是水处理教学的重要组成部分。通过本课程的学习，可以加深学生对水污染控制技术理论课程中基本概念、基本原理、设备结构的理解，培养学生根据污水性质，结合水处理基本原理设计水处理实验方案的能力，掌握开展水处理实验的一般技能及使用实验仪器和设备的基本能力，提高学生分析与处理实验数据的能力。为适应现代教学模式，本课程结合中试试验设备增加了智能水处理设施运维实训，针对教学中难以理解的复杂结构和复杂运动，开发了污水处理3D仿真教学软件，使教学过程与生产过程紧密结合。

全书共分6章，第1章实验基础理论；第2章给水处理实验；第3章污水处理实验；第4章污水微生物处理实验；第5章智能水处理设施运维实训；第6章污水处理仿真实训。为了使教材内容、实验方法更具有先进性和实用性，教材中选用的实验装置与设备，既包含传统水处理工艺，又包含了近年来国内外新工艺、新技术，这对提高学生的实践动手能力、创新思维能力具有重要意义。教师可根据专业特点，有重点地选择部分实验进行教学，通过基础实验加深对水污染控制技术、水环境监测技术、环境微生物技术等课程的理解；通过智能水处理设施运维实训和3D仿真实验，避免单纯依靠学校教育所带来的理论与实践、知识与技能相脱节的弊端，使学生更能适应现代社会对高素质高技能人才的要求。

本教材由本莲芳、胡甫嵩主编，第1~4章由本莲芳编写，第5~6章由胡甫嵩编写，实训视频由夏德强教授录制，全书由本莲芳统稿，并负责拟定编写提纲，做最后的修改定稿工作。在编写过程中兰州石化职业技术大学李薇、尚秀丽教授对教材的内容提出了许多宝贵意见；同时得到了中国石化出版社、兰州石化公司等单位领导和专家的大力支持与协助，在此表示衷心感谢。兰州石化公司污水处理厂高级工程师魏艳丽参与了部分实验的编写，另外，书中还借鉴了许多专家学者的相关文献资料，设备、软件供应单位的技术资料，引用了其中部分内容，在此一并表示衷心的感谢！

本教材适合作为高等专科学校、高等职业本科院校师生的实验教学和学习参考书，也可供从事环境工程、给排水工程的相关工作人员阅读和参考。

由于编者水平有限，疏漏和不妥之处在所难免，恳请使用本书的师生及业界同人批评指正。

编　者

2024 年 10 月

目　录

实验基础理论

学习目的

1. 掌握实验室规则及安全知识；
2. 了解实验设计方法，掌握单因素、双因素实验设计法；
3. 掌握实验数据处理以及水样的采集与保存方法。

1.1 实验室规则及安全知识

1.1.1 实验室规则

1）实验前应认真预习，明确实验目的，了解实验基本原理、内容及注意事项，并写好预习报告。

2）进入实验室必须穿工服，严禁穿拖鞋和穿拖鞋样式凉鞋进实验室。严禁携带食品进入实验室，不准在实验室内吸烟、打闹，保持实验室的安静。

3）实验前，先检查所使用的仪器设备，发现异常及时报告指导教师，使用前必须熟悉仪器、设备的使用方法及其性能。实验过程中若发生故障，必须及时报告老师检查，不得擅自乱动。

4）实验时，听从老师讲解指导，必须严格按照操作规程、实训流程进行操作，不得擅自动用仪器设备，因个人违规造成仪器设备损坏要赔偿。

5）实验过程中，不得擅自离岗，应仔细观察实验现象并做好实验记录。

6）实验过程中保持实验台面干净、整洁，实验台上的抹布用后要及时清洗并摆放整齐。实验所用试剂、玻璃器皿必须按项目分类摆放整齐，使用后立即清洗并放回原处。所有试剂瓶应保持整洁，标签填写正确规范，字迹清楚。

7）实验过程产生的废液应集中倾入指定废液桶中，不得随意乱倒。

8）实验中严格遵守水、电、气、易燃易爆及有毒药品等的安全管理规定，爱护公物，养成节约水电和实验耗材的良好习惯。

9）实验过程中出现问题时应积极思考，分析原因，及时与指导教师沟通，寻求解决办法。

10）实验记录必须本着实事求是的原则，遵守有效数字及其运算规律，做到书面字迹清楚、规范、准确无误。

11）实验结束后，将使用仪器、设备恢复原态，玻璃器皿按规定清洁并摆放整齐，地面、水槽清洁无垢，做清洁用的物品摆放有序。离开实验室时关好水、电源、气、门窗，不得将实验室内物品带离实验室。

1.1.2 实验室安全知识

水处理实验过程中，经常使用水、电、气，甚至有些易燃易爆、强酸强碱等腐蚀性试剂，为保障学生安全，促进实验教学顺利进行，防范安全事故发生，实验前必须熟悉实验原理、各种教学仪器的操作步骤和注意事项、实验药品的物理化学性能，另外还需掌握实验室突发性事件应急处理预案。

1. 实验室安全守则

1）实验室应配备专用消防器材及灭火水栓。设置的消防器材应经常检查，保证完好，不得随便借作他用。

2）进入实验室，首先了解实验室的布局，熟悉安全通道以及灭火器、急救箱等安全用具的使用。

3）实验进行时，不得擅自离岗，水、电、气等一经使用完毕须立即关闭。实验结束后，值日生和最后离开实验室的人员应再一次检查水、电、气是否已关好。

4）实验室使用的化学试剂应由负责老师保管，严格分类安全存放，药品标签清楚牢固，定期检查使用和储存情况。绝不允许任意混合各种化学药品，以免发生事故。

5）浓酸、浓碱等具有强腐蚀性的药品，切勿溅在皮肤或衣服上，尤其不可溅入眼睛中。

6）极易挥发和引燃的有机试剂（如乙醚、乙醇、丙酮、苯等），使用时必须远离明火，用后要立即塞紧瓶塞，放在阴凉处。易挥发药品随领随用，放置于实验室的易挥发药品不能多于1瓶。

7）加热时，要严格遵守操作规程。制备或实验具有刺激性、恶臭和有毒的气体时，必须在通风橱内进行。通风橱电源完好，台面清洁，橱内电炉架摆放整齐，加热结束确保电源关闭，并将喷溅出来的药品擦拭干净。通风橱下层严禁放置药品试剂。

8）剧毒试剂必须实行双人、双锁管理，而且要指定具备较高素质、工作认真负责、有一定的专业知识和安全知识的专门人员管理。剧毒试剂使用时领用人须填写“剧毒试剂领用记录”，将领用的剧毒试剂名称、数量等填写清楚。领用时应由两人开锁，取出试剂后要检查原包装的完整性，封口条完好，标签完整，外标识完整等确认无误后，再交给领用人。

9）易燃、易爆等物品存储库房需具备通风、防爆、防火、恒压等安全措施并保持整洁。严格执行危险物品的操作制度，严防撞击、翻滚、摩擦，做到轻装轻放。

10）实验室内任何药品不得进入口中，有毒药品更应特别注意。有毒废液不得倒入水槽，以免与水槽中的残酸作用而产生有毒气体。防止污染环境，增强自身的环境保护意识。

11）实验过程中如遇水压变化或停水后未及时将水龙头关闭造成事故者（如实验室被淹等），按违反安全操作规程处理。

12）实验室电器设备的功率不得超过电源负载能力。电气设备使用前应检查是否漏电，常用仪器外壳应接地。使用电器时，人体与电器导电部分不能直接接触，也不能用湿手接触电器插头。

13）进行危险性实验时，应使用防护眼镜、面罩、手套等防护用具。

14）任何品种化学试剂除工作需要外，未经批准严禁带出化学药品库房。

2. 应急措施

1）创伤（碎玻璃引起的）。伤口不能用手抚摸，也不能用水冲洗。若伤口里有碎玻璃片，应先用消过毒的镊子取出来，在伤口上擦龙胆紫药水，消毒后用止血粉外敷，再用纱布包扎。伤口较大，流血较多时，可用纱布压住伤口止血，并立即送医院治疗。

2）烫伤或灼伤。烫伤后一般可在伤口处擦烫伤膏或用浓高锰酸钾溶液擦皮肤，再涂上凡士林或烫伤膏。被磷灼伤后，可用高锰酸钾溶液洗涤伤口，然后进行包扎，切勿用水冲洗。

3）受（强）碱腐蚀。先用大量水冲洗，再用2%醋酸溶液或饱和硼酸溶液清洗，然后再用水冲洗。若碱溅入眼内，用硼酸溶液冲洗。

4）受（强）酸腐蚀。先用干净毛巾擦净伤处，用大量水冲洗，然后用饱和碳酸氢钠溶液（或稀氨水、肥皂水）冲洗，再用水冲洗，最后涂上甘油。若酸溅入眼睛，先用大量水冲洗，再用碳酸氢钠溶液冲洗，严重者送医院治疗。

5）误吞毒物。常用的解毒方法是：给中毒者服催吐剂，如肥皂水、芥末水或服鸡蛋白、牛奶和食物油等，以缓和刺激，随后用干净手指伸入喉部，引起呕吐。注意磷中毒的人不能喝牛奶，可用5~10mL 1%的硫酸铜溶液加入一杯温开水内服，引起呕吐，然后送医院治疗。

6）吸入毒气。中毒很轻时，通常只要把中毒者移到空气流通的地方，解松衣服（但要注意保温），使其安静休息，必要时给中毒者吸入氧气，但切勿随便使用人工呼吸；若吸入溴蒸气、氯气、氯化氢等，可吸入少量酒精和乙醚的混合物蒸气，使之解毒；吸入溴蒸气的，也可用嗅氨水的办法减缓症状；吸入少量硫化氢者，立即送到空气流通的地方；中毒较重的，应立即送到医院治疗。

7）触电。首先切断电源，若来不及切断电源，可用绝缘物挑开电线，在未切断电源之前，切不可用手拉触电者，也不能用金属或潮湿的东西挑电线，若出现休克现象，要立即进行人工呼吸，并送医院治疗。

1.2 实验设计

1.2.1 实验设计简介

实验设计是进行实验的前提和依据，通过对实验进行科学合理的安排，可有效地缩短实验周期，合理地减少人力、物力，最大限度地获得丰富的资料和可靠的结论。实验设计在水处理中具有重要的作用，它是水处理工作者必须掌握的技能和方法。常见的方法有单因素实验设计法、双因素实验设计法和正交实验设计法，实验前选择何种方法，应根据实验内容和研究对象而定。

在实验设计中，用来衡量实验效果好坏的指标称为实验指标或简称指标。在实验中一般要先确定一项或几项研究指标，然后考察实验中这些指标值随实验参数的变化情况。例如，在水处理实验中常用 pH 值、COD、BOD、SS 等指标来判断水质状况。

在生产过程和科学研究中，对实验指标产生影响的要素称为因素。例如细菌培养条件优化实验中，温度、pH 值等均为实验因素。有一类因素，在实验中可以人为地加以调节和控制，如混凝实验中的投药量和 pH 值，称为可控因素；另一类因素，由于技术、设备和自然条件的限制，暂时不能人为调节，如水处理中的气温、风速等，称为不可控因素。在实验设计中，一般只考虑可控因素，因此本书中的因素凡未特殊说明都指可控因素。因素一般用大写字母 A，B，C……来表示。在选择实验因素时应注意，因素的数目要适中，太多会增加大量实验次数，造成主次不分；太少会遗漏重要因素，达不到预期目的。有的因素在长期实践中已经比较清晰，可暂时不考察。只考察一个因素的实验称为单因素实验，考察两个因素的实验称为双因素实验，考察两个以上因素的实验称为多因素实验。下面我们来简单地了解一下单因素实验、双因素实验和正交实验设计。

1.2.2 单因素实验设计

单因素实验设计的方法包括均分法、对分法、黄金分割法、分数法、分批实验法等，实验前应根据实验要求、研究对象等选择适当的方法进行实验设计。

1. 均分法

均分法是实验范围内，根据精度要求和实际情况，均匀地安排实验点，在每个实验点上进行实验并相互比较以求得最优点的方法(见图 1-1)。均分法的优点是得到的实验结果可靠、合理，适用于各种实验目的；缺点是实验次数较多，工作量较大，不经济。

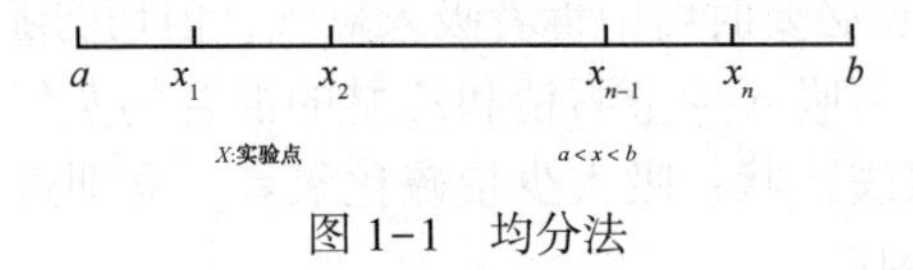

图 1-1　均分法

2. 对分法

对分法是一种简洁、方便、应用广泛的方法。采用对分法时，首先要根据经验确定实验范围[a，b]，第一次实验安排在[a，b]的中点 $x_1=(a+b)/2$ 上，根据实验结果判断下一步的实验范围，并在新范围的中点进行实验。如结果显示 x_1 取大了，则去掉大于 x_1 的一半，第二次实验范围为[a，x_1]，实验点在其中点 $x_2=(a+x_1)/2$ 上；如结果显示 x_1 取小了，则去掉小于 x_1 的一半，第二次实验范围为[x_1，b]，实验点在其中点 $x_2=(x_1+b)/2$ 上。重复以上过程，每次实验就可以把查找的目标范围减小一半，实验次数大大减少，且取点方便。适用于预先已经了解所考察的因素对指标的影响规律的情形，能够从上一个实验结果直接分析出该因素的值是取大了还是取小了，适用范围较窄。

3. 分数法

分数法又称为斐波纳契数列法，是利用斐波纳契数列进行单因素优化实验设计的一种方法。在实验点只能取整数，或者限制实验次数的情况下，较难采用黄金分割法进行优选，这时可采用分数法。例如，斐波纳契数列可由下列递推式确定：

$$F_0 = F_1 = 1,\ F_n = F_{n-1} + F_{n-2}(n = 2,\ 3,\ 4\cdots\cdots)$$

即如下数列：

1，1，2，3，5，8，13，21，34，55，89，144，233……

该数列前后两项之比为分数数列$\{F_n / F_{n+1}\}$：

$$1,\ \frac{1}{2},\ \frac{2}{3},\ \frac{3}{5},\ \frac{8}{13},\ \frac{13}{21},\ \frac{21}{34}\cdots\cdots$$

若实验的范围为$[a,\ b]$，分数法确定各实验点的位置，可采用下列公式求得：

$$x_1 = (b - a) \times \frac{F_n}{F_{n+1}} + a;\ x_2 = (b - x_m) + a$$

其中x_1为第一个实验点，x_2为新实验点，x_m为已实验的实验点数值。

由于新实验点(x_2，x_3，……)安排在余下范围内与已实验点相对称的点上，因此，不仅新实验点到余下范围的中点的距离等于已实验点到中点的距离，而且新实验点到左端点的距离也等于已实验点到右端点的距离，即：

新实验点-左端点=右端点-已实验点

在使用分数法进行单因素优选时，应根据实验范围选择合适的分数，所选择的分数不同，实验次数和精度也不一样，如表1-1所示。

表1-1　分数法实验点位置与精确度

实验次数	2	3	4	5	6	7	…	n	…
等分实验范围的份数	3	5	8	13	21	34	…	F_{n+1}	…
第一次实验点的位置	2/3	3/5	5/8	8/13	13/21	21/34	…	F_n/F_{n+1}	…
精确度	1/3	1/5	1/8	1/13	1/21	1/34	…	$1/F_{n+1}$	…

1.2.3　双因素实验设计

对于双因素问题，往往采取把两个因素变成一个因素的办法(即降维法)来解决，也就是先固定第一个因素，做第二个因素的实验，然后固定第二个因素再做第一个因素的实验。双因素优选问题，就是迅速地找到二元函数$z=f(x,\ y)$的最大值，及其对应的$(x,\ y)$点的问题，这里的x，y代表双因素。双因素优选法的实验设计包括对开法、旋升法、平行线法等。

1. 对开法

两因素时，假设优选范围为矩形$a<x<b$，$c<y<d$，优选过程如图1-2所示，首先在直角坐标系中画出一矩形，在此矩形的纵横两根中线$x=\frac{a+b}{2}$，$y=\frac{c+d}{2}$上用单因素方法求出最优点P，Q，如果Q较大，去掉$x<\frac{a+b}{2}$的部分，否则去掉另一半，逐步得到所需要的结果。

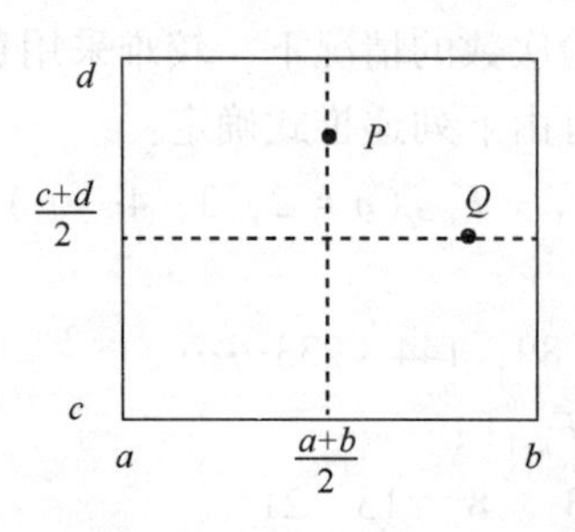

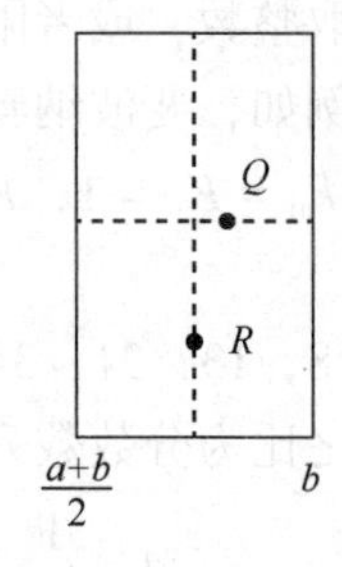

图 1-2　对开法

2. 旋升法

旋升法的优选过程如图 1-3 所示，假设优选范围为矩形，$a<x<b$，$c<y<d$，首先在一条中线上，例如 $x=\dfrac{a+b}{2}$ 上，用单因素法求得最大值，假定最大值在 P_1 点，然后过 P_1 点作水平线，在这条水平线上利用单因素优选法找到最大值，假定最大值在 P_2 处，这时去掉通过 P_1 点的直线所分开的不含 P_2 点的部分（即 $x<\dfrac{a+b}{2}$ 的部分）；再在通过 P_2 点的垂线上找最大值，假定最大值在 P_3 点处，此时应去掉 P_2 的上部分，重复以上步骤，继续找下去，直到找到最佳点（因素的先后顺序按各因素对试验结果影响的大小顺序排列）。

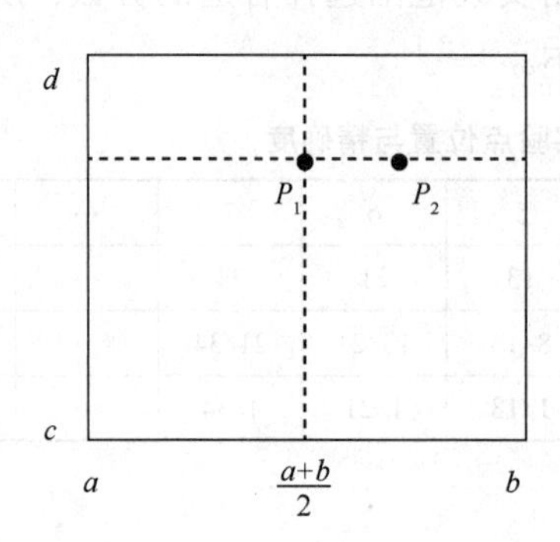

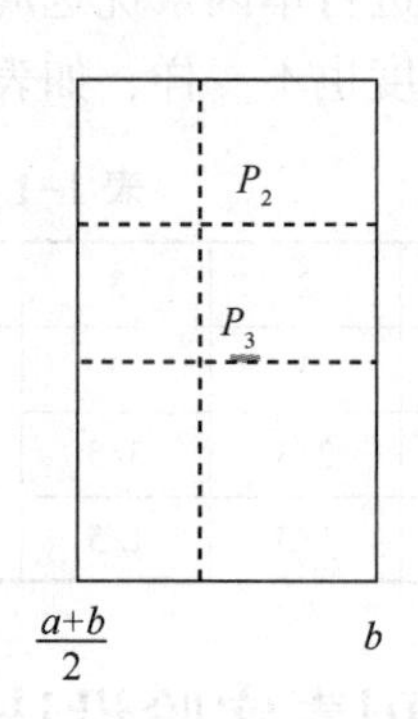

图 1-3　旋升法

3. 平行线法

两因素中，如果有一个因素不易改变，则选择平行线法，其优选过程如图 1-4 所示，假设优选范围为矩形 $a<x<b$，$c<y<d$，把不易调整的因素，固定在实验范围的某个位置，采用单因素法，对另一个因素进行优选，找到最大值。

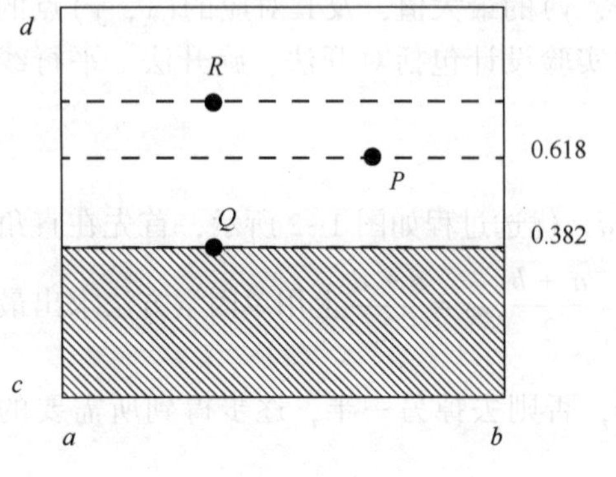

图 1-4　平行线法

例如，先将 y 固定在范围 (c, d) 的 0.618 处，即 $y=c+0.618\times(d-c)$，用单因素法找最大值 P 点。再把 y 固定在范围 (c, d) 的 0.382 处，即 $y=c+0.382\times(d-c)$，用单因素法找到最大值 Q 点。比较 P、Q 两点的结

果，如果 $P>Q$，则去掉 Q 点下面的部分，否则去掉 P 点上面的部分，再用同样的方法处理余下的部分。

1.2.4　多因素正交实验设计

在科学实验中，考察的因素往往很多，而每个因素的水平数也很多，如果要进行全面实验，即对每一个因素的每一种水平组合都要进行实验，将导致实验次数太多，比如一个五因素(A、B、C、D、E)，每个因素四个水平的优选实验，如果按照全面实验的方法，则需要做 $4^5=1024$ 次实验，要做这么多的实验，既费时又费力，在有些情况下根本无法完成。正交实验设计是一种多因素的优化实验设计方法，可以达到减少实验次数，缩短实验周期，降低实验和生产成本，迅速找到优化方案实现最大效益的目的。

1. 正交实验设计的基本方法

(1) 明确实验目的，确定评价指标

根据工程实际明确实验要解决的问题，同时要结合工程实际选用能定量或定性表达的突出指标作为实验分析的评价指标，指标可能有一个也可能有几个。

(2) 挑选因素与水平，确立各因素水平表

当影响实验成果的因素很多，且由于条件限制不能对每个因素都进行考察时，需要根据专业知识、有关文献资料、以往经验和研究结论，通过因素分析筛选，排除一些次要因素，挑选一些主要因素。

当实验因素选定后，根据所掌握的信息资料和相关知识，确定每个因素的水平，一般以2~4个水平为宜。对主要考察的或特别希望详细了解的实验因素，可以多取水平，但不宜过多，否则会使实验次数骤增。

因素的水平分为定性和定量两种，定性因素要根据实验具体内容，赋予该因素每个水平以具体含义，如药剂种类、操作方式或药剂投加次序等；定量因素大多是连续变化的，需要根据专业知识和已有资料，结合正交表的选用来确定因素的水平数和各水平的取值，水平值可以用等差或等比数列来安排，且尽可能将值取在理想区域。当因素和水平都选定后，便可列成因素水平表。

(3) 选择合适的正交表

常用的正交表有几十个，可以灵活选择，正交表的选择原则是在能够合理安排实验因素和交互作用的前提下，尽可能选用较小的正交表，以减少实验次数，表1-2为 $L_9(3^4)$ 正交表。

表1-2　$L_9(3^4)$ 正交表

实验号	列号			
	1	2	3	4
1	1	1	1	1
2	1	2	2	2
3	1	3	3	3
4	2	1	2	3
5	2	2	3	1

续表

实验号	列号			
	1	2	3	4
6	2	3	1	2
7	3	1	3	2
8	3	2	1	3
9	3	3	2	1

注：在 $L_9(3^4)$ 正交表中："L"表示正交表，L 右下角的数字"9"表示正交表有 9 行，即要做的实验次数；括号内的底数"3"表示因素的水平数，括号内 3 的指数"4"表示有 4 列，最多可以安排 4 个三水平的因素。因此，$L_9(3^4)$ 正交表告诉我们，表中共有 9 行 4 列，每列出现不同数字的个数是 3 个(见表 1-2)。如果用它来安排正交实验，则最多可以安排 4 个因素，每个因素都要求三水平，实验次数为 9 次。

（4）确定实验方案并安排实验

根据 $L_9(3^4)$ 正交表，对三因素三水平实验进行设计，见表 1-3。

表 1-3　三因素三水平正交实验设计

实验号＼因素	A	B	C	组合
1	A_1	B_1	C_1	$A_1B_1C_1$
2	A_1	B_2	C_2	$A_1B_2C_2$
3	A_1	B_3	C_3	$A_1B_3C_3$
4	A_2	B_1	C_2	$A_2B_1C_2$
5	A_2	B_2	C_3	$A_2B_2C_3$
6	A_2	B_3	C_1	$A_2B_3C_1$
7	A_3	B_1	C_3	$A_3B_1C_3$
8	A_3	B_2	C_1	$A_3B_2C_1$
9	A_3	B_3	C_2	$A_3B_3C_2$

进行实验时应注意以下问题：必须严格按照规定的方案完成每一号实验；实验进行的次序没必要完全按照正交表上的实验号顺序，可按照抽签方法随机决定实验进行的顺序；做实验时，实验条件的控制力求做到十分严格，尤其在水平值差别不大时。

2. 正交实验结果的极差分析

按照正交实验设计方案进行实验后，将获得大量实验数据，如何利用这些数据进行科学的分析，从中得到正确结论，是实验设计不可分割的一部分。正交实验的结果分析方法主要包括极差分析和方差分析，这里主要介绍极差分析。

极差分析又称为直观分析，是一种常用的分析实验结果的方法，其具体步骤如下。

（1）填写评价指标

将每组实验的数据分析处理后，求出相应的评价指标值，填入正交表的右栏实验结果内。

（2）计算各列的各水平效应值 K_i、$\overline{K_i}$ 和极差 R 值

K_i = 任一列上水平号为 i 时对应的指标值之和

$$\overline{K_i} = \frac{K_i}{\text{任一列上各水平出现的次数}}$$

$$R = \text{任一列上}\overline{K_i}\text{的极大值与极小值之差}$$

R 称为极差，是衡量数据波动大小的重要指标，极差越大的因素越重要。

（3）比较各因素的极差 R 值

根据 R 值的大小顺序，即可排出因素对实验指标影响的主次顺序。极差越大的列，其对应因素的水平改变时，对应实验指标的影响越大，这个因素就是主要因素；相反，则是次要因素。

（4）比较同一因素下各水平的效应值 $\overline{K_i}$，确定较优方案

较优方案是指在所做的实验范围内，各因素较优水平的组合。各较优因素水平的确定与实验指标有关，若指标是越大越好，则应选取使指标大的水平，即各列中 $\overline{K_i}$ 最大的那个值对应的水平；反之，若指标是越小越好，则应选取使指标小的水平。

（5）画因素与指标的关系图——趋势图

上述较优方案是通过直观分析得到的，但它实际上是不是真正的较优方案还需要做进一步的验证。因此，可以因素水平为横坐标，指标 $\overline{K_i}$ 为纵坐标，画出因素与指标的关系图——趋势图，它可以更直观地看出各因素及水平对实验结果的影响，为进一步实验指明方向。

3. 正交实验设计举例

对原水进行直接过滤正交实验，投加药剂为碱式氯化铝，考察因素包括：混合速度梯度、滤速、混合时间和投药量。

1）实验目的：通过实验，确定原水过滤后影响水浊度因素的主次顺序及各因素较佳的水平条件。

2）挑选因素：混合速度梯度、滤速、混合时间和投药量。

3）确定各因素的水平：为了能减少试验次数，又能说明问题，因此每个因素选用 3 个水平，列出因素水平表，如表 1-4 所示。

表 1-4　原水过滤因素水平表

水平＼因素	混合速度梯度/s^{-1}	滤速/(m/h)	混合时间/s	投药量/(mg/L)
1	400	10	10	9
2	500	8	20	7
3	600	6	30	5

4）确定实验评价指标：本实验以水浊度为评价指标。

5）选择正交表：根据以上所选的因素与水平，确定选用 $L_9(3^4)$ 正交表。

6）确定实验方案：根据已定因素、水平及选用的正交表，确定正交实验方案，填写在表1-5中，按规定的方案做实验，得到实验结果。将实验结果的原始数据，通过数据处理求出的浊度值填写在表1-5中相应的实验结果栏内。

表1-5　原水过滤实验方案及实验结果直观分析表

实验号	因子				
	混合速度梯度/s^{-1}	滤速/(m/h)	混合时间/s	投药量/(mg/L)	水浊度
1	400	10	10	9	0.75
2	400	8	20	7	0.80
3	400	6	30	5	0.85
4	500	10	20	5	0.90
5	500	8	30	9	0.45
6	500	6	10	7	0.65
7	600	10	30	7	0.65
8	600	8	10	5	0.85
9	600	6	20	9	0.35
K_1	2.40	2.30	2.25	1.55	
K_2	2.00	2.10	2.05	2.10	
K_3	1.85	1.85	1.95	2.60	
$\overline{K_1}$	0.80	0.77	0.75	0.52	
$\overline{K_2}$	0.67	0.70	0.68	0.70	
$\overline{K_3}$	0.62	0.62	0.65	0.86	
R	0.18	0.15	0.10	0.18	

由表1-5可知，各因素影响水浊度的主次顺序是：混合时间→滤速→投药量→混合速度梯度。各因素的较佳的水平条件是混合速度梯度为600s^{-1}，滤速为6m/h，混合时间为20s，投药量为9mg/L。

1.3　误差与实验数据处理

实验中，我们经常需要进行一系列的测定来获得大量的数据。测量过程中，由于各种原因，测量结果难免会有误差，因此我们一方面要进行误差分析，估计测试结果的可靠程度，并对其给予合理解释。另一方面还需要进行数据的整理与处理，用一定的方法表示出各数据之间的相互关系。

对实验结果进行误差分析与数据处理的目的如下：

1）可以根据实验目的，合理选择实验装置、仪器、条件和方法；

2）能正确处理实验数据，以便在一定条件下得到接近真实值的最佳结果；

3）合理选定实验结果误差，避免由于误差选取不当造成人力、物力的浪费；

4）总结测定结果，得出正确的实验结论，并通过必要的归纳整理，为验证理论分析提供条件。

1.3.1 误差的基本概念

1. 真值

真值是指在某一时刻或某一状态下，某个量的实际值。

2. 误差的定义

误差是指实验测量值与真实值之间的差。

实验过程中被测量的数值形式通常不能以有限位数表示，加上仪器、测试方法、环境、人的观察力、实验方法等都不可能做到完美无缺，测量值和它的真值并不完全一致，这种矛盾在数值上的表现即为误差。任何测量结果都具有误差，误差存在于一切测量的全过程。

3. 绝对误差和相对误差

（1）绝对误差

对某一指标进行测量后，测量值与真实值之间的差值称为绝对误差。绝对误差反映了实验值偏离真值的大小，通常所说的误差一般是指绝对误差。

$$\text{绝对误差} = \text{测量值} - \text{真值}$$

（2）相对误差

判断一个实验值的准确程度，除了要看绝对误差的大小，还要考虑实验值本身的大小，故我们引入了相对误差的概念。

绝对误差与真值的比值称为相对误差（常以百分数表示），其表达式为：

$$\text{相对误差} = \frac{\text{绝对误差}}{\text{真值}} \times 100\%$$

4. 实验数据误差的分类及来源

实验数据的误差根据其性质和产生的原因可分为系统误差、随机误差和过失误差三类。

（1）系统误差

测量过程中，由于某些恒定因素造成的测量值与真值之间的差别，这些因素使测定结果永远朝着一个方向发生偏差，其大小和符号在多次重复实验中几乎相同，系统误差又称为可测误差或恒定误差。

由于系统误差具有一定的规律性，因此可根据其产生的原因，采取一定的技术措施，设法消除或减小。比如完善分析方法、校准测量仪器、使用纯度高的试剂、保持环境因素的稳定、培养良好读数习惯等。

（2）随机误差

测量过程中，测量值总是变化且变化不定，其误差时大、时小，时正、时负，方向不定，但是多次测试后，其平均值趋于零。随机误差又称偶然误差或不可测误差，是由测量过程中各种随机因素的共同作用造成的。

随机误差是由能够影响测量结果的许多不可控制或未加控制的因素的微小波动引起的。随机误差除通过严格控制实验条件、按照分析操作规程正确进行各项操作外，还可用增加测量次数的办法来减小。

(3) 过失误差

过失误差又称粗差，是由于操作人员测量过程中犯了不应有的错误造成的。如读数错误、记录错误、测量操作疏忽和失误。对于确知的存在过失误差的测量结果应剔除，重新测量。

过失误差的消除，关键在于分析操作人员必须养成良好的工作习惯，不断提高理论知识和操作技术水平。

1.3.2 实验数据的精准度

1. 准确度

准确度是指测量值与真值的符合程度，一般用相对误差表示。

它反映了测量结果中系统误差和随机误差的影响，可以用测量标准物质或以测定标准物质回收率的办法来评价分析方法和测量系统的准确度。

当采用不同分析方法对同一样品进行重复测定时，所得结果一致或统计检验表明其差异不显著时，则可认为这些方法都具有较好的准确度；如果所得结果出现较大差异，应以被公认的可靠方法为准。

2. 精密度

精密度反映了随机误差大小的程度，是指在相同的实验条件下，多次实验值的彼此符合程度。精密度的大小用偏差表示，偏差越小说明精密度越高。

例如：甲、乙两人对同一个量进行测量，得到两组实验值：

甲：11.45、11.46、11.45、11.44

乙：11.39、11.45、11.48、11.50

很显然，甲组数据的彼此符合程度好于乙组，故甲组数据的精密度较高。

准确度和精密度是两个不同的概念，但它们之间有一定的关系。应当指出的是，测定的精密度越高，测定结果也越接近真实值。但不能绝对认为精密度高，准确度也高，因为系统误差的存在并不影响测定的精密度，相反，如果没有较好的精密度，就很难获得较高的准确度。可以说精密度是保证准确度的先决条件。

1.3.3 有效数字与运算

1. 有效数字

测量结果的记录、运算和报告，必须使用有效数据。有效数字是指准确测定的数字加上最后一位估读数字(又称存疑数字)所得的数字。实验中，观测值的有效数字与仪器、仪表的刻度有关，一般可根据实际可能估计到1/10、1/5或1/2。

需要注意的是：“0”可以是有效数字，也可以不是，这要看“0”所处的具体位置和所起的作用。第一个非零数字前的“0”不是有效数字，非零数字中的“0”是有效数字，小数中最后一个非零数字后的“0”是有效数字。

例如：0.0062　　两位有效数字

7.02　　三位有效数字

2.930　　四位有效数字

有些数字，例如45300，其有效数字的位数是不定的，因后面的“0”可能是有效数字，也可能仅起定位的作用。为了明确有效数字的位数，应采用科学计数法表示。若有效数字为四位，则记为：4.530×10^3；若有效数字为三位，则记为：4.53×10^3。

2. 有效数字的运算

计算和测量过程中，对很多位的近似数进行取舍时，应采用“四舍五入”的方法，但是“五入”时要把前一位数凑成偶数，如果前一位数已是偶数，则“5”应舍去。例如把5.45保留一位小数后为5.4，把5.35保留一位小数后为5.4。

有效数字的运算规则如下：

1）在实验过程中，记录观测值时，只保留一位可疑数，其余数一律舍去。

2）在近似数加减运算中，各运算数据以小数位数少的数据位数为准，其余各数据可多取一位小数，但最后运算结果应与小数位数最少的数据小数位数相同，例如22.44、0.874、0.008相加时，应写为22.44+0.87+0.01=23.32。

3）在近似数做乘除运算时，各运算数据以有效数字位数最少的数据为准，其余各数据可多取一位有效数，然后进行计算，但最后结果应与有效数字位数最少的数据相同，例如0.089、12.4、2.456相乘时，应为$0.089\times12.4\times2.46=2.714856$，最后计算结果用两位有效数字表示为：2.7。

4）在近似数做乘方或开方运算时，其结果的有效数字位数，应与其底数的有效数字位数相同。

例如：$(4.0)^2=16$，而不能写成$(4.0)^2=16.0$；$\sqrt{25}=5.0$，而不能写成$\sqrt{25}=5$。

5）在对数运算时，对数的小数点后的位数应与真数的有效数字位数相同（注意对数的整数部分不计入有效数字的位数）。

例如：lg216＝2.334，对数的首数2不计入有效数字位数，对数的尾数0.334与真数216都为三位有效数字。

6）计算平均值时，若为四个数或超过四个数相平均，则平均值的有效数字位数可增加一位。

7）计算有效数字位数时，若首位有效数字是8或9时，则有效数字的位数可多算一位，例如9.23虽然只有三位，可认为它们是四位有效数字。

3. 可疑观测值取舍

在整理实验数据时，有时会发现个别测量值与其他测量值相差很大，通常称为可疑数值，剔除测量数据中的可疑数据，会使测量结果更符合客观实际。然而，正常数据总具有一定的分散性，舍掉可疑数据虽然可以提高实验结果的精密度，但是可疑数据并非全都是异常值或离群值。因此对待可疑数据要慎重，不能任意删除和修改。

假设x_1，x_2，…，x_n表示一组实验数据，$\bar{x}$表示这组实验数据的均值，可疑数据x_s与均值$\bar{x}$的差值，称为可疑数据x_s的偏差，用符号d_s表示，即

$$d_s=x_s-\bar{x}$$

常用检验可疑数据取舍的方法有肖维涅(Chauvenet)检验法、格拉布斯(Grubbs)检验法、狄克逊(Dixon)检验法等。

(1) 肖维涅检验法

假设 x_1，x_2，…，x_n 表示一组实验数据，肖维涅检验法的具体步骤如下：

A. 计算实验数据的标准差 S 和平均值 $\bar{x}$，即：

$$S = \sqrt{\frac{1}{n-1}\sum_{i=1}^{n}(x_i - \bar{x})^2} \qquad \bar{x} = \frac{x_1 + x_2 + \cdots + x_n}{n}$$

B. 计算出可疑数据 x_s 的偏差的绝对值 $|d_s|$，即：

$$|d_s| = |x_s - \bar{x}|$$

C. 根据观测次数 n 查表 1-6 得系数 k，并计算出 $k \cdot S$。

D. 比较 $|d_s|$ 与 $k \cdot S$ 值的大小，当 $|d_s| > k \cdot S$ 时，可疑数据 x_i 应从该组实验值中舍去，否则应保留。

表 1-6　肖维涅数值取舍标准

n	k	n	k	n	k	n	k	n	k	n	k
4	1.53	7	1.79	10	1.96	13	2.07	16	2.16	19	2.22
5	1.68	8	1.86	11	2.00	14	2.10	17	2.18	20	2.24
6	1.73	9	1.92	12	2.04	15	2.13	18	2.20		

(2) 格拉布斯检验法

假设 x_1，x_2，…，x_n 表示一组实验数据，格拉布斯检验法的具体步骤如下：

A. 计算实验数据的标准差 S 和平均值 $\bar{x}$，即：

$$S = \sqrt{\frac{1}{n-1}\sum_{i=1}^{n}(x_i - \bar{x})^2} \qquad \bar{x} = \frac{x_1 + x_2 + \cdots + x_n}{n}$$

B. 计算出可疑数据 x_s 的偏差的绝对值 $|d_s|$，即：

$$|d_s| = |x_s - \bar{x}|$$

C. 根据观测次数 n 查表 1-7 得系数 T，并计算出 $T \cdot S$。

D. 比较 $|d_s|$ 与 $T \cdot S$ 值的大小，当 $|d_s| > T \cdot S$ 时，可疑数据 x_i 应从该组实验值中舍去，否则应保留。

表 1-7　格拉布斯临界值 T 表

n	T	n	T	n	T	n	T	n	T
3	1.15	7	1.94	11	2.24	15	2.41	19	2.53
4	1.46	8	2.03	12	2.29	16	2.44	20	2.58
5	1.67	9	2.11	13	2.33	17	2.47		
6	1.82	10	2.18	14	2.37	18	2.50		

例题：某实验测量 10 次(n=10)，获得以下数据：8.2、5.4、14.0、7.3、4.7、9.0、6.5、10.1、7.7、6.0，采用格拉布斯检验法分析其中有无数据应该剔除。

解：1）将上述测量数据按从小到大的顺序排列，得到4.7、5.4、6.0、6.5、7.3、7.7、8.2、9.0、10.1、14.0。可以肯定，可疑值不是最小值就是最大值。

2）计算平均值 $\bar{x}$ 和标准差 S，计算时，必须将10个数据全部包含在内：

$$\bar{x}=\frac{x_1+x_2+\cdots+x_n}{n}=7.89;\qquad S=\sqrt{\frac{1}{n-1}\sum_{i=1}^{n}(x_i-\bar{x})^2}=2.704$$

3）计算偏离值并确定可疑值：根据 $|d_s|=|x_s-\bar{x}|$ 计算可疑数据的偏离值。$d_1=7.89-4.7=3.19$；$d_{10}=14.0-7.89=6.11$。由于 $d_{10}>d_1$，因此认为最大值 x_{10} 是可疑值。

4）根据观测次数 $n=10$ 查表1-7得系数 $T=2.18$，则 $T\cdot S=5.89$，由于 $d_{10}>T\cdot S$，因此最大值 x_{10} 应该剔除。

1.3.4 实验数据处理

数据处理是实验的重要组成部分，就是将实验测得的一系列数据经过误差分析、整理剔除后，用最简洁的方式表示出来，常用的方法有列表法、图形法和经验公式法。

1. 列表法

列表法是将实验数据中的自变量、因变量的各个数值按一定的规律用列表的方式表达出来，是记录和处理实验数据最常用的方法。实验数据既可以是同一个物理量的多次测量值及结果，也可以是相关几个量按一定格式有序排列的对应的数值。

数据列表本身就能直接反映有关量之间的函数关系。此外，列表法还有一些明显的优点：便于检查测量结果和运算结果是否合理；若列出了计算的中间结果，可以及时发现运算是否有错；便于日后对原始数据与运算进行核查。

数据列表时的要求如下：

1）表格力求简单明了，分类清楚，便于显示有关量之间的关系。

2）表中各量应写明单位，单位写在标题栏内，一般不要写在每个数字的后面。

3）表格中的数据要正确地表示出被测量的有效数字。

2. 图形表示法

图形表示法是在坐标纸上用图形表示自变量与因变量之间的关系，揭示变量之间的联系，具有简明、形象、直观、便于比较研究实验结果等优点，是一种常用的数据处理方法。

图形表示法可适用于两种场合：一是变量间的依赖关系图形，通过实验，将取得数据作图，然后求出相应的一些参数；二是两个变量之间关系不清，将实验数据点绘于坐标纸上，用以分析、反映变量之间的关系和规律。

图形表示法的基本规则是：

1）根据函数关系选择适当的坐标纸（如直角坐标纸，半对数坐标纸，双对数坐标纸等）和比例，画出坐标轴，在坐标轴上应注明名称、单位和刻度值。

2）坐标的原点不一定是变量的零点，可根据测试范围加以选择。一般可取比数据最小值再小一些的整数开始标值，要尽量使图线占据图纸的大部分，不偏于一角或一边。纵横坐标比例要恰当，以使图线居中。

3）描点和连线。根据测量数据，用直尺和笔尖使其函数对应的实验点准确地落在相应的位置。一张图纸上画上几条实验曲线时，每条图线应用不同的标记如“+”“×”“·”“Δ”等符号标出，以免混淆。连线时，要顾及数据点，使曲线呈光滑曲线(含直线)，并使数据点均匀分布在曲线(直线)的两侧，且尽量贴近曲线。个别偏离过大的点要重新审核，属过失误差的应剔去。

另外，实验数据的分析和作图可在计算机上实现，此类软件有 Excel 2013/2016/2021、WPS、Origin、SigmaPlot 等。

4）标明图名，即作好实验图线后，应在图纸下方或空白的明显位置处，写上图的名称、作者和作图日期，有时还要附上简单的说明，如数据来源、实验条件等，使读者一目了然。

3. 经验公式法

实验数据用图形或列表表示后，使用时虽然较直观简便，但不便于理论分析研究，常需要将实验数据或实验结果用数学方程或经验公式表示出来。下面介绍最简单的一种经验公式法——图解法。

图解法就是根据实验数据作好的图线，用解析法找出相应的函数形式。实验中经常遇到的图线是直线、抛物线、双曲线、指数曲线、对数曲线。特别是当图线是直线时，采用此方法更为方便。

（1）由实验图线建立经验公式的一般步骤：

1）根据解析几何知识判断图线的类型；

2）由图线的类型判断公式的可能特点；

3）利用半对数、对数或倒数坐标纸，把原曲线改为直线(例如：$y=ax^b$，式中 a、b 为常量，可变换成 $\lg y=b\lg x+\lg a$，$\lg y$ 为 $\lg x$ 的线性函数，斜率为 b，截距为 $\lg a$)；

4）确定常数，建立起经验公式的形式，并用实验数据来检验所得公式的准确程度。

（2）用直线图解法求直线的方程

如果作出的实验图线是一条直线，所得直线的斜率就是直线方程 $y=kx+b$ 中的 k，y 轴上的截距就是直线方程中的 b。直线的斜率可用直角三角形 $\Delta y/\Delta x$ 比值求得。

直线图解法的优点是直观、简便，但是利用图线确定函数关系中的参数仅仅是一种粗略的数据处理方法。这是由于：①受图纸大小的限制，一般只能有三四位有效数字；②图纸本身的分格准确程度不高；③不同的人用直尺凭视觉画出的直线可能不同，因此精度较差。当问题比较简单，或者精度要求低于 0.2%~0.5%时可用此法。

此外，确定经验公式中的系数还可用一元线性回归法，此处不再做介绍。

1.4 水样的采集与保存

合理的水样采集与保存方法是保证检测结果能正确地反映被检测对象特征的重要环节。为了取得具有代表性的水样，在采样之前，必须确定采样地点、采样时间、采样频率、水样数量和采样方法，并根据检测目的、检测项目决定水样保存方法。力求做到所采集的水样具有代表性且在测试工作开展之前，水样的各组分不发生显著变化。

1.4.1 水样类型及采样形式

地面水水样类型主要分为瞬时水样、混合水样和综合水样，与之相应的采样形式即为瞬时采样、混合采样和综合采样。

1. 瞬时水样

在某一时间和地点从水体中随机采集到的水样，称为瞬时水样。当水体水质相对稳定或其组分在相当长的时间或相当大的空间范围内变化不大时，瞬时水样具有很好的代表性。当水质水量随时间变化时，可在预计变化频率的基础上选择采样时间间隔，用瞬时采集水样分别进行分析，以了解其变化程度、频率或周期。瞬时水样是饮用水卫生监测工作中的主要水样采集类型。

2. 混合水样

在同一采样点于不同时间所采集的瞬时水样的混合水样，称为时间混合水样。这种水样在观察平均浓度时非常有用。通常可以用混合水样代替一大批个别水样的分析，在进行样品混合时，应使各个水样依照流量大小按比例(体积比)混合。

若水样的测试成分或性质在水样贮存中会发生变化，不能采用混合水样，要采集个别水样，采集后立即进行测定，最好是在采样地点进行。

3. 综合水样

在同一时间，把不同采样点采集的各个瞬时水样混合后所得到的样品称为综合水样。这种水样在某些情况下更具有实际意义，它代表了整个横断面上各点和它们的相对流量成比例的混合样品。综合水样适用于评价江河水系的平均组成成分或总负荷。

1.4.2 水样的采集

在进行具体采样工作之前，要根据所需分析项目的性质和采样方法的要求制定采样计划。包括：所需检验指标，采样的目的、时间、地点、方法、频率、数量，质量控制，容器的清洗以及样品保存和运输条件等，按照采样计划，准备采样材料。

采样前根据采样计划选择适宜材质的盛水容器和采样器，将盛水容器和采样器用所需采集的水冲洗两三遍，或根据检测项目的具体要求清洗采样器(瓶)。采样时，根据采样计划在采样点小心采集水样，采集的水样应满足分析的需要并应考虑重复测试所需的水样量和留作备份测试的水样用量。采样后根据检测要求保存水样，同时对采集到的每一个水样做好记录。

由于被检测对象的具体条件各不相同，变化很大，不可能制定出一个固定的采样步骤和方法，检测人员必须根据具体情况和考察目的而定。

水样采集的注意事项：

1）采样时不可搅动水底沉积物；

2）测定悬浮物、pH 值、溶解氧、生化需氧量、油类、硫化物、余氯、放射性、微生物等项目需要单独采样；

3）测定溶解氧、生化需氧量和有机污染物等项目时，要注意不使水样曝气或有气泡残存在采样瓶中，测定其他项目的样品瓶在装取水样(或采样)后至少留出占容器体积10%的空间，以满足分析前样品的充分摇匀；

4）测定油类的水样应在水面至水面下300mm采集柱状水样，全部用于测定，且不能用采集的水样冲洗采样器(瓶)；

5）采样时需同步测量水文参数和气象参数，必须认真填写采样登记表，每个水样瓶都应贴上标签，塞紧瓶塞，必要时密封。

1.4.3 水样的运输与保存

1. 水样的运输

水样采集后，必须尽快送回实验室。根据采样点的地理位置和测定项目最长可保存时间，选用适当的运输方式，并做到以下两点：

1）为避免水样在运输过程中震动、碰撞导致损失或沾污，将其装箱，并用泡沫塑料或纸条挤紧，在箱顶贴上标记。

2）需冷藏的样品，应采取致冷保存措施；冬季应采取保温措施，以免冻裂样品瓶。

2. 水样的保存方法

各种水质的水样，从采集到分析测定这段时间内，由于环境条件的改变，微生物新陈代谢活动和化学作用的影响，会引起水样某些物理参数及化学组分的变化，不能及时运输或尽快分析时，则应根据不同监测项目的要求，放在性能稳定的材料制作的容器中，采取适宜的保存措施。

（1）加入化学试剂保存法

1）加入生物抑制剂：如在测定氨氮、硝酸盐氮、化学需氧量的水样中加入$HgCl_2$，可抑制生物的氧化还原作用；对测定酚的水样，用H_3PO_4调至pH值为4时，加入适量$CuSO_4$，即可抑制苯酚菌的分解活动。

2）调节pH值：测定金属离子的水样常用HNO_3酸化至pH值为1~2，既可防止重金属离子水解沉淀，又可避免金属被器壁吸附；测定氰化物或挥发性酚的水样加入NaOH调至pH值为12时，使之生成稳定的酚盐等。

3）加入氧化剂或还原剂：加入氧化剂或还原剂可减缓某些组分的氧化、还原反应。如测定汞的水样需加入HNO_3(至pH值<1)和$K_2Cr_2O_7$(0.05%)，使汞保持高价态；测定硫化物的水样，加入抗坏血酸，可以防止被氧化；测定溶解氧的水样则需加入少量硫酸锰和碘化钾固定溶解氧(还原)等。

应当注意，加入的化学试剂不能干扰以后的测定，化学试剂的纯度最好是优级纯的，还应做相应的空白试验，对测定结果进行校正。

（2）冷藏或冷冻法

冷藏或冷冻的作用是抑制微生物活动，减缓物理挥发和化学反应速度。将水样在采集后立即放在冰箱或冰-水浴中，一般于2~5℃置于暗处保存，这种保存方法适宜于短期保存；水样采集后迅速冷冻至-20℃进行保存，这种方法一般能延长储存期。

需要注意的是，冷冻保存的样品不能充满容器，否则水结冰之后，会因体积膨胀致容器破裂。

水样的保存期限与多种因素有关，如组分的稳定性、浓度、水样的污染程度等，表1-8列出我国现行保存方法和保存期。

表 1-8 水样保存方法和保存期

检测项目	采样容器	保存方法	保存时间
浊度	G、P	冷藏	12h
色度	G、P	冷藏	12h
pH 值	G、P	冷藏	12h
电导	G、P	冷藏	12h
悬浮物	G、P	1~5℃暗处冷藏	14h
碱度	G、P		12h
酸度	G、P		30h
COD	G	加 H_2SO_4，pH≤2	2d
BOD_5	G		12h
DO	溶解氧瓶	加入硫酸锰，碱性碘化钾，叠氮化钠溶液，现场固定	24h
TOC	P	加 H_2SO_4，pH≤2	7d
高锰酸盐指数	G		2d
F^-	G、P		14d
Cl^-	G、P		30d
Br^-	G、P		14h
I^-	G、P	NaOH，pH=12	14h
SO_4^{2-}	G、P		30d
PO_4^{3-}	G、P	NaOH，H_2SO_4调至 pH=7，$CHCl_3$=0.5%	7d
总磷	G、P	HCl，H_2SO_4调至 pH=12	24h
总氮	G、P	H_2SO_4调至 pH=12	7d
氨氮	G、P	H_2SO_4调至 pH=12	24h
NO_2^-—N	G、P		24h
NO_3^-—N	G、P		24h
硫化物	G、P	1L 水样加 NaOH 调至 pH 值为 9，加入5%抗坏血酸 5mL，饱和 EDTA 3mL，滴加饱和 $Zn(Ac)_2$至胶体产生，常温避光保存	24h
氰化物、挥发酚类	G	加 NaOH 调至 pH≥12，如有游离余氯，加亚砷酸钠除去	24h
B	P		14d
Cr^{6+}	G、P	NaOH，pH=8~9	尽快测定

续表

检测项目	采样容器	保存方法	保存时间
Hg	G、P	加 HNO_3(1+9，含重铬酸钾 50g/L)调至 pH≤2	30d
Ag	G(棕色)、P	加 HNO_3 调至 pH≤2	14d
As	G、P	加 H_2SO_4 调至 pH≤2	7d
一般金属	P	加 HNO_3 调至 pH≤2	14d
卤代烃类	G	现场处理后冷藏	4h
苯并(a)芘	G		尽快测定
油类	G(广口瓶)	加 HCl 调至 pH≤2	7d
农药类	G	加抗坏血酸 0.01~0.02g 除去残留余氯	24h
除草剂类	G		24h
邻苯二甲酸酯类	G		12h
挥发性有机物	G	用(1+10)HCl 调至 pH≤2，加入 0.01~0.02g 除去残留余氯	24h
甲醛	G	加入 0.2~0.5g/L 硫代硫酸钠除去余氯	12h
阴离子表面活性剂	G、P	加 H_2SO_4 酸化调至 pH≤2，低温(0~4℃)保存	24h
微生物	G	加入 0.2~10.5g/L 硫代硫酸钠除去余氯，4℃保存	12h
生物	G、P	不能现场测定时用甲醛固定	12h

【拓展阅读】

试验设计(实验设计)的发展历史

试验设计自 20 世纪 20 年代问世至今，其发展大致经历了 3 个阶段，即早期的单因素和多因素方差分析法阶段、传统的正交试验法阶段和近代的调优设计法阶段。到目前为止，本学科经过了 100 年左右的研究和实践，已成为广大技术人员与科学工作者必备的基本理论知识。实践表明，该学科与实践的结合，在工农业生产中产生了巨大的社会效益和经济效益。

20 世纪 20 年代，英国生物统计学家及数学家费歇(R. A. Fisher)首先提出了方差分析，并将其应用于农业、生物学、遗传学等方面，取得了巨大的成功。他在试验设计和统计分析方面作出了一系列先驱工作，开创了一门新的应用技术学科，从此试验设计成为统计科学的一个分支。20 世纪 50 年代，日本统计学家田口玄一将试验设计中应用最广的正交设计表格化，在方法解说方面深入浅出，为试验设计的更广泛应用作出了巨大的贡献。

我国从 20 世纪 50 年代开始研究这门学科，并在正交试验设计的观点、理论和方法上都有新的创见，编制了一套适用的正交表，简化了试验程序和试验结果的分析方法，创立了简单易学、行之有效的正交试验设计法。同时，著名数学家华罗庚教授也在国内积极倡导和普及“优选法”，从而使试验设计的概念得到广泛传播。随着科学技术工作的深入发展，我国数学家王元和方开泰于1978年首先提出了均匀设计，该设计考虑如何将设计点均匀地散布在试验范围内，使得能用较少的试验点获得最多的信息。

随着计算机技术的发展和进步，出现了各种针对试验设计和试验数据处理的软件，如SAS(statistical analysis system)，SPSS(statistical package forthe social science)，Matlab Origin和Excel等，它们使试验数据的分析计算不再繁杂，极大地促进了本学科的快速发展和普及。

[选自试验设计(实验设计)的发展历史-统计学之家(tjxzj. net)]

扫码获取更多知识

第2章 给水处理实验

学习目的

1. 掌握给水处理的原理和方法；
2. 学会使用给水处理实验仪器，并掌握实验操作规范；
3. 了解水处理过程中的关键参数及其变化规律。

2.1 混凝实验

1. 实验目的

1）通过观察混凝现象及过程，了解混凝净水机理及影响混凝的主要因素，加深对混凝理论的理解；

2）观察矾花的形成过程及混凝搅拌效果；

3）学会优化废水混凝处理最佳条件（包括投加药剂的种类、数量及其他混凝最佳条件）。

2. 实验原理

水中粒径小的悬浮物以及胶体物质，由于微粒的布朗运动，胶体颗粒间的静电斥力和胶体的表面作用，致使胶体微粒不能相互聚集而长期保持稳定的分散状态。化学混凝的处理对象主要是废水中的微小悬浮物和胶体物质。根据胶体的特性，在废水处理过程中通常采用投加电解质、不同电荷的胶体或高分子等方法破坏胶体的稳定性，然后通过沉淀分离，达到废水净化的目的。关于化学混凝的机理主要有以下四种解释。

（1）压缩双电层机理

天然水体中的胶体微粒大部分带有负电荷，当微粒相互接近时，就产生静电斥力，且距离越近，斥力越大。加入的反离子与扩散层原有反离子之间的静电斥力将部分反离子挤压到吸附层中，从而使扩散层厚度减小。由于扩散层减薄，颗粒相撞时的距离减小，相互间的吸引力变大，颗粒就能相互凝聚。

（2）吸附电中和机理

给水中投加混凝剂能提供大量的正离子，胶粒之间的斥力减小甚至完全消失，胶粒之间产生明显引力而逐渐聚结，最终形成凝聚物而沉降下来。

（3）吸附架桥机理

吸附架桥作用是指链状高分子聚合物在静电引力、范德华力和氢键力等作用下，通过活性部位与胶粒和细微悬浮物等发生吸附桥连的现象。

（4）沉淀物网捕机理

当采用铝盐或铁盐等高价金属盐类作混凝剂时，投加量增大，会形成大量的金属氢氧化物沉淀，水中胶粒以这些沉淀物为核心产生沉淀。

向水中投加混凝剂后，由于：①能降低颗粒间的排斥能峰，降低胶粒的 ζ 电位，实现胶粒“脱稳”；②同时也能发生高聚物或高分子混凝剂的吸附架桥作用；③网捕作用，而达到颗粒的凝聚。

消除或降低胶体颗粒稳定因素的过程叫作脱稳。脱稳后的胶粒，在一定的水力条件下，才能形成较大的絮凝体，俗称矾花。直径较大且较密实的矾花容易下沉。自投加混凝剂直至形成较大矾花的过程叫作混凝。在混凝过程中，上述现象不是单独存在的，往往同时存在，只是在一定情况下以某种现象为主。

3. 实验设备与试剂

（1）实验装置与设备材料

六联自动混凝搅拌机 1 台(如图 2-1 所示)；动态混凝实验装置 1 套(如图 2-2 所示)；pH-3 型酸度计 1 台；便携式浊度计 1 台；烧杯(1000mL，6 个)；移液管(1mL、2mL、5mL、10mL，各 1 支)；洗耳球 1 个，配合移液管移药用；量筒(1000mL，1 个，量原水体积)；注射针筒等。

（2）实验试剂

1）混凝剂：聚合硫酸铁(PFS)、聚合氯化铝(PAC)、聚合硫酸铁铝(PAFS)、聚丙烯酰胺(PAM)等，浓度为 20g/L；

2）盐酸、氢氧化钠(浓度 10%)；

3）实验用原水(取河水或用黏土和自来水配成水样 20L，静置沉淀 6h，其上清液为实验用原水)。

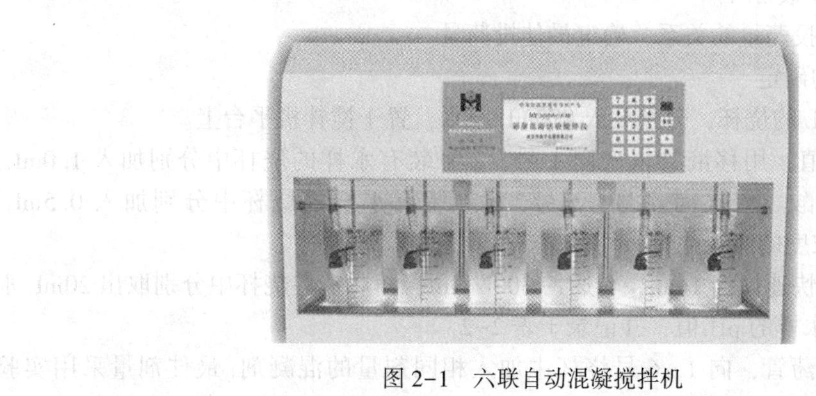

图 2-1　六联自动混凝搅拌机

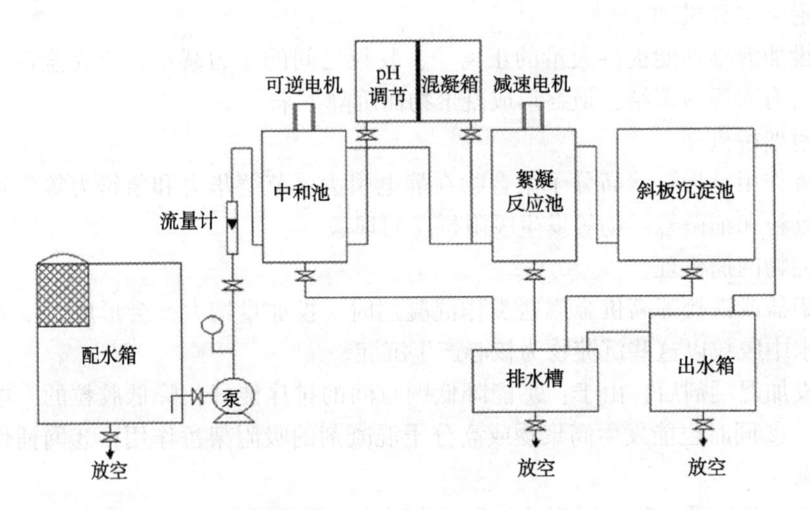

图 2-2　动态混凝实验装置

4. 实验步骤

(1)最佳投药量的确定

1）测定原水的性质，包括水样的浊度、pH 值、水温。

2）确定在原水中形成矾花所用的最小混凝剂量。方法是通过慢速搅拌(或 50r/min)烧杯中 800mL 原水，并每次增加 0.5mL 混凝剂投加量，直至出现矾花为止。这时的混凝剂量作为形成矾花的最小投加量。

3）确定混凝剂最佳投药量。用 6 个 1000mL 的烧杯，分别放入 800mL 原水，置于搅拌机平台上。根据步骤 2) 得出的形成矾花最小混凝剂投加量，分别按最小投药量的 1/4、1/2、3/4、1、3/2、2 倍的剂量加入 1~6 号烧杯中。加药时，把混凝剂分别加到仪器上 1~6 号加药管中，这样可以保证同时加药。

4）启动搅拌机，快速搅拌(300~450r/min)2min；中速搅拌(150~200r/min)2min；慢速搅拌(40~60r/min)5~10min。搅拌过程中，注意观察并记录矾花形成的过程、大小及密实程度记录于表 2-1。

5）关闭搅拌机，抬起搅拌桨，静置沉淀 15min，用 50mL 注射器，分别从烧杯中取上清液，并测其浊度记录于表 2-1。

6）分析去除率与投药量的关系，确定最佳投药量。

(2) 最佳 pH 值的确定

1）用 6 个 1000mL 的烧杯，分别放入 800mL 原水，置于搅拌机平台上。

2）调整原水 pH 值，用移液管依次向 1 号、2 号装有水样的烧杯中分别加入 1.0mL、0.5mL 10% 浓度的盐酸。依次向 4 号、5 号、6 号装有水样的烧杯中分别加入 0.5mL、1.0mL、1.5mL 10%浓度的氢氧化钠。

3）启动搅拌机，快速搅拌 1min，转速约 300r/min。随后从各烧杯中分别取出 20mL 水样，用酸度计测定各水样的 pH 值，并记录于表 2-2。

4）利用仪器的加药管，向 1~6 号烧杯中加入相同剂量的混凝剂[最佳剂量采用实验(1)中得出的最佳投药量结果]。

5）再次启动搅拌机，步骤同确定最佳投药量中的4）、5）。

6）分析去除率与pH值的关系，确定最佳pH值。

（3）最佳搅拌速度梯度的确定

1）用6个1000mL的烧杯，分别放入800mL原水，置于混凝试验搅拌仪平台上。

2）按最佳pH值分别向混合器中加入相同计量的调节剂，搅拌均匀。

3）按最佳投药量，在相同、不同快速搅拌，相同中速，慢速搅拌速度下分别进行6个混合器的操作。快速搅拌设置为300~450r/min，搅拌时间为1min；中速搅拌为150r/min；慢速搅拌设置为60r/min，搅拌时间为10min。投加药剂后，启动搅拌机。

4）搅拌结束后关闭搅拌器，静置10min，用50 mL注射器，分别从烧杯中取上清液，并测其浊度。

5）分析去除率与搅拌速度梯度的关系，确定最佳搅拌速度梯度。

（4）连续混凝工艺实验

以上述优化的混凝条件为依据，选取混凝工艺参数，包括给水流量、投药流量、混合和反应搅拌速度。开启全流程，待操作稳定后，采集实验数据，观察并记录实验现象于表2-3中。

注意事项：

1）在最佳投药量、最佳pH值确定实验中，向各烧杯投加药剂时要求同时投加，避免因时间间隔较长各水样加药后反应时间长短相差太大，混凝效果悬殊。

2）在测定水的浊度、用注射针筒抽吸上清液时，不要扰动底部沉淀物。同时，各烧杯抽吸的时间间隔尽量减小。

5. 数据记录与处理

实验小组号：__________　姓名：__________　实验日期：__________

混凝剂：__________　混凝剂浓度：__________

原水浊度：__________　原水pH值：__________　原水温度：__________

最小混凝剂量(mL)：__________　相当于(mg/L)：__________

表2-1　混凝剂最佳投药量记录表

水样编号		1	2	3	4	5	6
投药量/(mg/L)							
矾花形成时间/min							
矾花大小							
矾花沉淀快慢							
剩余浊度	1						
	2						
	3						
	平均						
去除率/%							

表 2-2 最佳 pH 值实验记录表

水样编号		1	2	3	4	5	6
混凝剂投加量/(mg/L)							
HCl/mL							
NaOH/mL							
水样 pH 值							
矾花形成时间/min							
矾花大小							
矾花沉淀快慢							
剩余浊度	1						
	2						
	3						
	平均						
去除率/%							

表 2-3 最佳速度梯度记录表

水样编号		1	2	3	4	5	6
水样体积/mL							
混凝剂投加量/(mg/L)							
水样 pH 值							
快速搅拌	转速/(r/min)						
	时间/min						
慢速搅拌	转速/(r/min)						
	时间/min						
剩余浊度							

6. 思考题

1）根据实验结果以及实验中所观察到的现象，简述影响混凝的几个主要因素。

2）为什么最大投药量时，混凝效果不一定好？

3）本实验与水处理实际情况有哪些差别？如何改进？

2.2 过滤与反冲洗实验

1. 实验目的

1）了解过滤系统的组成与构造，观察过滤及反冲洗现象，加深理解过滤及反冲洗原理。

2）熟悉过滤及反冲洗实验的工作过程，加深对滤速、冲洗强度、滤层膨胀率及冲洗强度与滤层膨胀度之间关系的理解。

2. 实验原理

(1) 过滤原理

水的过滤是根据地下水通过地层过滤形成清洁井水的原理而创造的处理混浊水的方法。在处理过程中，过滤就是指利用过滤介质(如石英砂)截留水中悬浮杂质，从而使水达到澄清的工艺过程。水流自上而下通过滤层时，水中颗粒的运动分为三个阶段：①颗粒的迁移，被水流携带的颗粒由于拦截、沉淀、惯性等物理作用向滤料表面靠近；②颗粒黏附，黏附作用主要决定于滤料和水中颗粒的表面物理化学性质，当水中颗粒迁移到滤料表面上时，在范德华引力和静电引力以及某些化学键和特殊的化学吸附力作用下，它们被黏附到滤料颗粒的表面上；③颗粒剥落，在黏附的同时，已黏附在滤料上的悬浮颗粒在水流剪切力的作用下，重新进入水中。过滤主要是悬浮颗粒与滤料颗粒经过迁移和黏附两个过程来去除水中杂质。

(2) 影响过滤的因素

在过滤过程中，随着过滤时间的增加，滤层中悬浮颗粒的量也会不断增加，这就必然会导致过滤过程水力条件的改变。当滤料粒径、形状、滤层厚度及水位已定时，如果孔隙率减小，则在水头损失不变的情况下，将引起滤速减小。反之，在滤速保持不变时，将引起水头损失的增加。就整个滤料层而言，鉴于上层滤料截污量多，越往下层截污量越小，因而水头损失增值也由上而下逐渐减小。此外，影响过滤的因素还有很多，诸如水质、水温、滤速、滤料尺寸、滤料形状、滤料级配，以及悬浮物的表面性质、尺寸和强度等。

(3) 反冲洗原理

当水头损失达到极限，使出水水质恶化时就要进行反冲洗。反冲洗的目的是清除滤层中的污物，使滤池恢复过滤能力。滤池反冲洗通常采用自下而上的水流进行。经过大量研究和实际运行验证，认为反冲洗造成滤料洁净的主要原因是水流剪切作用和滤料间碰撞摩擦作用。前者通过水对黏附在滤料表面污物的冲刷剪力作用，以及滤料颗粒旋转的离心作用，使污泥脱落；后者则在滤料颗粒碰撞摩擦作用下，使污泥脱落下来。

高速水流反冲洗是最常用的一种形式，反冲洗效果通常由滤床膨胀率 e 来控制，即

$$e = \frac{L - L_0}{L} \times 100\%$$

式中 L——砂层膨胀后的厚度，cm；

L_0——砂层膨胀前的厚度，cm。

通过长期实验研究得出，e 为 25%时反冲洗效果即为最佳。

3. 实验装置与仪器

过滤与反冲洗实验装置 1 套(如图 2-3 所示)；便携式浊度仪 1 台；托盘天平 1 架；钢丝刷 1 把；1000mL 量筒 1 个；200mL 烧杯 2 个；秒表 1 块；钢卷尺 1 个。

4. 实验步骤及记录

1) 对照工艺图，了解实验装置及构造。在实验中要注意控制滤料层上的工作水深 h，应基本保持不变。

2) 检查过滤反冲洗实验装置的阀门状态，开启进水阀、溢流阀。

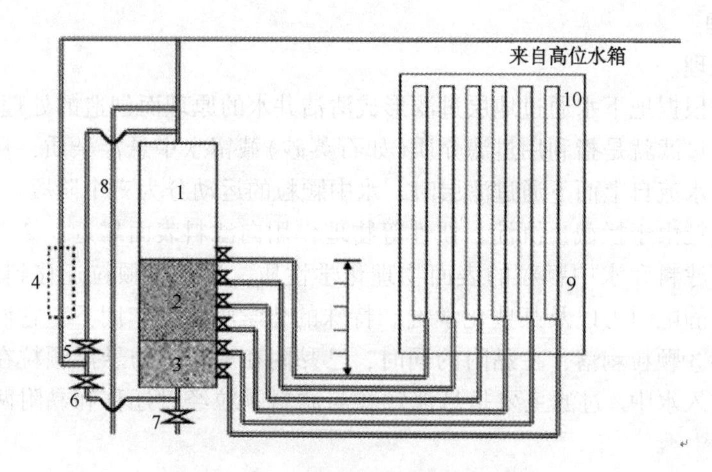

图 2-3　过滤与反冲洗实验装置

1—过滤柱；2—滤料层；3—承托层；4—转子流量计；5—过滤进水阀门；6—反冲洗进水阀门；7—过滤出水阀门；8—反冲洗出水管；9—测压板；10—测压管

3）将滤料进行一次冲洗，冲洗强度逐渐加大到 12~15L/(s · m^2)(或流量为 520~650L/h)，时间几分钟，以便去除滤料层中的气泡，冲洗完毕，开启初滤水排水阀门，降低柱内水位，将滤柱有关数据记入原始条件记录表(表 2-4)。

4）人工配制浊度为 100 度的浑水，按最佳投药量 0.2g/L 的浓度加入混凝剂——硫酸铝。

5）开启主板上的电源开关和液泵开关，使原水箱中的水混合均匀，测其浊度。

6）开启进水阀，通入浑水，仔细观察绒粒进入滤料层深度情况及绒粒在滤料层中的分布。每隔 10min、15min、25min 分别取过滤出水，测定其出水浊度，填入过滤记录表(表 2-5)中。

7）做冲洗强度与滤层膨胀率关系实验。测不同冲洗强度［3L/(s · m^2)、6L/(s · m^2)、9L/(s · m^2)、12L/(s · m^2)、14L/(s · m^2)、16L/(s · m^2)］时的滤层的厚度，观察整个滤层是否均已膨胀。记录滤层膨胀前后的厚度，将有关数据记入冲洗强度与滤层膨胀率关系记录表(表 2-6)中。

8）做滤速与清洁滤层水头损失的关系实验。通入清水，测不同滤速(4m/h、6m/h、8m/h、12m/h、16m/h)时清洁滤层顶部的测压管水位和清洁滤层底部附近的测压管水位，测水温。将有关数据记入滤速与清洁滤层水头损失关系记录表(表 2-7)中，停止冲洗，结束实验。

表 2-4　原始条件记录表

滤管直径/mm	滤管面积/m^2	滤管高度/m	滤料名称	滤料高度/m

表 2-5　过滤记录表

过滤时间/min	流量/(L/h)	工作水深/m	滤速/(m/h)	进水浊度	出水浊度
水温/℃					

表 2-6　冲洗强度与滤层膨胀率关系记录表

冲洗强度/[L/(s·m^2)]	冲洗流量/(L/h)	滤层厚度/cm	滤层膨胀厚度/cm	滤层膨胀率/%
冲洗水温/℃				

表 2-7　滤速与清洁滤层水头损失关系记录表

冲洗流量/(L/h)	滤速/(m/h)	清洁滤层顶部的测压管水位/cm	清洁滤层底部的测压管水位/cm	清洁滤层水头损失/cm
冲洗水温/℃				

5. 实验数据及结果整理

1）过滤试验结果，归纳出滤管的水头损失、水质、绒粒分布随工作延续时间变化的情况，绘制出滤池工作水质曲线图(见图 2-4)。

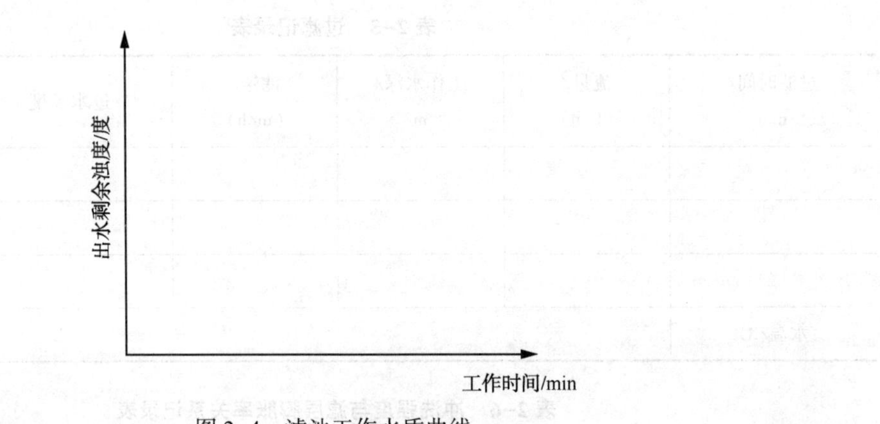

图 2-4　滤池工作水质曲线

2）根据反冲洗实验记录结果，总结滤管不同流速与水头损失的变化规律，加深对滤速 v 与水头损失 h 之间关系的理解，并绘出 h-v 变化曲线(见图 2-5)。

3）根据反冲洗实验记录结果，绘制一定温度下的冲洗强度与膨胀率的关系曲线，并综合两组不同曲线进行分析比较(见图 2-6)。

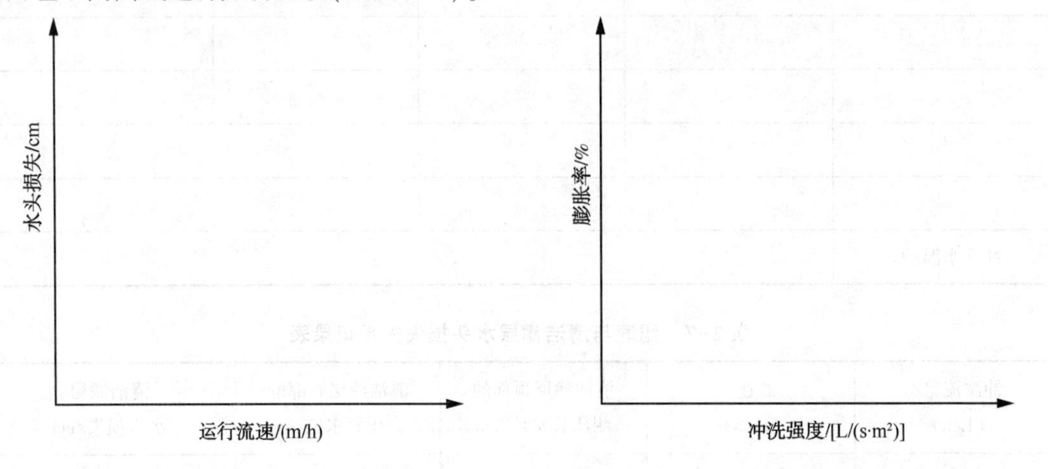

图 2-5　滤速 v 与水头损失 h 之间关系　　图 2-6　冲洗强度与膨胀率关系曲线

注意事项：

1）滤柱用自来水冲洗时，要注意检查冲洗流量，应根据给水管网压力的变化及时调节冲洗阀门开启度，保持冲洗流量不变。

2）反冲洗过滤时，不要使进水阀门开启度过大，应缓慢打开，以防滤料冲出柱外。

3）反冲洗时，为了准确地测量出砂层厚度，一定要在砂面稳定后再测量。

4）过滤实验前，滤层中应保持一定水位，不要把水放空，以免过滤时测压管中积有空气。

6. 思考题

1）滤层内有空气泡时对过滤、冲洗有何影响？

2）当原水浊度一定时，采取哪些措施，能降低初滤水出水浊度？

3）冲洗强度为何不宜过大？

2.3 离子交换软化实验

1. 实验目的

1）熟悉离子交换过程，加深对钠离子交换基本理论的理解。

2）了解离子交换软化设备的操作方法，熟悉顺流再生固定床运行操作过程。

3）进一步熟悉水的硬度、碱度和 pH 值的测定方法。

2. 实验原理

水软化的方法主要包括药剂法、离子交换法和电渗析法。离子交换法是目前常用的软化与除盐方法。离子交换树脂是由网状结构骨架(母体)与附属在骨架上的许多活性基团所构成的不溶性高分子化合物。它能够从电解质溶液中把本身所含的另外一种带有相同电性的离子与其等量地置换出来，按照所交换的种类，离子交换树脂可分为阳离子交换树脂和阴离子交换树脂两大类。

水中 Ca^{2+}、Mg^{2+} 等致硬离子经过 Na 型阳离子交换树脂，被 Na^{+} 所取代，从而达到软化水的目的，其反应方程式为：

$$2RNa + Ca^{2+} \longrightarrow R_2Ca + 2Na^{+}$$

在其他条件相同时，阳离子交换树脂交换能力大小顺序如下：$Fe^{3+}>Al^{3+}>Ca^{2+}>Mg^{2+}>K^{+}>H^{+}>Na^{+}>Li^{+}$。

交换容量是树脂最重要的性能，它定量地表示树脂交换能力的大小。当树脂的交换容量耗尽时，交换柱流出水的硬度就会超过规定值，这一情况称为穿透。此时，必须将树脂再生，Na^{+} 交换柱通常采用 NaCl 盐溶液再生；再生后，用纯水冲洗交换柱以除去残留的无效离子。

3. 实验设备与试剂

（1）仪器

1）离子交换软化实验装置(如图 2-7 所示)；

2）电导仪 1 台。

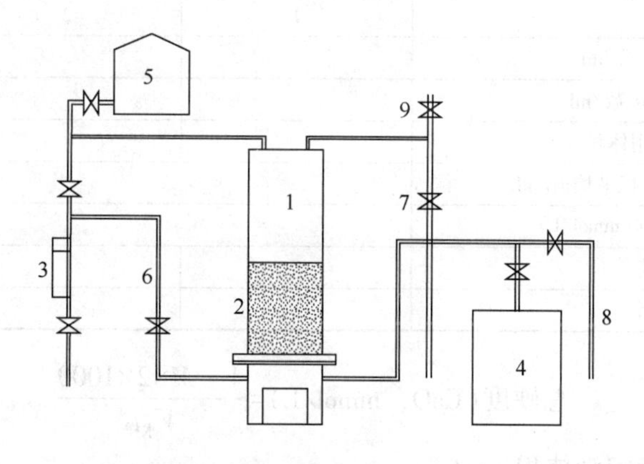

图 2-7　离子交换软化实验装置

1—软化柱；2—阳离子交换树脂；3—转子流量计；4—软化水箱；5—定量投加再生液瓶；6—反洗进水管；7—反洗排水管；8—清洗排水管；9—排气管

（2）器皿与试剂

量筒（100mL、10mL 各 1 个）；烧杯（500mL、50mL 各 1 个）；锥形瓶（250mL，2 个）；移液管（50mL、25mL 各 1 支）；滴定管（50mL 酸式、50mL 碱式各 2 个）。

EDTA 标准溶液（0.02mol/L）；铬黑 T 指示剂；pH = 10 缓冲溶液（$NH_3 \cdot H_2O-NH_4Cl$）。

4. 实验步骤

1）熟悉实验装置，弄清每一条管路、每个阀门的作用。用自来水将交换柱内树脂反洗数分钟，反洗流速 15m/h，以去除树脂中的杂质和气泡。

2）原水的配制及其硬度的测定

原水水箱中充满自来水，用天平称量 $CaCl_2$（化学纯）72g 于 500mL 的烧杯中溶解并加入水箱中，循环搅拌 5min 使其混合均匀，取水样测定原水的硬度、电导率、pH 值记录于表 2-8。

① 电导率利用电导率仪测定。

② 硬度的测定采用滴定法：用移液管吸取水样 50mL，放入 250mL 的锥形瓶中。加入 2mL $NH_3 \cdot H_2O-NH_4Cl$ 缓冲溶液及 5 滴铬黑 T 指示剂，立即用 EDTA 标准溶液滴定至溶液由酒红色变为蓝色，即为终点。平均测定三次，记录 EDTA 溶液的用量，计算原水的硬度，以 mmol/L 表示结果。

3）交换软化：将原水加压送入交换柱内，开启排气阀排气，调节流量计使交换柱内的流速到 15m/h 左右，每隔 10min 测一次出水硬度和电导率记录于表 2-9。

4）改变流速：调节流量计，交换柱内的流速分别为 20m/h、25m/h、30m/h，每个流速下运行 5min，测定水的硬度。

5）再生：交换结束后，交换柱用 15m/h 自来水反洗 5min，再通入 5%的 NaCl 溶液至淹没交换层 10cm，浸泡 30min。

6）移出再生液，用纯水浸泡树脂，关闭所有进出水阀门。

5. 实验记录

表 2-8 原水硬度的测定

测定次数	原水水样		
	1	2	3
滴定管初读数/mL			
滴定管终点读数/mL			
EDTA 溶液耗用体积/mL			
EDTA 溶液耗用体积平均值/mL			
原水的硬度 H_0/（mmol/L）			
pH 值			
电导率			

$$总硬度（CaO，mmol/L）= \frac{V \cdot M \times 2 \times 1000}{V_{水样}}$$

式中 V——EDTA 滴定液体积，mL；

M——EDTA 滴定液物质的量浓度，mol/L；

$V_{水样}$——水样体积，mL。

表 2-9 交换实验记录

运行流速/(m/h)	运行流量/h	运行时间/min	出水硬度/(mmol/L)	电导率/(μS/cm)	pH 值
15		10			
15		20			
15		30			
20		5			
25		5			
30		5			

6. 思考题

1）实验中影响出水硬度的因素有哪些？

2）简述离子交换的机理，为什么离子交换树脂要进行再生？

3）软化前后水的电导率是否变化？

2.4 离子交换除盐实验

1. 实验目的

1）加深对复床除盐基本理论的理解，掌握离子交换除盐的过程；

2）了解并掌握离子交换除盐设备的组成及操作；

3）熟悉纯水水质的检测方法(电导仪、酸度计)。

2. 实验原理

离子交换是一种特殊的固体吸附过程，它是由离子交换树脂在电解质溶液中进行的。利用阴阳树脂共同工作是目前制取纯水的基本方法之一。水中各种无机盐类电离生成阳离子和阴离子，经过 H 型离子交换树脂时，水中阳离子被 H^+ 取代，经过 OH 型离子交换树脂时，水中阴离子被 OH^- 取代。进入水中的 H^+ 和 OH^- 结合成 H_2O，从而达到去除无机盐的效果。以 NaCl 通过混床为例，其方程为：

$$RH+NaCl \longrightarrow RNa+HCl$$

$$R'OH+HCl \longrightarrow R'Cl+H_2O$$

$$RH+R'OH+NaCl \longrightarrow RNa+R'Cl+H_2O$$

为了区分阳树脂和阴树脂的骨架，R 代表阳树脂骨架，R′代表阴树脂骨架。

水中所含阴、阳离子的多少，直接影响溶液的导电性能，经过离子交换树脂处理的水中离子很少，电导率很小，电阻值很大，生产上常以水的导电率控制离子交换后的水质。

氢型树脂失效后，用较高浓度的盐酸或硫酸(5%)再生，氢氧型树脂失效后用烧碱(4%)再生，可将附在树脂上的阴阳离子置换下来，使失效的阳树脂转为 H 型，阴树脂转为 OH 型，其反应式为：

$$RNa+HCl \longrightarrow RH+NaCl$$

$$2RNa+H_2SO_4 \longrightarrow 2RH+Na_2SO_4$$

$$RCl+NaOH \longrightarrow ROH+NaCl$$

3. 实验设备及材料

除盐装置 1 套，如图 2-8 所示；PHS-25 型酸度计 1 台；DDS-307 型电导率仪 1 台；100mL 烧杯 2 个；温度计 1 个；5%HCl、4%NaOH 溶液。

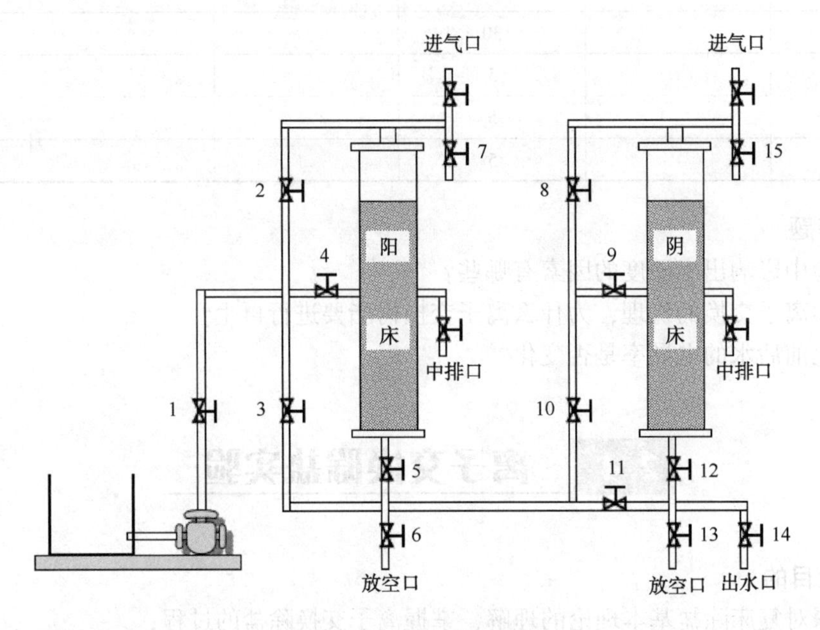

图 2-8　离子交换除盐装置

4. 实验操作步骤

1）熟悉实验装置，厘清所有管路，了解每个阀门的作用，确定所有阀门为全闭。测定原水温度、pH 值及电导率。

2）打开阀门 1、3、5、7，调节蠕动泵转速到 20r/min，用清水反洗阳床 5min，停泵，关闭所有阀门。

3）先打开阀门 5、7，再慢慢打开阀门 6 使水流出，直到阳床中的液面高出树脂层 15cm 为止，关闭所有阀门。

4）打开阀门 1、2、5、6，调节蠕动泵转速到 20r/min，使 5%的 HCl 溶液流过阳床，进行阳床再生。20min 后停止进水，保持阀门开闭不变。

5）调节蠕动泵转速到 50r/min，用清水淋洗阳床。测阀门 6 出水 pH 值，直到 pH 值在 2.5~4 之间为止。停泵，关闭阀门 6。

6）打开阀门 11、12、15，调节蠕动泵转速到 10r/min，反洗阴床 5min，停泵，关闭阀门 11。慢慢打开阀门 13 使水流出，直到阴床中的液面高出树脂层 15cm 为止，关闭所有阀门。

7）打开阀门 1、3、10、8、12、13，调节蠕动泵转速到 20r/min，使 4%的 NaOH 溶液流过阴床，进行阴床再生。20min 后停止进水，关闭所有阀门。

8）打开阀门 1、3、6 用原水清洗管路，再关闭所有阀门。

9）打开阀门1、2、5、10、8、12、14，将蠕动泵进水口投入清水池，保持蠕动泵转速20r/min不变淋洗阴床15min。

10）调节蠕动泵转速到120r/min，测阀门14出水，直到出水电导率小于200μS/cm。

11）除盐实验。保持阀门开闭不变，调整蠕动泵转速分别为70r/min、90r/min，每种转速运行5min，测阀门14出水电导率及pH值。

12）实验结束后，关闭所有进、出水阀门，切断各仪器电源。

5. 实验结果整理

表2-10 离子交换除盐实验记录表

原水温度：________ ℃ pH值：________ 电导率：________ S/cm 实验日期：________

出水水质 / 交换柱水流速率	阳离子交换柱		阴离子交换柱		总出水	
	pH值	电导率/(S/cm)	pH值	电导率/(S/cm)	pH值	电导率/(S/cm)

6. 思考题

1）强碱阴离子交换床为何都设在阳离子交换床后面？

2）如何提高除盐实验出水水质？

2.5 电渗析除盐实验

1. 实验目的

1）了解电渗析装置的构造、各部分功能，熟悉设备的安装及操作方法；

2）掌握在不同进水浓度或流速下，电渗析极限电流密度的测定方法；

3）学会电渗析运行中电流效率和除盐率的计算。

2. 实验原理

电渗析（简称ED）是在外加直流电场作用下，以电位差为推动力，利用离子交换膜的选择透过性（即阳膜只允许阳离子透过，阴膜只允许阴离子透过），使水中的阴、阳离子作定向迁移，从而达到水中的离子与水分离效果的一种物理化学过程。

电渗析膜由高分子合成材料制成，置于阴极与阳极之间，且阳膜与阴膜交替排列，在外加直流电场作用下，水中阴、阳离子分别向阳极、阴极方向迁移，由于阳膜、阴膜的选择透过性，就形成了交替排列的离子浓度减少的淡室和离子浓度增加的浓室。电渗析法适用于含盐量在3500mg/L以下的苦咸水淡化。以NaCl水溶液的电解来说明电渗析技术的基本原理，如图2-9所示。在两个电极之间加上一定电压，则Cl^-透过阴极膜向阳极移动，在阳极生成氯气；Na^+透过阳极膜，在阴极生成氢气和氢氧化钠，电极反应如下：

阴极反应：$2Na^+ + 2H_2O + 2e = 2NaOH + H_2$

阳极反应：$2Cl^- - 2e = Cl_2$　　$2H_2O = O_2 + 4H^+ + 4e$

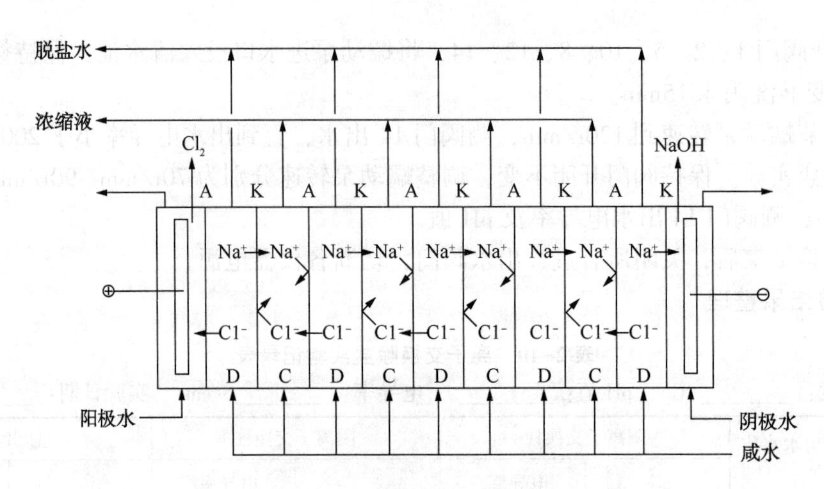

图 2-9　电渗析法除盐原理图

A—阴离子膜；K—阳离子膜；D—稀室；C—浓室

在电渗析器运行中，通过电流的大小与电渗析器的大小有关，为了便于比较，通常采用电流密度(单位除盐面积上通过的电流)这一指标，随着电流密度 i 的增加，淡水室离子的浓度 C 逐渐降低，当 $C\to 0$ 时对应的电流密度，称为极限电流密度，用 $i_{\lim}$ 表示。

极限电流密度与流速、浓度之间的关系用威尔逊公式表示：

$$i_{\lim}=KCv^{n}$$

式中　v——淡水室水流速度，cm/s；

C——淡水室中水的平均浓度，mmol/L；

K——水力特性系数；

n——流速系数，0.8~1.0。

3. 实验装置与仪器

（1）实验装置

电渗析器由膜堆、极区和压紧装置三部分构成。膜堆主要是由交替排列的阴、阳离子交换膜和交替排列的浓、淡室隔板组成；极区的主要作用是给电渗析器供给直流电源，将原水导入膜堆的配水孔，将淡水、浓水排出电渗析器；压紧装置的主要作用是把极区和膜堆组成不漏水的电渗析器整体，电渗析反应实验装置如图 2-10 所示。

(2)实验仪器仪表

电导率仪 1 台；200mL 烧杯 5 个；1000mL 量筒 1 个；秒表 1 个。

4. 实验步骤

1）启动水泵，同时缓慢开启浓水系统和淡水系统的进水阀门，逐渐使其达到最大流量，排除管道和电渗析器中的空气。注意浓水系统和淡水系统的原水进水阀门应同时开、关。

2）在进水浓度稳定的条件下，调节进水阀门流量，使浓水、淡水流速均保持在 50~100mm/s 的范围内(一般不应大于 100mm/s)，并保持淡水进口压力高于浓水进口压力(Δp=0.01~0.02MPa)。稳定 5min 后，用秒表和量筒测定淡水、浓水、极水的流量。

3）测定原水的电导率、水温、总含盐量。

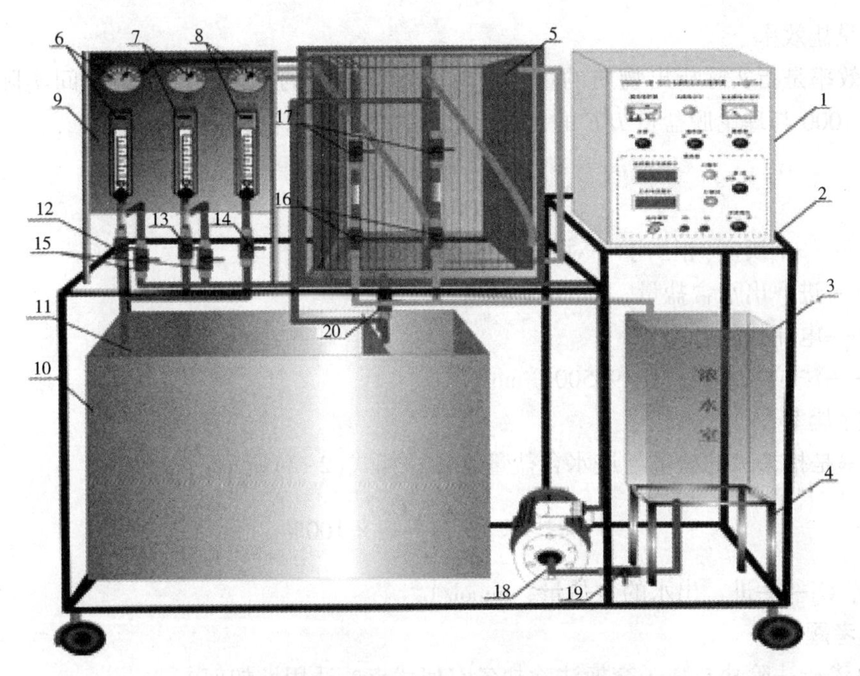

图 2-10　电渗析反应实验装置示意图

1—电源控制箱；2—不锈钢框架；3—浓水循环水箱；4—浓水循环水箱支架；5—电渗析器；
6—浓水压力表及流量计；7—淡水压力表及流量计；8—极水压力表及流量计；9—压力表及流量计支架；10—原水箱；
11—潜水泵；12—浓水进水阀；13—淡水进水阀；14—极水进水阀；15—浓水循环进水阀；16—浓水出水阀；
17—淡水出水阀；18—浓水循环泵；19—浓水循环水箱出水阀；20—电渗析器有机玻璃外壳水箱放水阀

4）接通电源，调节调压器使电压为 0.3V/膜对左右，待稳定后，读出相应的电流值，测定淡水进水及出水含盐量，其步骤是先用电导仪测定电导率，然后由含盐量—电导率对应关系曲线求出含盐量。求出脱盐效率、除盐率。

5）在原水水质和流速不变的条件下，依次升高膜堆电压，每次升高 0.2V/膜对，待稳定后，读出电流值和淡室出水含盐量。

6）改变进水流量，重复步骤 4）、5）。

7）实验完毕后先停电，然后再停泵停水。

注意：测定原水中 NaCl 含量，可用硝酸银（$AgNO_3$）滴定法或电导率测定法。

5. 实验记录与结果分析

脱盐效率测试记录见表 2-11。

表 2-11　脱盐效率测试实验记录表

测定时间	进口流量/（L/s）			进口压力/MPa			淡水室含盐量		电流		电压/V			水温/℃
	淡	浓	极	淡	浓	极	进口电导率/（μS/cm）	出口电导率/（μS/cm）	电流/A	电流密度/（mA/cm^2）	总电压	膜堆电压	膜对电压	

（1）脱盐效率

脱盐效率是指实际析出物质的量与应析出物质的量的比值。即单位时间实际脱盐量 $q(C_1-C_2)/1000$ 与理论脱盐量 I/F 的比值，如式(2-1)所示：

$$\eta = \frac{q(C_1 - C_2)}{1000I/F} \times 100\% \quad (2-1)$$

式中 q——一个淡室(相当于一对膜)出水量，L/s；

C_1、C_2——进、出水含盐量，mmol/L；

I——电流强度，A；

F——法拉第常数，$F=96500$C/mol。

（2）除盐率

除盐率是指去除的盐量与进水含盐量之比，如式(2-2)所示：

$$除盐率 = \frac{C_1 - C_2}{C_1} \times 100\% \quad (2-2)$$

式中 C_1、C_2——进、出水的含盐量，mmol/L。

6. 思考题

1）电渗析法除盐与离子交换法除盐各有何优点？适用性如何？

2）以水的电导率换算含盐量，其准确性如何？

2.6 折点加氯消毒实验

1. 实验目的

1）掌握折点加氯消毒的实验方法和基本原理；

2）通过实验，探讨某含氨氮水样与不同氯量接触一定时间的情况下，水中游离性余氯、化合性余氯及总余氯与投氯量之间的关系。

2. 实验原理

消毒是指采用某种方法杀死所有病原微生物的措施。常用的消毒方法包括：氯消毒、臭氧消毒、紫外线消毒等，氯消毒广泛用于给水处理和污水处理。

氯容易溶解于水中，当氯溶解于清水中时，发生下列反应：

$$Cl_2 + H_2O \rightleftharpoons HClO + HCl \quad (1)$$

$$HOCl \rightleftharpoons H^+ + ClO^- \quad (2)$$

次氯酸和次氯酸根均有消毒作用，但前者消毒效果较好，这是因为 HOCl 为很小的中性分子，可以扩散到带负电的细菌表面，并穿透细菌的细胞壁到细菌内部，破坏细菌的酶系统而导致细菌死亡。如果水中没有细菌、氨、有机物和还原性物质，则投加在水中的氯全部以游离性氯的形式存在。

如果水中存在有机污染物且含相当数量的氨氮化合物，加入氯时，常发生如下化学反应：

$$Cl_2 + H_2O \rightleftharpoons HClO + HCl \quad (3)$$

$$NH_3 + HClO \rightleftharpoons NH_2Cl + H_2O \tag{4}$$

$$NH_2Cl + HOCl \rightleftharpoons NHCl_2 + H_2O \tag{5}$$

$$NHCl_2 + HOCl \rightleftharpoons NCl_3 + H_2O \tag{6}$$

加氯后，水中所含的氯以氯胺存在时，称为化合性氯。化合性氯依靠水解生成的次氯酸起消毒作用。从反应式(4)~(6)可见，只有当水中的 HOCl 因消毒而消耗后，反应才向左进行，继续产生消毒所需的 HOCl。因此，当水中的余氯主要是氯胺时，消毒作用比较缓慢。根据水中氨的含量，pH 值高低及加氯量多少，加氯量与剩余氯量的关系将出现四个阶段，即四个区间(如图 2-11 所示)：

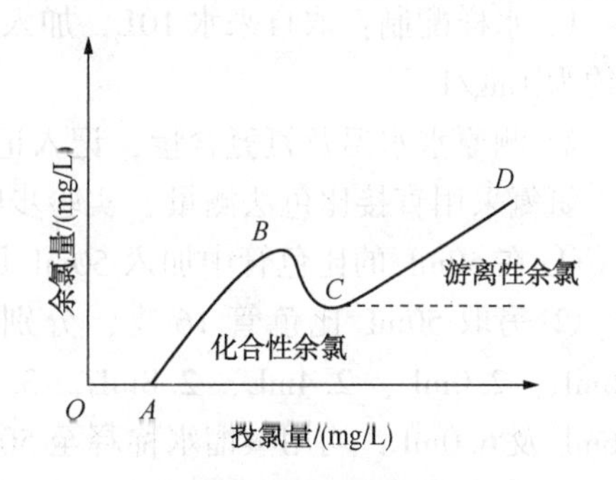

图 2-11 折点加氯曲线

第一区间 *OA* 段，余氯为 0，表示水中杂质将氯全部消耗，加氯量等于需氯量，该阶段消毒效果不可靠。

第二区间 *AB* 段，随着加氯量增加，水中有机物等已被氧化殆尽，便出现了结合性余氯，如反应(4)~(6)所示。

第三区间 *BC* 段，继续加氯，投加的氯不仅能生成 NH_2Cl、$NHCl_2$、NCl_3，同时还会发生下列反应：

$$2NH_2Cl + HOCl \longrightarrow N_2\uparrow + 3HCl + H_2O \tag{7}$$

结果使氯胺被氧化成为一些不起作用的化合物，余氯逐渐减少，最后到最低的折点 C。

第四区间 *CD* 段，继续增加加氯量，水中开始出现自由性余氯。加氯量超过折点时的加氯称为折点加氯或过量加氯。按大于折点的量来投加氯有两个优点：一是可以去除水中大多数产生臭味的物质；二是有游离性余氯，消毒效果好。

3. 实验装置和设备

(1) 实验设备及仪器仪表

水样调配箱 1 个；目视比色仪 1 台；氨氮标准色盘 1 块；余氯标准色盘 1 块；50mL 比色管 10 根；1mL 和 5mL 移液管各 1 支；蒸馏瓶 1 个、冷凝管 1 支。

(2) 主要实验药剂

1) 碘化汞钾碱性溶液(又称钠氏试剂)：将 100g 碘化汞和 70g 碘化钾溶解于少量的蒸馏水中，并将此溶液加入含 160g 氢氧化钠的已冷却溶液中，用蒸馏水稀释至 1000mL 储于棕色瓶中，用橡皮塞塞紧，避光保存。

2) 酒石酸钾钠($KNaC_4H_4O_6 \cdot 4H_2O$)溶液：将 50g 的酒石酸钾钠溶于 100mL 的蒸馏水中，煮沸去除水中的氨。冷却后，用蒸馏水稀释至 100mL。

3) 邻联甲苯胺溶液：将 1g 邻联甲苯胺溶于 5mL 20%的盐酸溶液(浓盐酸 1mL 稀释至 5mL)，将其调成糊状，加入蒸馏水使其完全溶解并稀释至 505mL，再加入 20%的盐酸调至 1L。将此溶液储于棕色瓶，置于冷暗处保存。

4) 亚砷酸钠($NaAsO_2$)溶液：将 5g 亚砷酸钠溶于蒸馏水中，并稀释至 1L。

5) 1%浓度的氨氮溶液 100mL：称取 3.819g 干燥过的无水氯化氨(NH_4Cl)溶于不含氨

的蒸馏水中稀释至100mL，其氨氮浓度为1%即10g/L。

6）氨氮标准溶液1000mL：吸取上述1%浓度的氨氮溶液1mL，用蒸馏水稀释至1000mL，其氨氮含量为10mg/L。

4. 实验步骤

1）水样配制：取自来水10L，加入1%浓度氨氮1mL，混匀，即为实验用水，其氨氮含量约为1mg/L。

2）测原水水温及氨氮含量，记入记录表中。

氨氮采用直接比色法测量，实验步骤如下：

① 在50mL的比色管中加入50mL原水。

② 另取50mL比色管16支，分别注入氨氮标准溶液0mL、0.4mL、0.8mL、1.2mL、1.6mL、2.0mL、2.4mL、2.8mL、3.2mL、3.6mL、4.0mL、4.4mL、4.8mL、5.2mL、5.6mL及6.0mL，均用蒸馏水稀释至50mL。

③ 向水样和氨氮标准溶液管内分别加入1mL酒石酸钾钠溶液，摇匀，再加入1mL碘化汞钾溶液摇匀放置10min，进行比色。

$$\text{氨氮(以}N\text{计)} = \frac{\text{相当于氨氮标准溶液用量(mL)} \times 10}{\text{水样体积(mL)}}(\text{mg/L})$$

3）称取漂白粉3g置于100mL蒸馏水中溶解，然后稀释至1000mL，取此漂白粉溶液1mL，稀释100倍后加邻联甲苯胺溶液5mL，摇匀，用余氯标准色盘进行比色，测出含氯量。

4）用6个1000mL烧杯各装入含氨氮水样1000mL置混合搅拌机上。

5）从1号烧杯开始，各烧杯依次加入漂白粉溶液1mL、2mL、3mL、4mL、5mL、6mL。

6）启动搅拌机快速搅拌1min，转速为300r/min；慢速搅拌10min，转速为100r/min。

7）取3支50mL比色管，标明A、B、C。

8）用移液管向A管中加入2.5mL邻联甲苯胺溶液，再加水样至刻度，在5s内混匀，迅速加入2.5mL亚砷酸钠溶液，混匀后立刻与余氯标准色盘比色，记录结果(A)。(A)代表游离性余氯与干扰物迅速混合后所产生的颜色。

9）用移液管向B管中加入2.5mL亚砷酸钠溶液，再加水样至刻度，立刻混匀。再用移液管加入2.5mL邻联甲苯胺溶液，混匀后立刻与余氯标准色盘比色，记录结果(B_1)。待相隔5min后再与余氯标准色盘进行比色，记录结果(B_2)。(B_1)代表干扰物质迅速混合后所产生的颜色；(B_2)代表干扰物质经混合后5min后所产生的颜色。

10）用移液管向C管中加入2.5mL邻联甲苯胺溶液，再加水样至刻度。混匀后静置5min，与余氯标准色盘比色记录结果(C)。(C)代表总余氯及干扰物质混合5min后所产生的颜色。

上述步骤8)~10)所测定的水样为1号烧杯中水样。

11)按上述7)~10)步骤依次测定2~6号烧杯中水样的余氯量。

5. 实验结果整理

1）实验测得各项数据记录于表2-12：

表 2-12　消毒(折点加氯)实验记录

第＿＿小组　　　　姓名＿＿＿＿＿　　　　实验日期＿＿年＿＿月＿＿日

原水水温＿＿℃　　　　含氨氮量＿＿mg/L　　　　漂白粉溶液含氯量＿＿mg/L

水样编号		1	2	3	4	5	6
漂白粉投加量/mL							
水样含氯量/(mg/L)							
比色测定结果/(mg/L)	A						
	B_1						
	B_2						
	C						
余氯计算/(mg/L)	总余氯 $D=C-B_2$						
	游离余氯 $E=A-B_1$						
	化合性余氯 $D-E$						

2）根据加氯量和余氯量绘制二者关系曲线。

6. 思考题

1）水中含氨氮时，投氯量和余氯量关系曲线中为何会出现折点？

2）影响投氯量的因素有哪些？

3）本实验原水如采用折点后加氯消毒，应有多大的投氯量？

2.7　臭氧氧化脱色实验

1. 实验目的

1）掌握臭氧发生器的基本结构、原理、操作方法，观察电压和空气流量对臭氧产率的影响；

2）考察水力停留时间(HRT)、臭氧投加量对脱色效果的影响；

3）通过测定氧化前后水样吸光度的变化，掌握臭氧氧化法处理工业废水的基本过程、方法和特点。

2. 实验原理

臭氧是一种强氧化剂，其氧化还原电位为 2.07V，仅次于氟(2.80V)。臭氧可溶解于水，在水中的溶解度比氧高 13 倍，可用于除臭、脱色、杀菌、消毒、降酚、降解 COD 和 BOD 等有机物。

臭氧在水溶液中的强烈氧化作用，不是 O_3本身引起的，主要是由臭氧在水中分解的中间产物·OH 基及·HO_2基引起的。很多有机物都容易与臭氧发生反应。例如臭氧对水溶性染料、蛋白质、氨基酸、有机氨及不饱和化合物、酚和芳香族衍生物以及杂环化合物、木质素、腐殖质等有机物有强烈的氧化降解作用，还有强烈的杀菌、消毒作用。臭氧对水中污染物的降解分以下两种途径：

1）臭氧直接与污染物发生作用。臭氧的氧化作用直接导致不饱和的有机分子断裂，使臭氧分子结合在有机分子的双键上，并使链烃羰基化，生成醛、酮或酸；芳香化合物先被氧化成酚，再被氧化成酸。

2）臭氧与污染物间接反应。臭氧首先在水中分解产生·OH，·OH 具有比臭氧更强的氧化能力，其继续与目标污染物发生反应。

臭氧氧化的优点：①臭氧能氧化废水不易处理的污染物，对除臭、脱色、杀菌、降解有机物和无机物都有显著效果；②污水经处理后，剩余的臭氧易分解，不产生二次污染，且能增加水中的溶解氧；③制备臭氧利用空气作原料，操作简便。

工业上采用高压(15~30kV)高频放电制取臭氧，通常制得的是含 1%~4%臭氧的混合气体，称为臭氧化气。

本实验是向含有活性艳红 B 的水溶液中通入现场制备的臭氧，由于活性艳红 B 的发色集团会被臭氧氧化而去除，故可实现对废水的脱色。

3. 实验仪器、装置及试剂

（1）实验仪器

臭氧发生器、紫外-可见分光光度计、流量计、电子天平、锥形瓶、容量瓶等。

（2）实验装置

包括臭氧发生器、接触反应柱、水气投配系统三部分，实验装置如图 2-12 所示。

1）臭氧发生器：实验装置为单管(也可用多管或其他形式)发生器。

2）接触反应柱：供臭氧与水接触反应用(气液逆向接触)。柱外径 $d=60$mm，内径 $d_{内}=50$mm，柱高 $h=2$m。布气板为微孔扩散板，使气泡小而分散。

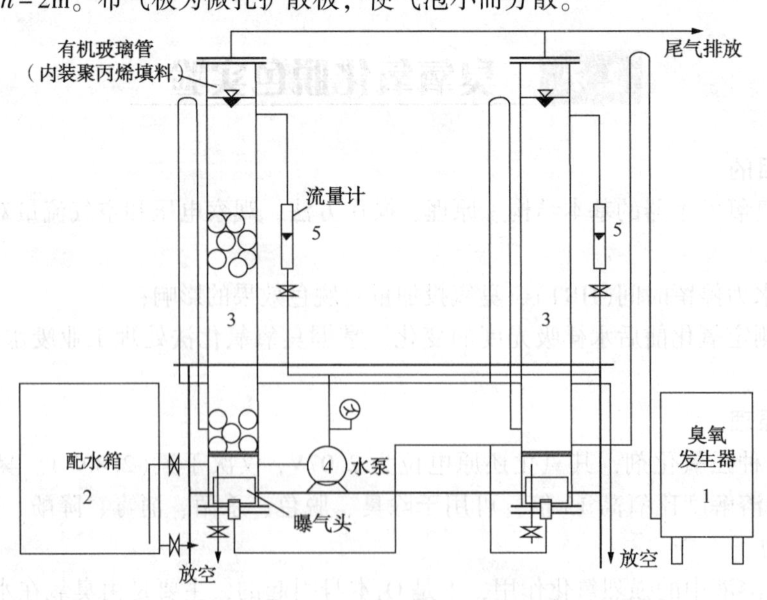

图 2-12　臭氧氧化脱色实验装置图

1—臭氧发生器；2—配水箱；3—反应柱；4—水泵；5—流量计

3）水箱及水泵，提供实验水样。

（3）实验试剂

1）配制模拟印染废水，含染料 10~20mg/L，供脱色用(活性艳红 B)。

2）2% KI 溶液：称取 20g 分析纯碘化钾溶于 1L 新煮沸并冷却的蒸馏水中，储于棕色瓶中。

3）硫代硫酸钠溶液：称取 24.8g $Na_2S_2O_3 \cdot 5H_2O$，溶于煮沸并放冷的蒸馏水中，用水稀释至 1000mL，并储于棕色瓶中备用，其浓度应为 0.100mol/L。

4）0.5mol/L 的 H_2SO_4溶液；1mol/L 的 NaOH 溶液。

4. 实验步骤

1）配制 100mg/L 的活性艳红 B 纯净水溶液，并定容于 1000mL 的容量瓶待用。

2）绘制活性艳红 B 溶液的浓度-吸光度关系曲线。取定量已配好的活性艳红 B 溶液并将其稀释为以下 6 个浓度的溶液：5mg/L、10mg/L、15mg/L、20mg/L、30mg/L、50mg/L。利用紫外-可见分光光度计在活性艳红 B 溶液的最大吸收波长处分别测定上述溶液的吸光度值 A，绘制 C-A 标准曲线。利用该曲线确定不同吸光度值所对应的染料浓度。

3）熟悉装置流程、仪器设备和管路系统，并检查连接是否完好。

4）用 H_2SO_4溶液或 NaOH 溶液调节模拟水样的 pH 值等于 3 左右。

5）将配好的水样用水泵打入反应柱内，使柱内维持 1.2m 水柱高度。

6）反应开始后，维持气体的流量不变，每隔 10min 取样一次，并将水样置于 250mL 的锥形瓶中，并立刻滴入少量的 $Na_2S_2O_3$溶液终止臭氧的氧化反应，振荡均匀后再取适量的水样测定其吸光度。

7）实验尾气用 KI 溶液进行吸收，以防止污染。

8）改变模拟水样的 pH 值，重复步骤 4)~8)。

9）实验完毕后，首先关闭发生器的电源(先降压、再停电)，然后关闭有关阀门。

注意事项：

做本实验，首先要注意安全，尤其高压电 8000~20000V 很危险。要防止臭氧污染。而且本实验使用的设备装置很多。因此必须做到：

1）实验前熟悉讲义内容和实验装置，不清楚时，不许乱动。

2）通电后，臭氧发生器后盖不准打开。尾气需用 KI 进行吸收，若泄漏的臭氧浓度过高，要停机检查，防止对人体产生危害。

3）实验过程中各岗位的人不许离开，密切配合，并随时注意各处运行情况。若有某处发生问题，不要慌乱，首先关闭发生器的电源，然后再做其他处理。

5. 实验记录与结果处理

模拟水样脱色率的计算：

$$E_t = \frac{A_0 - A_t}{A_0} \times 100\%$$

式中　E_t—— t 时刻时模拟水样的脱色率；

A_0——模拟水样初始浓度时的吸光度；

A_t——t 时刻时模拟水样的吸光度。

表 2-13　臭氧氧化降解染料废水数据记录表

反应时间/min	水样吸光度/A	脱色率/E_t
温度：	臭氧流量：	溶液 pH 值：

6. 思考题

1）溶液的 pH 值对臭氧氧化降解活性艳红 B 的效果有何影响？

2）臭氧流量对活性艳红 B 的降解脱色效果有何影响？

3）为加强某染色废水的处理效果，有人想将臭氧氧化和活性炭吸附联用，他的想法可行吗？为什么？

2.8 反渗透膜法制备超纯水实验

1. 实验目的

1）了解超纯水制备的相关知识，掌握反渗透膜法制备超纯水的工艺流程、各部件的作用和原理；

2）能使用设备生产出合格的纯化水，并能找出影响产品质量的主要原因；

3）掌握电导率、总有机碳的测定方法；

4）学会清洁保养设备的正确操作方法。

2. 实验原理

反渗透（Reverse Osmosis，RO）技术是 20 世纪 60 年代发展起来的以压力为驱动力的膜分离技术，它借助外加压力的作用使溶液中的溶剂透过半透膜而阻留某些溶质，是目前水淡化中最有效、最节能的技术，其原理如图 2-13 所示。

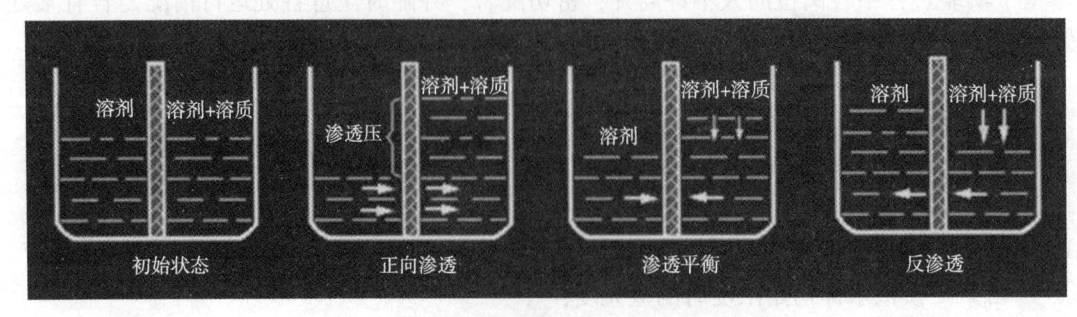

图 2-13　正渗透、渗透平衡、反渗透示意图

把相同体积的淡水和盐水分别置于一容器的两侧，中间用理想半透膜隔开，淡水侧的水将透过半透膜，自发地向盐水一侧流动，盐水一侧的液面会比淡水侧的液面高出一定高度，形成一个压力差，此时压力差值即为渗透压。若在膜的盐水侧施加一定压力，那么水的自发流动将受到抑制而减慢，当施加的压力达到某一数值时，水通过膜的净流量等于零，达到渗透平衡状态。若在盐水一侧施加的压力大于渗透压时，水的流向就会逆转，盐水中的水会向淡水侧流动，这一过程(现象)即为反渗透处理的基本原理。

反渗透膜孔径小至纳米级，在一定的压力下，水分子可以通过RO膜，而原水中的无机盐、重金属离子、有机物、胶体、细菌、病毒等杂质无法通过，从而使可以透过的纯水和无法透过的浓缩水严格区分开来。由于反渗透技术具有无相变、操作方便、耗费低等特点，目前广泛应用于海水、苦咸水淡化，纯水和超纯水制备领域。

3. 实验装置与设备

(1) 工艺流程

反渗透制水设备一般由水的预处理系统、反渗透制水装置、水的后处理系统、反渗透膜组清洗系统和电气控制系统等组成。

预处理系统一般包括原水箱、原水泵、多介质过滤器、活性炭过滤器等。作用是降低原水杂质，达到反渗透的进水要求。

反渗透装置主要包括多级高压泵、反渗透膜元件、膜壳、流量计、支架等。其主要作用是去除水中的杂质，使出水满足使用要求。其工艺流程如图2-14所示。

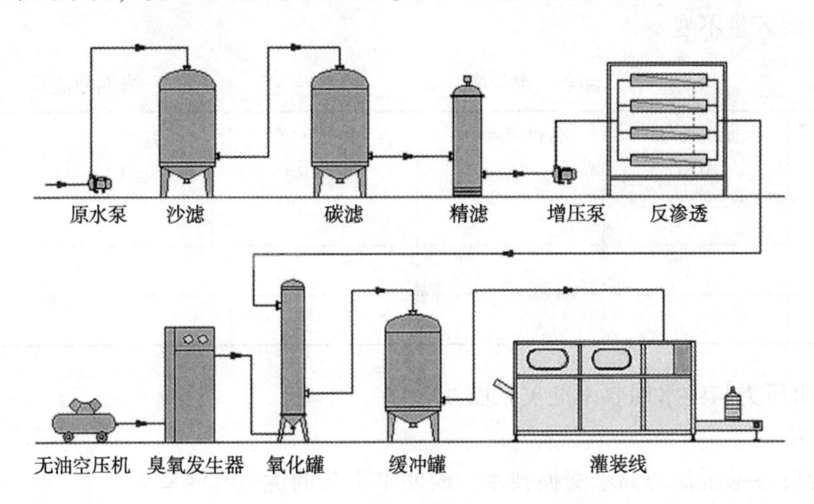

图2-14 反渗透制备纯水实验装置流程图

(2) 主要设备

小型反渗透制纯水装置1套；电导率仪1台；TOC测定仪1台；容量瓶、烧杯、锥形瓶。

4. 实验步骤

1) 往原水桶中注入一定量的原水(自来水)。

2) 测定原水的电导率、TOC。

3) 启动水泵，同时计时。

4）当水泵吸水管靠近原水桶底时，定量原水几乎可在一定时间内被抽尽。抽尽后立即停泵，根据定量水和处理时间计算处理流量、各管内流速。

5）取处理后的水样进行水质分析，测其电导率和TOC，并与原水样对比以评判处理效果。

6）实验结束后应对设备进行正反冲洗，正冲洗即将自来水加入原水箱，水管连接按照原流程结构；反冲洗即将水泵出水口与多介质过滤器、活性炭过滤器出水管相连，让清水反方向从滤棒中流过使堵塞物被冲脱。正反冲洗至少各一次。

5. 实验数据记录与处理

（1）数据记录与计算

1）进口压力不变：

室温：________　原水电导率：________　TOC：______　操作压力：______

实验序号	浓缩液流量/（L/h）	透过液流量/（L/h）	纯水电导率/（mS/cm）	TOC/（mg/L）	纯水回收率/%
1					
2					
3					

2）浓缩液流量不变：

室温：________　自来水电导率：__________　浓缩液流量：________

实验序号	操作压力/MPa	透过液流量/（L/h）	纯水电导率/（mS/cm）	TOC/（mg/L）	纯水回收率/%
1					
2					
3					

（2）画出压力与纯水回收率的关系曲线

6. 思考题

1）结合反渗透脱盐与离子交换技术，说明本工艺的优点有哪些。

2）应用膜分离技术处理某种水质时，在运行一定时间后，压力和分离效果一般会发生什么样的变化？为什么？

3）反渗透膜是耗材，膜组件受污染后有哪些特征？

2.9 微滤-超滤联合处理制超纯水

1. 实验目的

1）了解微滤-超滤组合实验装置的组成、结构特点，掌握其操作规程；

2）加深对微滤、超滤机理的理解，熟悉其应用领域，使其认识到理论联系实际的重要性；

3）能进行去除率和压力等控制参数的测定。

2. 实验原理

微滤和超滤都是以压力为驱动力的分离过程，可以去除水中几乎所有的悬浮物质。

超滤（UF）：又称超过滤，属于膜分离方法之一，过滤精度在 0.001~0.1μm。其原理主要是在加压情况下通过膜材料的机械隔滤作用，将水中的极细微粒或者水中的大分子物质从水中分离出来，因此膜孔隙大小是超滤膜过滤法的主要控制因素。超滤不需要加电加压，仅依靠自来水压力就可进行过滤，流量大，使用成本低廉，较适合家庭饮用水的全面净化。因此未来生活饮用水的净化将以超滤技术为主，并结合其他的过滤材料，以达到较宽的处理范围，更全面地消除水中的污染物质。

微滤（MF）：又称微过滤，其原理与超滤相同，其过滤精度一般在 0.1~50μm，因此，在实际工艺中微滤常作为超滤以及其他更精细的膜分离过程的预处理过程。常见的各种 PP 滤芯、活性炭滤芯、陶瓷滤芯等都属于微滤范畴，用于简单的粗过滤，过滤水中的泥沙、铁锈等大颗粒杂质，但不能去除水中的细菌等有害物质。滤芯通常不能清洗，为一次性过滤材料，需要经常更换。常见的滤芯材质有三种。① PP 棉芯：一般只用于要求不高的粗滤，去除水中泥沙、铁锈等大颗粒物质。② 活性炭：可以消除水中的异色和异味，但是不能去除水中的细菌，对泥沙、铁锈的去除效果也很差。③ 陶瓷滤芯：最小过滤精度也只 0.1μm，通常流量小，不易清洗。

3. 实验设备及仪器

（1）设备组成及结构

微滤-超滤组合实验装置如图 2-15 所示，该装置由调节水箱、不锈钢增压泵、不锈钢活性炭料液罐、PP 滤芯、ϕ100mm×600mm 中空纤维膜组件及紫外线杀菌器等组成。

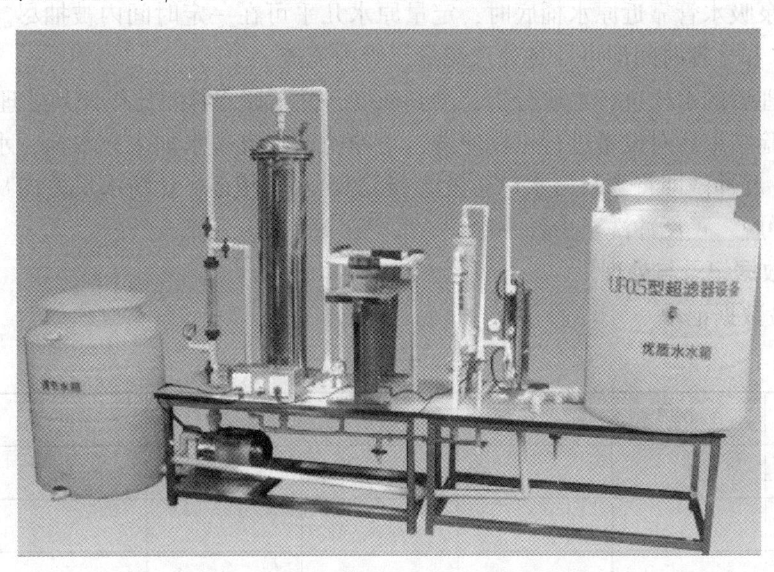

图 2-15 微滤-超滤制超纯水实验装置

整套装置放于不锈钢支架上。由于水泵为自吸式水泵，因此盛原水容器(容积在数升至数十升之间)可放于地上，靠水泵将水自吸而上，应用十分方便。

(2) 装置常规流程

本装置常规流程为单一间歇式微滤–超滤流程，系统工艺流程示意图如图2–16所示。该流程的特点是：对定量原水处理完为止，形成批量处理方式。

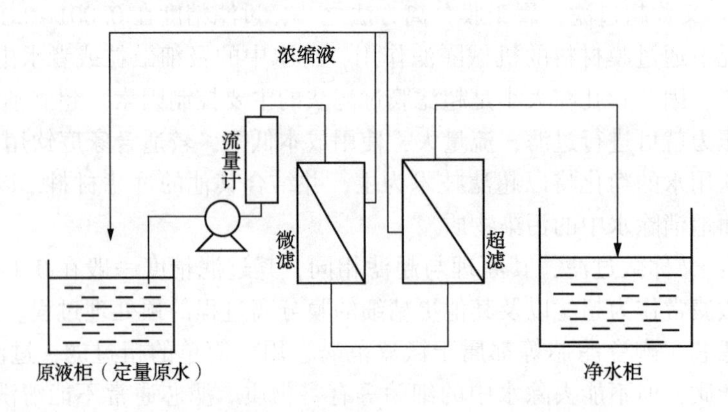

图2–16 微滤–超滤工艺流程示意图

(3) 实验耗材

微污染水、蒸馏水、滤纸等。

4. 实验操作步骤

1）往原水桶中注入定量原水。注意：为了保证微滤–超滤正常运行，原水入桶必须加0.6mm不锈钢筛网加以粗滤，清除浮渣。

2）启动水泵，同时计时。

3）当水泵吸水管靠近原水桶底时，定量原水几乎可在一定时间内被抽尽。抽尽后即停泵，以定量水和处理时间即可计算处理流量、管内流速。

4）取处理后的水样进行水质分析，测其浊度，并与原水样对比以评判处理效果。

5）在实验结束后对设备进行正反冲洗，正冲洗即将自来水加入原水桶，水管连接按照原流程结构；反冲洗即将水泵出水口与微滤–超滤出水管相连，让清水反方向从滤棒中流过使堵塞物被冲脱。正反冲洗至少各一次。

5. 实验数据记录与处理

(1) 实验数据记录

表2–14 实验数据记录表

时间/min	0	5	10	20	30	40
压力/MPa						
浊度/NTU						
去除率/%						

（2）数据处理与分析

根据实验数据画出压力及去除率随时间变化曲线，并进行分析。

6. 思考题

1）试谈谈你进行本实验的心得与体会。

2）应用膜分离技术处理某种水质时，在运行一定时间后，压力和分离效果一般会发生什么样的变化？为什么？

【拓展阅读1】

安全饮水　护卫健康

为了深入开展饮用水卫生宣传，增强全民饮用水卫生安全意识，从2012年开始，我国把每年5月的第三周，定为饮用水卫生宣传周。

一、生活饮用水水质卫生要求是什么？

我国自2023年4月1号开始实施的最新版GB 5749—2022《生活饮用水卫生标准》规定，生活饮用水水质应符合下列基本要求，保证用户饮水安全：

（一）生活饮用水中不应含有病原微生物；

（二）生活饮用水中化学物质不应危害人体健康；

（三）生活饮用水中放射物质不应危害人体健康；

（四）生活饮用水的感官性状良好；

（五）生活饮用水应经消毒处理。

二、自来水为什么会有一股消毒水味道？

为保障饮用水水质安全卫生，杀灭病原微生物，自来水必须进行消毒处理。目前，我国使用的饮用水消毒剂绝大部分是含氯消毒剂，为保持消毒效果，避免自来水从管网输送到用户过程中的微生物污染，GB 5749—2022《生活饮用水卫生标准》要求管网末梢自来水的余氯含量必须在0.05mg/L以上，所以自来水会带有消毒水味道，这不会对人体的健康造成影响。

三、打开水龙头放水时，水中会产生大量乳白色的气泡，这是什么原因？

因为管网中存在压力，水体中有较多气体，当自来水从水龙头放出时，水中的气体因压力减小被释放出来，形成大量乳白色气泡，几秒钟就恢复正常，这不会影响水质。

四、自来水烧开后，有时会看到白色悬浮物或沉淀物，长时间烧水的水壶里也会留下白色附着物，这些物质是什么？

这种现象与水的硬度有关，水的总硬度是指水中钙、镁离子的总浓度，水中的钙、镁离子经加热后会生成碳酸钙、碳酸镁等白色不溶性物质，较轻的漂浮在水面上，较重的沉积在水底，时间长了就黏附在水壶内表面形成水垢。《生活饮用水卫生标准》中总硬度的限值为不超过450mg/L，只要不超标，对水质就没有影响，不影响人体健康。

【拓展阅读2】

关注饮水标准，保障饮水安全

民以食为天，食以水为先，饮水安全是关系广大人民群众身体健康的重大民生问题，是最大的民生福祉。最新版 GB 5749—2022《生活饮用水卫生标准》为我国饮水安全保障工作提供了新的技术依据。

1. 为什么说《生活饮用水卫生标准》是我国饮水安全保障工作的技术依据？

饮用水是人类生存的基本需求，关系到广大公众的身体健康，但同时不安全的饮用水也是传播疾病的重要媒介，可能引发多种疾病和不良健康效应。《生活饮用水卫生标准》是我国保障饮用水安全的强制性国家标准，具有法律效力。该标准从保护群众身体健康和保证生活质量出发，对饮用水中与群众健康相关或影响水质感官性状的各种因素做出量值规定，对集中式供水单位生产、供应和运输等各环节的行为进行了规范，做到了有章可循、有规可依、有据可查。饮用水安全保障是从水源头到水龙头的整体保障工作，生活饮用水卫生标准是整个饮用水安全保障的核心环节，也是技术依据及准绳。

2. 为什么要对《生活饮用水卫生标准》进行修订？

我国政府十分重视饮用水卫生安全保障工作，新中国成立后不久就组织有关部门开展了生活饮用水水质标准的研究和制定工作，之后根据我国国情和科学技术发展又多次组织了标准修订完善工作，标准内涵逐步丰富完善。近年来，得益于国家脱贫攻坚、实施水污染防治行动和饮水安全工程等重大措施保障，我国城乡饮水环境明显改善。与此同时，饮用水水质监测网络体系逐步健全，净水工艺和检测技术等方面都有了长足进步和新的提升。立足新发展阶段，贯彻新发展理念，构建新发展格局，回应人民群众对美好生活的新期待，适时开展对GB 5749—2006《生活饮用水卫生标准》的修订工作，将有助于促进持续改善我国饮用水水质，巩固提升全流程饮用水卫生安全保障水平。

3. 最新版《生活饮用水卫生标准》有哪些特点？标准实施后对老百姓的生活有什么影响？

新标准在饮用水卫生管理和水质安全保障方面更加贴合当今的实际需要，在水源水质、净水过程、输水过程和储水过程、检验方法方面提出了新的要求。一是水源水方面，水源水水质对水厂的出厂水水质影响较大，比如，新标准将一氯二溴甲烷等消毒副产物指标归入了常规指标，强化了对饮用水消毒副产物的控制要求，这也对水源中消毒副产物前体物的污染控制提出了要求。二是供水工艺方面，消毒剂指标游离氯出厂水限值的降低增加了对消毒工艺精确度的要求，加严了高锰酸盐、硝酸盐等指数指标的卫生要求，推动了水厂供水工艺的升级改造。三是输配水方面，输配水管网老化、陈旧等问题增加了管网末梢水中浑浊度、铁、锰等超标风险，标准对管材管件也提出了卫生要求。四是在监测检测水平上，标准配套的检验方法已经发布，扩充了一系列更加高效的新技术新方法，助力标准实施的同时也对相关单位监测检测能力提出了更高要求。

本次标准在保障公众健康的同时，加强了对饮用水口感的要求，在影响感官的铁锰和色度指标，可能带来苦咸味的氯化物和硫酸盐指标等方面，统一了城乡要求，更加关注公众的获得感、幸福感和满足感。

4. 最新版标准指标数量变化的原因是什么？指标数量减少是不是标准要求放宽了？

与2006年版饮用水标准相比，新版标准水质指标从106项调整到了97项，新增了4项指标，删除了13项指标。一方面，基于水质指标在我国饮用水中的存在水平，污染物的人群健康效应或毒理学研究成果以及水质检测方法等技术依据，将反映目前我国水质污染特征的指标纳入标准，使指标体系更为完善，能更好地保障水质安全；另一方面，将已不是当前我国饮用水水质风险关注点的指标进行了删除，将其从标准正文纳入参考指标中，进一步提高了监管的科学性和针对性，降低管理成本，提升工作效率。

此外，根据污染物指标的人群健康效应或毒理学方面最新的研究成果，基于健康风险评估的技术方法，结合我国的实际情况，本次标准修订中还调整了8项指标的限值，其中7项指标都提出了更加严格的限值要求。还有一项重要的变化是，统一了城市和农村饮用水的水质安全评价要求。

从总体上看，最新版标准虽然指标数量减少了，但是技术要求没有放宽，反而更能反映我国当前的饮用水水质状况，更能体现我国污染物健康效应的最新研究成果，统一了城乡饮用水水质评价要求，进一步强化了从水源头到水龙头全过程的管理。

（选自中国疾控中心微信公众号，中国疾控中心环境所张岚、韩嘉艺供稿）

扫码获取更多知识

第3章 污水处理实验

学习目的

1. 掌握污水处理的原理和方法；
2. 学会使用污水处理实验仪器，并掌握实验操作规范；
3. 分析比较不同水处理技术的适用范围。

3.1 颗粒自由沉淀实验

1. 实验目的

1）通过沉淀实验，熟悉沉淀类型及各自特点，加深理解沉淀的基本概念和颗粒自由沉淀规律；

2）掌握颗粒自由沉淀实验的方法，并能对实验数据进行分析、整理、计算和绘制颗粒自由沉淀曲线。

2. 实验原理

沉淀是水污染控制中用以去除水中杂质的常用方法，是通过重力作用，从液体中去除固体颗粒的过程。根据液体中固体物质的浓度和性质，可将沉淀过程分为四种类型，即自由沉淀、絮凝沉淀、成层沉淀和压缩沉淀。

颗粒自由沉淀实验是研究浓度较稀时单颗粒沉淀规律的。其特点是静沉过程中颗粒互不干扰、等速下沉，其沉速在层流区符合 Stokes(斯托克斯)公式，但是由于废水中颗粒的复杂性，颗粒粒径、颗粒相对密度很难或无法准确地测定，因而沉淀效果、特性无法通过公式求得而需要通过颗粒自由沉淀实验来实现。

自由沉淀时颗粒是等速下沉，下沉速度与沉淀高度无关，因而自由沉淀可在一般沉淀柱内进行，考虑到器壁对颗粒沉淀的影响，沉淀柱的直径应足够大，一般应使 $D \geqslant 100$mm。

设在一水深为 H 的沉淀柱内进行自由沉淀实验，如图 3-1 所示。

实验开始，沉淀时间为 0，此时沉淀柱内悬浮物分布是均匀的，即每个断面上颗粒的数量与粒径的组成相同，悬浮物浓度为 C_0(mg/L)，此时去除率 $E=0$。

实验开始后，在不同沉淀时间 t_1，t_2，t_3……分别从取样点取样，测出悬浮物的浓度 C_1，C_2，C_3……，可按照式(3-1)、式(3-2)分别计算 t_i时间内最小颗粒所具有的沉淀速度 u_i、悬浮颗粒剩余率 P_i、颗粒去除率 E。

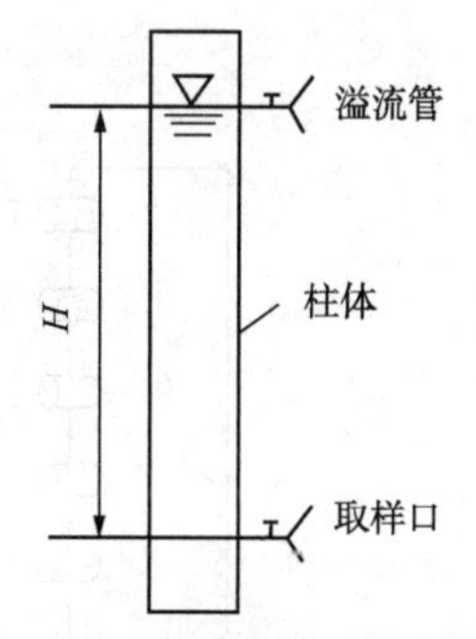

图 3-1 颗粒自由沉淀示意图

$$u_i = \frac{H}{t_i} \qquad P_i = \frac{C_i}{C_0} \tag{3-1}$$

$$E = \frac{C_0 - C_i}{C_0} \times 100\% \tag{3-2}$$

式中 u_i——颗粒沉淀速度，mm/s；

P_i——悬浮颗粒剩余率；

H——取样口至水面高度，mm；

t_i——沉淀时间，min；

C_0——原水(0 时刻)悬浮颗粒浓度，mg/L；

C_i——t 时刻悬浮颗粒浓度，mg/L；

E——悬浮颗粒去除率。

去除率 E 表示具有沉速 $u \geqslant u_i$（粒径 $d \geqslant d_i$）的颗粒去除率，而 P_i 则反映了 t_i 时，未被去除的颗粒即 $d < d_i$ 的颗粒所占的百分比。

根据式(3-1)和式(3-2)可以得到如图 3-2 和图 3-3 所示的沉淀特性曲线。

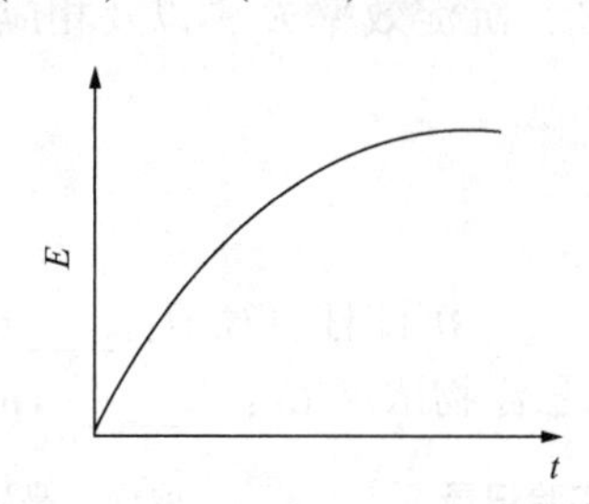

图 3-2 沉淀时间与去除率关系曲线

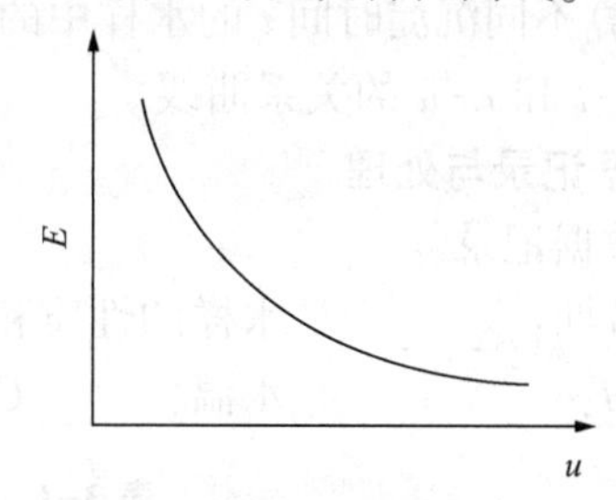

图 3-3 颗粒沉速与去除率关系曲线

3. 实验装置与设备

1）自由沉淀实验装置 1 套，包括沉降柱、进水池、水泵、搅拌装置等，如图 3-4 所示；

2）计量水深用标尺、计时用秒表；

3）测定悬浮物所需设备：分析天平、浊度仪、量筒、烧杯、玻璃棒等；

4）实验水样：采用人工配制的硅藻土水样。

4. 实验步骤

1）准备实验原水。取适量硅藻土和自来水配制水样，水样浓度 C_0为 1g/L。

2）将水样倒入溶液调配箱内，开启水泵和搅拌装置，使水样中悬浮物分布均匀。

3）用泵将水样输入沉淀试验筒，在输入过程中，从筒中取样 2 次，每次约 50mL。此水样的悬浮物浓度即为实验水样的原始浓度 C_0。

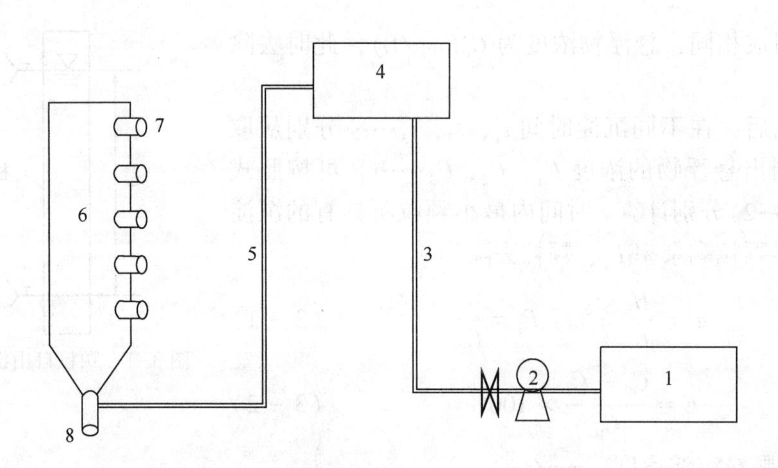

图 3-4　颗粒自由沉淀实验装置

1—溶液调配箱；2—水泵；3—水泵输水管；4—高位水箱；5—沉淀柱进水管；6—沉淀柱；7—取样口；8—沉淀柱进水阀门

4）当废水升到溢流口，溢流管流出水后，关紧沉淀试验筒底部的阀门，停泵，记录时间，沉淀实验开始。

5）隔 5min、10min、20min、30min、45min、60min、90min 由试验筒取样口取样（50mL），测量其浊度［注意：取水样时，需先放掉一些水（约 10mL），以便冲洗取样口处的沉淀物］，同时记录取样前后沉淀柱内液面的高度。

6）观察悬浮物颗粒沉淀特点、现象。

7）计算不同沉淀时间 t 的水样中的悬浮物浓度 C_i，沉淀效率 E_i，以及相应的颗粒沉速 u_i，画出 E-t 和 E-u 的关系曲线。

5. 数据记录与处理

（1）数据记录

实验日期：______　水样的性质和来源：______　沉淀柱直径 D：____mm

柱高 H：________　水温：____℃　原水悬浮物浓度 C_0：________mg/L

表 3-1　颗粒自由沉淀实验记录　　取样口高度为 1.0m

静沉时间/（t/min）	水样浊度/NTU	取样前，取样口至水面高度 $H_{前}$/mm	取样后，取样口至水面高度 $H_{后}$/mm
0			
5			
10			
20			
30			
45			
60			
90			

(2) 数据的整理

计算悬浮物去除率 E、悬浮物剩余率 P、沉淀速度 u，将结果填入表中，根据表中的数据绘制 t-E 曲线、u-E 曲线。

表 3-2 颗粒自由沉淀实验成果表 取样口高度为 1.0m

静沉时间 t/min	取样口至水面高度 $[H=(H_{前}+H_{后})/2]$/mm	悬浮物去除率 E/%	悬浮物剩余率 P/%	沉淀速度 u/(mm/s)
0				
5				
10				
20				
30				
45				
60				
90				

6. 思考题

1) 从沉淀柱取样时，应注意哪些问题以减少取样误差？

2) 颗粒沉降速率与哪些因素有关？

3) 若沉淀柱的直径较小，会对实验结果产生哪些影响？

3.2 絮凝沉淀实验

1. 实验目的

水处理中经常遇到的沉淀多属于絮凝颗粒沉淀，即在沉淀过程中，颗粒的大小、形状和密度都有所变化，随着沉淀深度和时间的增长，沉速越来越快。絮凝颗粒的沉淀轨迹是一条曲线，难以用数学方式来表达，只能用实验的数据来确定必要的设计参数。通过实验希望达到以下目的：

1) 加深对絮凝沉淀的特点、基本概念及沉淀规律的理解；

2) 掌握絮凝沉淀实验方法，并能利用实验数据绘制絮凝沉淀的静沉曲线。

2. 实验原理

悬浮物浓度不太高，一般在 50~500mg/L 范围以内的絮状颗粒，在沉淀过程中颗粒之间会发生相互碰撞而产生絮凝作用的沉淀称为絮凝沉淀。污水处理中初沉淀池内的悬浮物沉淀均属此类。

絮凝沉淀过程中由于颗粒相互碰撞，使颗粒粒径和质量凝聚变大，从而沉淀速度不断加大，因此，颗粒沉淀实际是一个变速沉淀过程。实验中所说的絮凝沉淀颗粒的速度是该颗粒的平均沉淀速度。絮凝颗粒在平流沉淀池中的沉淀轨迹是一条曲线，不同于自由沉淀的直线运动。在沉淀池内颗粒去除率不仅与颗粒沉速有关，还与沉淀池有效水深有关。因此在沉淀柱内，不仅要考虑器壁对悬浮颗粒沉淀的影响，还要考虑沉淀柱高度对沉淀效率的影响。

实验装置，每根沉淀柱在高度方向每隔150~250mm处开设一取样口，柱上部设溢流孔。将已知悬浮物浓度及水温的水样注入沉淀柱，搅拌均匀后开始计时，每隔20min、40 min、60 min……分别在每个取样口同时取样50~100mL，测定其悬浮物浓度并利用下式计算各水样的去除率。

$$E = \frac{c_0 - c_i}{c_0} \times 100\% \tag{3-3}$$

以取样口高度为纵坐标，以取样时间为横坐标，将同一沉淀时间与不同高度的去除率标注在坐标内，将去除率相对的各点连成去除曲线，绘制絮凝沉淀等去除率曲线，如图3-5所示。

静沉中絮凝沉淀颗粒去除率的计算基本思路和自由沉淀一致，但方法有所不同。自由沉淀采用累计曲线计算法，而絮凝沉淀采用的是纵深分析法，根据絮凝沉淀等去除率曲线，应用图解法近似求出不同时间、不同高度的颗粒去除率，图解法就是在絮凝沉淀曲线上作中间曲线，将去除率分为两部分。

1）全部被去除的悬浮颗粒。即指在给定的停留时间T_0与给定的沉淀池有效水深H_0两直线相交点是去除率线所对应的E值，如图3-5中$E=E_2$。它表示具有沉速$u \geqslant u_0 = \frac{H_0}{T_0}$的颗粒能被全部去除，其去除率为$E_2$。

2）部分被去除的悬浮颗粒。悬浮物沉淀时，虽然有些颗粒小，沉速小，不可能从池顶沉到池底，但处在池体的某一高度时，在满足$\frac{H_i}{u_i} \leqslant \frac{H_0}{u_0}$时就可以被去除。这部分颗粒是指沉速$u < \frac{H_0}{T_0}$的那些颗粒，这些颗粒的沉淀效率也不相同，其中颗粒大的沉速快，去除率也大些。其计算方法、原理和分散颗粒沉淀一样，这里采用图解法，以中间曲线对应的不同去除率的水深度分别为h_1，h_2，$\cdots h_i$，则$\frac{h_i}{H_0}$近似地代表了这部分颗粒中所能沉到池底的比例。这样可将分散颗粒沉淀中的$\int_0^{P_0} \frac{u_s}{u_0} \mathrm{d}P$用$\frac{h_1}{H_0}(E_2 - E_1) + \frac{h_2}{H_0}(E_3 - E_2) + \frac{h_3}{H_0}(E_4 - E_3) + \cdots + \frac{h_i}{H_0}(E_{i+1} - E_i)$代替。工程上多采用等分$E_{T+n} - E_{T+n-1}$间的中点水深$H_i$代替$h_i$。

综上所述，总去除率用下式计算：

$$E = E_T + \frac{h_1}{H_0}(E_{T+1} - E_T) + \frac{h_2}{H_2}(E_{T+2} - E_{T+1}) + \cdots + \frac{h_i}{H_0}(E_{T+n} - E_{T+n-1}) \tag{3-4}$$

3. 实验设备与材料

1）絮凝沉淀实验装置1套，如图3-5所示，沉淀柱6根（有机玻璃沉淀柱，直径D=100mm，柱高1700mm，沿不同高度设有取样口）；

配水及投配系统：配水箱、搅拌装置、水泵、配水管等。

2）浊度仪、定时器、天平、玻璃烧杯、玻璃棒、废液杯、滤纸等。

3）水样：城市污水或人工配水样（用硅藻土配制300mg/L）。

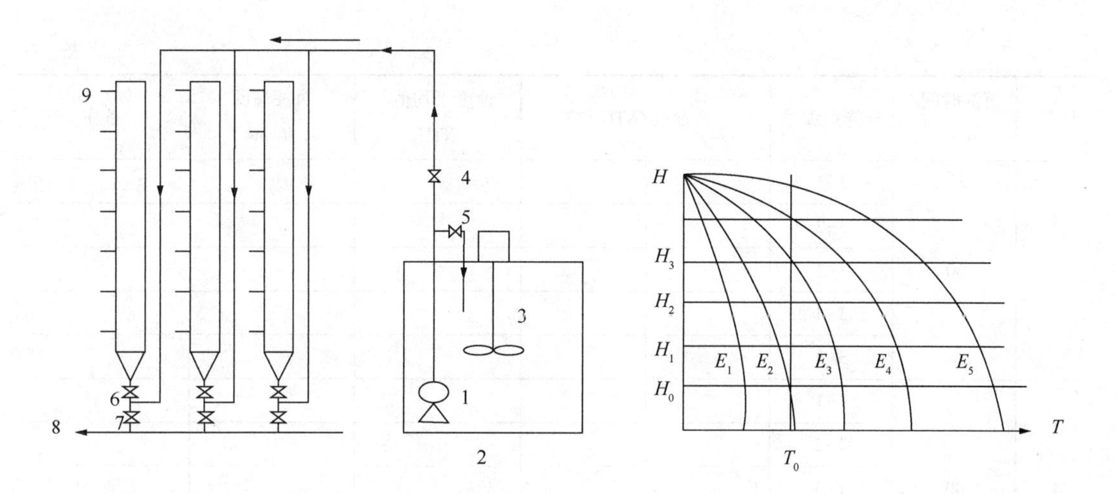

图 3-5 絮凝沉淀实验装置与去除率曲线

1—水泵；2—配水箱；3—搅拌装置；4—配水管阀门；5—水泵循环管阀门；

6—各沉淀柱进水阀门；7—各沉淀柱放空阀门；8—排水管；9—取样口

4. 实验步骤

1）将配好的水样倒入水池内，开启机械搅拌，待水池内水质均匀后，从池内取样，测定水样初始浊度，记为 C_0。

2）放掉沉淀柱内的存水，关闭出水阀门；开启各沉淀柱进水阀门。

3）开启水泵，依次向 1~6 沉淀柱内进水，当水位达到溢流孔时，关闭进水阀门，同时记录沉淀时间。6 根沉淀柱的沉淀时间分别是 20min、40min、60min、80min、100min、120min。

4）当达到各柱的沉淀时间时，沿柱面自上而下依次取样，记录沉淀柱内液面高度，测定水样浊度 C_i。

5）将实验数据记入表 3-3 中。

表 3-3 絮凝沉淀实验数据记录表

原水记录		浊度：____NTU　水温：____℃　pH 值 = ____					
柱号	沉淀时间/min	取样点编号	浊度/NTU		浊度平均值/NTU	沉淀高度 H_i/m	备注
1	20	1-1					
		1-2					
		1-3					
		1-4					
		1-5					
2	40	2-1					
		2-2					
		2-3					
		2-4					
		2-5					

续表

柱号	沉淀时间/min	取样点编号	浊度/NTU		浊度平均值/NTU	沉淀高度 H_i/m	备注
3	60	3-1					
		3-2					
		3-3					
		3-4					
		3-5					
4	80	4-1					
		4-2					
		4-3					
		4-4					
		4-5					
5	100	5-1					
		5-2					
		5-3					
		5-4					
		5-5					
6	120	6-1					
		6-2					
		6-3					
		6-4					
		6-5					

5. 实验结果整理

1）将实验数据进行整理，并计算各取样点的去除率填在表 3-4 中。

表 3-4　各取样点悬浮物去除率 E 值计算表

沉淀柱	1	2	3	4	5	6
沉淀时间/min 沉淀水深/m	20	40	60	80	100	120
0.25						
0.50						
0.75						
1.00						
1.25						
1.50						

2）以沉淀时间 t 为横坐标，E 为纵坐标，绘制不同有效水深 H 的 E-t 关系曲线。

6. 思考题

1）观察絮凝沉淀现象，并叙述与自由沉淀现象有何不同，实验方法有何区别。

2）实际工程中哪些沉淀属于絮凝沉淀？

3.3 活性炭吸附实验

1. 实验目的

1）了解恒温振荡器的结构及使用方法，掌握用间歇法确定活性炭处理污水的工艺参数；

2）通过实验进一步掌握活性炭吸附法在水处理中的作用，加深理解吸附的基本原理；

3）了解连续流活性炭吸附系统的组成与构造，对照实验设备，熟悉连续性吸附的管路系统，包括配水设备、加药装置、过滤柱、滤水阀门等；

4）掌握影响吸附效率的因素，以及活性炭吸附公式中常数的确定方法。

2. 实验原理

活性炭处理工艺是运用吸附的方法来去除异味、某些离子以及难以进行生物降解的有机污染物。在吸附过程中，活性炭比表面积起着主要作用。同时，被吸附物质在溶剂中的溶解度也直接影响吸附的速度。此外，pH 值的高低、温度的变化和被吸附物质的分散程度对吸附速度有一定影响。

活性炭的吸附作用产生于两个方面，一个是物理吸附，指的是活性炭表面的分子受到不平衡的力，而使其他分子吸附于其表面上；另一个是化学吸附，指活性炭与被吸附物质之间的化学作用，活性炭的吸附是上述两种吸附综合作用的结果。当活性炭在溶液中的吸附速率和解吸速率相等时，达到的动态平衡状态，称为活性炭吸附平衡，此时，被吸附的物质在溶液中的浓度和在活性炭表面的浓度均不再变化，而此时被吸附的物质在溶液中的浓度成为平衡浓度，活性炭的吸附能力以吸附量 q 表示，即：

$$q=\frac{V(C_0-C)}{M} \tag{3-5}$$

式中　q——活性炭吸附量，即单位质量的吸附剂所吸附物质的质量，g/g；

V——污水体积，L；

C_0、C——吸附前原水及吸附平衡时污水中的物质的质量浓度，g/L；

M——活性炭投加量，g。

在温度一定的条件下，活性炭的吸附量随被吸附物质平衡浓度的提高而提高，两者之间的关系曲线称为吸附等温线。在水处理工艺中，通常用费兰德利希（Freundlich）吸附等温线来表示活性炭吸附性能。其数学表达式为：

$$q=K\cdot C^{\frac{1}{n}} \tag{3-6}$$

式中，K、n 与溶液的温度、pH 值、吸附比表面积和被吸附物质的性质有关。

K、n 值求法是通过间歇式活性炭吸附实验测得 q、C 相应之值，将上式取对数后变换为下式：

$$\lg q=\lg K+\frac{1}{n}\lg C \tag{3-7}$$

以 $\lg q$ 为纵坐标，$\lg C$ 为横坐标作图，所得直线斜率为$\frac{1}{n}$，截距为 $\lg K$。

连续流活性炭的吸附过程同间歇性吸附有所不同，这主要是因为前者被吸附的杂质来不及达到平衡浓度 C，因此不能直接应用上述公式。这时应对吸附柱进行被吸附杂质泄漏和活性炭耗竭过程实验，也可简单地采用 Bohart-Adams 关系式：

$$T=\frac{N_0}{C_0 v}\left[D-\frac{v}{KN_0}\ln\left(\frac{C_0}{C_B}-1\right)\right] \tag{3-8}$$

式中 T——工作时间，h；

v——吸附柱中流速，m/h；

D——活性炭层厚度，m；

K——流速常数，$m^3/(s\cdot h)$；

N_0——吸附容量，即达到饱和时被吸附物质的吸附量，g/m^3；

C_0——入流溶质浓度，mg/L；

C_B——允许流出溶质浓度，mg/L。

根据入流、出流溶质浓度，可用下式估算活性炭柱吸附层的临界厚度，即保持出流溶质浓度不超过 C_B 的炭层理论厚度。

$$D_0=\frac{v}{KN_0}\ln\left(\frac{C_0}{C_B}-1\right) \tag{3-9}$$

式中，D_0 为临界厚度；其余符号同式(3-8)。

在实验时如果原水样溶质浓度为 C_{01}，用三个活性炭柱串联，则第一个活性炭柱的出流浓度 C_{B1}，即为第二个活性炭柱的入流浓度 C_{02}，第二个活性炭柱的出流浓度 C_{B2} 即为第三个活性炭柱的入流浓度 C_{03}。由各炭柱不同的入流、出流浓度 C_0、C_B 便可求出流速常数 K 值。

3. 实验装置与设备

（1）实验装置

本实验间歇式吸附采用碘量瓶内装入活性炭和水样进行振荡的方法，实验装置如图 3-6 所示，连续流活性炭吸附采用有机玻璃柱内装活性炭、水流自上而下连续进出方法，实验装置如图 3-7 所示。

（2）实验设备和仪器仪表

THZ-82 型恒温振荡器 1 台；pHS 型 pH 计 1 台；连续式活性炭吸附实验装置 1 套；紫外-可见分光光度计 1 台；碘量瓶、容量瓶、移液管等玻璃仪器。

（3）实验用试剂

活性炭、活性大红、盐酸、氢氧化钠。

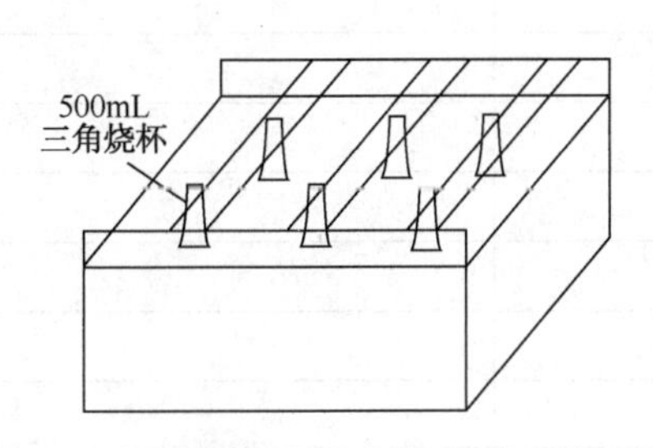

图 3-6　间歇式活性炭吸附实验装置

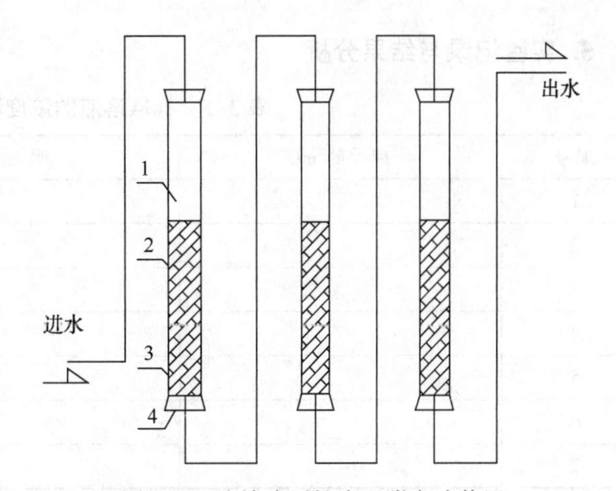

图 3-7　连续式活性炭吸附实验装置

1—有机玻璃管；2—活性炭层；3—承托；4—单孔橡胶塞

4. 实验步骤

(1) 活性大红标准曲线的绘制

1) 配制 100mg/L 的活性大红溶液 1L。

2) 用紫外-可见分光光度计确定产生最大吸收时的波长。

3) 将步骤 1) 准备的活性大红稀释，取 0mL、2mL、6mL、10mL、14mL、18mL、22mL 的 10mg/L 活性大红，用容量瓶定容到 25mL，再用分光光度计在最大吸收波长处测得吸光度，填入标准溶液与吸光度的表(表 3-5)中，并绘制标准曲线。

(2) 间歇式活性碳吸附实验

1) 将活性炭用蒸馏水洗去细粉，并在 105℃温度下烘至恒重。

2) 在碘量瓶中，分别装入以下质量的活性炭：0mg、40mg、80mg、120mg、160mg、200mg、240mg。

3) 在碘量瓶中各注入 200mL 100mg/L 的活性大红溶液。

4) 将碘量瓶置于恒温振荡器上振荡 1h，然后用静沉法或滤纸过滤法移除活性炭。

5) 测定每个瓶中上清液的吸光度，并用标准图交换为浓度单位。

6) 计算每个瓶中转移到活性炭表面上的活性大红的量并填入活性炭间歇式吸附结果记录表(表 3-6)中。

(3) 连续流活性碳吸附实验

1) 熟悉活性炭吸附柱的流程、阀门的位置和开阀的次序。

2) 测定原染料废水(活性大红)的 pH 值、吸光度，并记入连续流活性炭吸附实验表(表 3-7)中；

启动水泵，打开活性炭吸附柱进水阀门，使原废水进入活性炭柱，调节流量，控制接触时间为 10min，待运行稳定后，取活性炭柱出水测定 pH 值及色度(吸光度)。

3) 调节流量，分别控制接触时间为 20min、30min、40min、50min，待运行稳定后，取活性炭柱出水分别测定 pH 值及色度(吸光度)，填入连续流活性炭吸附实验表中。

4) 停泵，关闭活性炭柱进出水阀门。

5. 实验记录与结果分析

表 3-5 标准溶液的浓度和吸光度

编号	加标量/mL	吸光度	浓度/(mg/L)
1			
2			
3			
4			
5			
6			
7			

表 3-6 活性炭间歇式吸附结果记录表

编号	活性炭投加量/mg	吸光度	吸附后溶液浓度/(mg/L)	原溶液浓度/(mg/L)	吸附量/(mg/g)
1					
2					
3					
4					
5					
6					
7					
8					
9					

表 3-7 连续流活性炭吸附实验表

序号	接触时间/min	废水流量/(L/h)	活性大红		
			pH 值	吸光度	色度去除率
1	0(原水样)				
2	10				
3	20				
4	30				
5	40				
6	50				

$$色度去除率=\frac{原水样吸光度-出水样吸光度}{原水样吸光度}\times 100\%$$

1）绘制标准曲线；

2）吸附等温线：

① 根据测定数据计算吸附量 q，并绘制吸附等温线；

② 确定常数 K、n 的值。

6. 思考题

1）请说明活性炭的结构和表面组成特点，如何活化及再生活性炭？

2）作吸附等温线时为何要用粉状活性炭？

3）连续升流式和降流式运动方式各有什么缺点？

3.4 曝气设备充氧性能实验

1. 实验目的

1）了解曝气设备清水充氧性能测定的方法，加深理解曝气充氧的机理及影响因素；

2）根据实验数据，计算氧的总转移系数 K_{La}，并计算其他各项评定指标；

3）使学生能根据实验要求，依据相关资料，自己设计实验方法和实验步骤，独立完成实验。

2. 实验原理

在活性污泥法处理过程中，曝气设备的作用是向液相中供给溶解氧，使空气、活性污泥和污染物三者充分混合，使活性污泥处于悬浮状态，促使氧气从气相转移到液相，从液相转移到活性污泥上，保证微生物有足够的氧进行物质代谢。由于氧的供给是保证生化处理过程正常进行的主要因素之一，因此，工程设计人员和操作管理人员常需通过实验测定氧的总转移系数 K_{La}、评价曝气设备的供氧能力和动力效率。

曝气是人为地通过一些设备加速向水中传递氧的过程。常用的曝气设备分为机械曝气与鼓风曝气两大类，无论哪一种曝气设备，其充氧过程均属传质过程，氧传递过程可以用双膜理论解释，在氧传递过程中，阻力主要来自液膜，如图 3-8 所示。

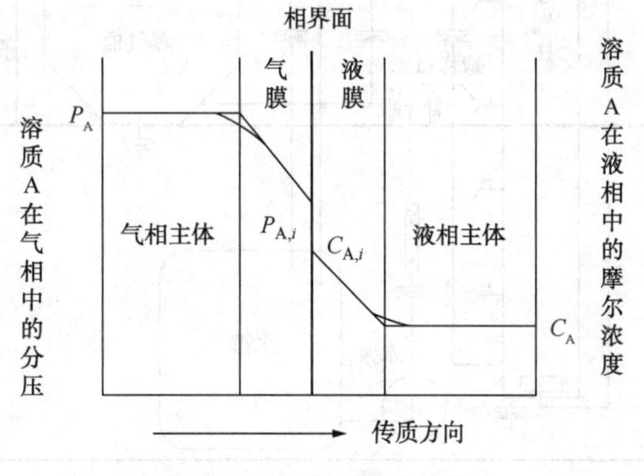

图 3-8 双膜理论示意图

氧传递基本方程为：

$$\frac{dC}{dt}=K_{La}(C_s-C_t) \tag{3-10}$$

式中 dC/dt——液体中溶解氧浓度变化速率，mg/(L·h)；

K_{La}——氧的总转移系数；

C_s——饱和溶解氧的浓度，mg/L；

C_t——曝气某一时刻 t 时，池内溶解氧浓度，mg/L；

C_s-C_t——氧传质推动力，mg/L。

将式(3-10)积分得：

$$K_{La}=\frac{1}{t-t_0}\ln\frac{C_s-C_0}{C_s-C_t} \tag{3-11}$$

式中 t_0、t——曝气时间，min；

C_0——曝气开始时池内溶解氧浓度($t_0=0$ 时，$C_0=0$mg/L)。

本实验采用国内外常用的间歇非稳态法，即实验时整池水不进不出，池内溶解氧浓度随时间而变。具体操作是向池内充满所需自来水，将待曝气之水以无水亚硫酸钠为脱氧剂，氯化钴为催化剂，脱氧至零后开始曝气，直至溶解氧升高到接近饱和水平。通过实验测得 C_s 和相应于每一时刻 t 的溶解氧 C_t 值后，绘制 $\ln\frac{C_s-C_0}{C_s-C_t}$ 与 $t-t_0$ 的关系曲线，直线斜率即为 K_{La} 值。

3. 实验设备与试剂

(1) 实验设备

曝气设备充氧能力实验装置 1 套，如图 3-9 所示；溶解氧测定仪 1 台；分析天平、秒表、卷尺、烧杯、玻璃棒。

(2) 实验试剂

无水 Na_2SO_3(分析纯)、$CoCl_2 \cdot 6H_2O$(分析纯)。

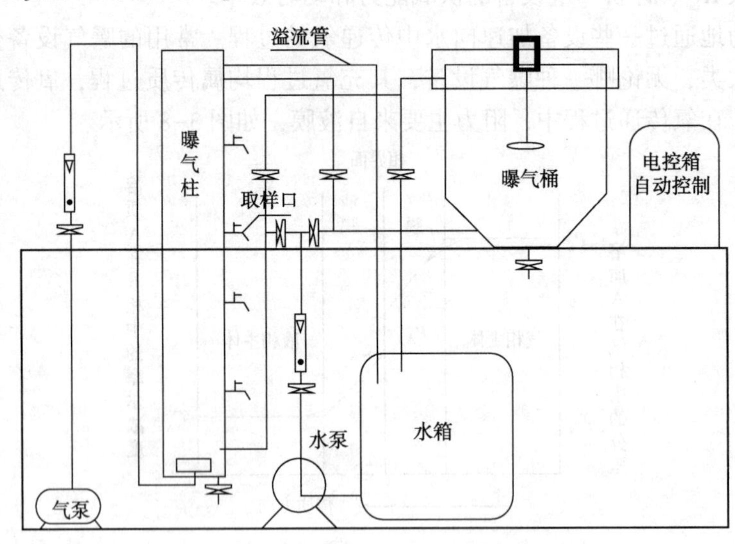

图 3-9 曝气设备充氧能力实验装置

4. 实验步骤

1）正确调试溶解氧测定仪，使之处于正常工作状态。

2）检查实验装置中各阀门的状态，熟悉工艺流程、设备的性能及运行状态。

3）向有机玻璃塔内灌满自来水，测定水样体积，水中的溶解氧值 DO，计算曝气池内溶解氧总量 $G=DO \cdot V$。

4）计算 $CoCl_2$ 和 Na_2SO_3 的需要量。

① 脱氧剂 Na_2SO_3 用量计算。

在自来水中加入 Na_2SO_3 还原剂来还原水中的溶解氧。

$$Na_2SO_3+\frac{1}{2}O_2 \xrightarrow{CoCl_2} Na_2SO_4$$

相对分子质量比为 $\frac{M(O_2)}{2M(Na_2SO_3)}=\frac{32}{2\times126}\approx\frac{1}{8}$

从反应式可以知道，每去除 1mg 溶解氧需要投加 8mgNa_2SO_3。由于水中含有部分杂质会消耗 Na_2SO_3，故实际用量为理论用量的 1.1~1.5 倍，所以投加的 Na_2SO_3 用量为：

$$W=(1.1-1.5)\times8G$$

式中 W——Na_2SO_3 的实际投加量，g；

G——曝气池内溶解氧的总量，g。

② 根据水样体积 V 确定催化剂（钴盐）的投加量，投加浓度为 0.1mg/L。

5）将 Na_2SO_3 和 $CoCl_2$ 用温水化开，均匀倒入曝气筒内，用长玻璃棒在不起泡的情况下搅拌使其扩散反应完全。约 10min 后，取水样测其溶解氧浓度。

6）待溶解氧降到零并达到稳定时，开始正常曝气、计时，每隔 1min 测其溶解氧浓度，并做记录，直到溶解氧达饱和值时结束试验。

注意事项：①溶解氧测定仪需在指导下正确操作，用完后用蒸馏水仔细冲洗探头，并用吸水纸小心吸干探头膜表面的水珠，盖上探头套待用。②注意实验期间要保证供气量恒定。

5. 实验结果整理

（1）记录实验设备及操作条件的基本参数

实验日期：＿＿＿＿＿＿　　室温：＿＿＿＿℃　　气压：＿＿＿＿kPa

曝气池：内径 D=＿＿m　　高度 H=＿＿＿＿m　　体积 V=＿＿＿＿L

$CoCl_2$ 投加量：＿＿＿＿＿g　　Na_2SO_3 投加量：＿＿＿g

表 3-8 曝气充氧实验记录表

	t_0=	C_0=	C_s=	T=		
序号	时间 t/min	C_t/(mg/L)	C_s-C_0	C_s-C_t	$\ln\frac{C_s-C_0}{C_s-C_t}$	$t-t_0$
1						
2						
3						
4						
5						
6						
7						
8						

（2）实验结果整理

1）以 $\ln\dfrac{C_s-C_0}{C_s-C_t}$ 为纵坐标，$t-t_0$ 为横坐标作图，其直线斜率即为 K_{La}。

2）计算 K_{Las}(20℃)：

因为氧总转移系数 K_{La} 要求在标准状态下测定，即清水在 101325Pa、20℃下的充氧性能。但一般充氧实验过程并非在标准状态下，因此需要对压力和温度进行修正，修正后的氧转移系数为：

$$K_{Las}=1.024^{20-T}K_{La} \tag{3-12}$$

式中 T——实验时的水温，℃；

K_{La}——水温为 T℃时测得的总转移系数，h^{-1}；

K_{Las}——水温为 20℃时测得的总转移系数，h^{-1}。

（3）充氧能力 Q_s

充氧能力 Q_s 是曝气设备在单位时间内向单位液体中充入的氧量：

$$Q_s=K_{Las}C_{s(20)} \tag{3-13}$$

式中 $C_{s(20)}$——1 个标准大气压下，20℃时水中饱和溶解氧，数值为 9.17mg/L。

（4）动力效率 E

动力效率 E 是指曝气设备每消耗 1kW · h 电时转移到曝气液体的氧量，是一个具有经济价值的指标，它的高低将影响到污水处理厂的运行费用。

$$E=\frac{Q_s\cdot V}{N} \tag{3-14}$$

式中 V——曝气液体的体积，L；

N——理论功率，曝气充氧所消耗的有用功。

$$N=\frac{Q_b\cdot H_b}{102\times3.6} \tag{3-15}$$

式中 Q_b——风量，m^3/h；

H_b——风压（可在曝气设备上读取），m。

6. 思考题

1）曝气充氧原理及其影响因素是什么？

2）氧总转移系数 K_{La} 的意义是什么？怎样计算？

3）鼓风曝气设备和机械曝气设备充氧性能有何不同？

3.5 电凝聚气浮法处理石化污水

1. 实验目的

本实验选择某石化企业氧化沟污水，其中含有许多有毒有机污染物，采用电凝聚气浮法进行实验。研究 pH 值、电解质、电解电压、电解时间等因素对污水处理效果的影响。通过实验希望达到以下目的：

1）了解电凝聚气浮实验设备的构造、原理，分析电化学法产生微气泡的过程及相关参数；

2）考察废水中絮凝体和胶体的气浮处理效果及其影响因素。

2. 实验原理

电凝聚气浮技术是利用电解、絮凝沉降及浮升原理来处理废水。在直流电作用下，金属阳极解离溶于水中，生成具有凝聚性能的金属氢氧化物，对水中胶体及悬浮物产生混凝作用。电凝聚反应过程是电凝聚、絮凝、电气浮、溶液中以及极板上的氧化还原反应共同作用的结果。其过程包括三个主要阶段（如图 3-10 所示）：

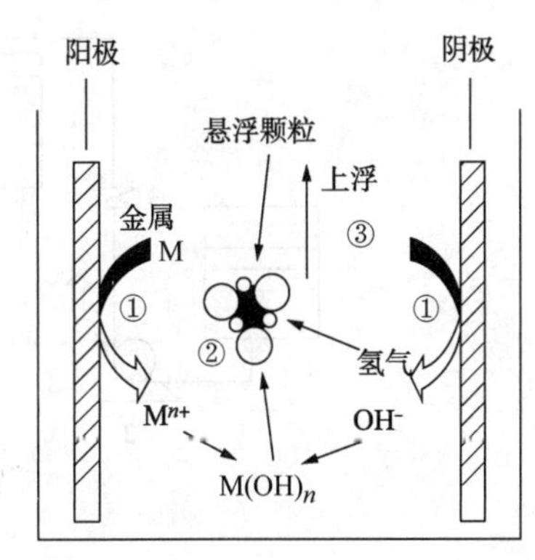

图 3-10　电凝聚气浮技术作用过程

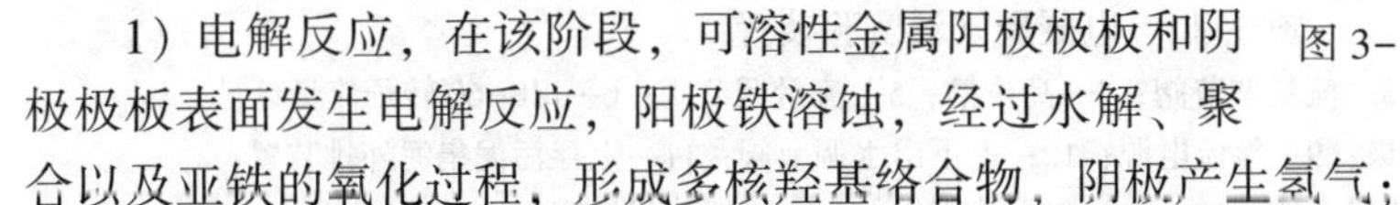

1）电解反应，在该阶段，可溶性金属阳极极板和阴极极板表面发生电解反应，阳极铁溶蚀，经过水解、聚合以及亚铁的氧化过程，形成多核羟基络合物，阴极产生氢气；

2）带电的污染物颗粒在电场中泳动，其部分电荷被电极中和脱稳，最后吸附于絮体上，即电凝聚作用；

3）气体的上升浮力将吸附有污染物的絮体浮出水面，达到去除污染物的目的，即电气浮作用。具体反应如下：

① 电极反应为：

阳极：
$$Fe-2e \longrightarrow Fe^{2+}$$

阴极：
$$2H^{+}+2e \longrightarrow 2[H] \longrightarrow H_2\uparrow$$

② 伴随的水电解反应式为：

$$H_2O \longrightarrow H^{+}+OH^{-}$$

$$4OH^{-}-4e \longrightarrow 2H_2O+2[O] \longrightarrow O_2\uparrow +2H_2O$$

③ 电解产生的 Fe^{2+} 与水中的 OH^- 和 O_2 进一步水解氧化，反应为：

$$Fe^{2+}+2(OH^{-}) \longrightarrow Fe(OH)_2$$

$$4Fe(OH)_2+O_2+2H_2O \longrightarrow 4Fe(OH)_3$$

反应过程中产生了新生态的氧原子和氢原子，对污水中的有机物分别起到氧化还原作用，最终将污染物降解为 CO_2 和 H_2O，无需外加药剂且无二次污染。此外，H_2 和 O_2 还具有良好的浮升作用，可将絮凝物携带至水面，便于分离污染物。

3. 实验装置与试剂

（1）实验装置

电凝聚气浮实验装置 1 套，如图 3-11 所示；COD 测定仪 1 套；浊度仪 1 台；pH 值计 1 台。

（2）实验试剂

石化污水，氢氧化钠（0.1mol/L），硫酸（0.1mol/L）。

4. 实验步骤

1）清除各池内的杂物，熟悉电凝聚气浮实验装置的结构、操作及实验注意事项。

2）集水池内放满自来水，接上电源，开启水泵，各池内、管道试漏，如果正常，各池排出清水，进行下一步工作。

3）取原水水样，测量进水浊度及化学需氧量 COD 值。用网萝过滤原水中的杂物或大颗

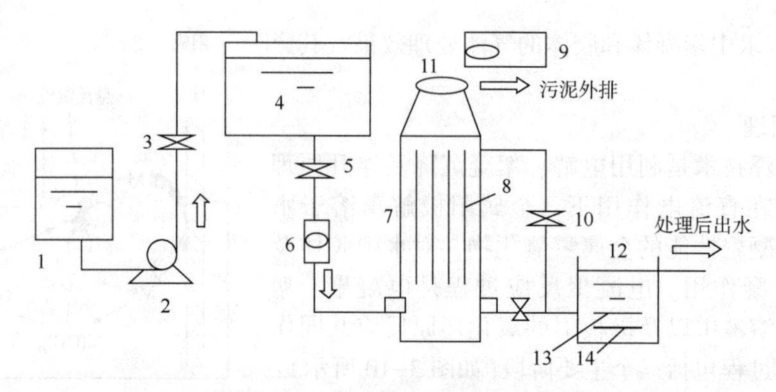

图 3-11 电凝聚气浮实验装置

1—集水池；2—进水泵；3—流量调节阀；4—高位槽；5—流量调节阀；6—IZB-60 转子流量计；7—电凝聚气浮池；8—电极；9—整流电源；10—上下出水调节阀；11—上浮污泥集泥外排装置；12—电解气浮池；13—电解气浮池阳极；14—电解气浮池阴极

粒的泥渣(SS)，开启水泵，运转正常，取样分析，测定出水的浊度和 COD 值。

4）电解时间对去除污染物的影响。调节电解电压为 10V，电解 3h。每隔 30min 取水样 1 次，测定水样的浊度和 COD 值。

5）pH 值对去除污染物的影响。电压为 20V，电解时间 2h；分别调节污水 pH 值为 2、5、7、9 和 11，其他按步骤 3)进行。

6）电压对去除污染物的影响。电解时间 2h，污水的 pH = 7，电解电压分别为 5V、10V、15V 和 20V，其他按步骤 3)进行。

7）关闭水泵、电源。

5. 实验记录与结果分析

（1）最佳 pH 值的确定

表 3-9 废水不同 pH 值下的浊度和 COD 值

pH 值	2.0	5.0	7.0	9.0	11.0
COD/(mg/L)					
COD 去除率/%					

（2）最佳停留时间的确定

表 3-10 停留时间对废水 COD 值的影响

t/min	30	60	90	120	150	180
COD/(mg/L)						
COD 去除率/%						

（3）最佳电压的确定

表 3-11 电解电压对废水 COD 值的影响

U/V	5	10	15	20
COD/(mg/L)				
COD 去除率/%				

6. 思考题

1）电凝聚气浮和压力溶气气浮相比有哪些优缺点？

2）提高电凝聚气浮单元污染物去除效果的关键因素有哪些？

3.6 压力溶气气浮实验

1. 实验目的

1）了解加压溶气气浮系统的类型，掌握设备的结构特征、工艺运行过程。

2）通过气浮法去除造纸废水或含油废水中悬浮物及COD的实验，加深理解气浮净水原理。

3）观察溶气水释放的表现特征以及浮渣的形成过程。

2. 实验原理

气浮处理法就是向废水中通入空气，并以微小气泡的形式从水中析出成为载体，使水中的乳化油、细微悬浮颗粒等污染物质黏附在气泡上，随气泡一起上浮到水面，形成泡沫——气、水、颗粒三相混合体，通过收集气泡或浮渣达到分离杂质、净化废水的目的。该法主要用于处理水中相对密度小于或接近于1的悬浮杂质，如乳化油、羊毛脂、纤维以及其他各种有机或无机的悬浮絮体等。气浮法具有处理效果好、周期短、占地面积小以及处理后的浮渣中固体物质含量较高等优点，但也存在设备多、操作复杂、动力消耗大的缺点。

气浮过程包括微气泡的产生、微气泡与固体或液体颗粒的黏附以及上浮分离等步骤，要实现气浮分离必须满足以下条件：

1）水中污染物质具有足够的憎水性；

2）水中污染物质相对密度小于或接近1；

3）微气泡的平均直径应为50~100μm；

4）气泡与水中污染物质的接触时间足够长。

根据制取微气泡的方法不同，气浮法主要分为布气气浮法、溶气气浮法和电解气浮法。加压溶气气浮法就是用水泵将污水抽送到压力为2~4个大气压的溶气罐中，同时注入加压空气。空气在罐内溶解于加压的污水中，然后使经过溶气的水通过减压阀进入气浮池，此时由于压力突然降低，溶解于污水中的空气便以微气泡形式从水中释放出来。微细的气泡在上升的过程中附着于悬浮颗粒上，使颗粒密度减小，上浮到气浮池表面与液体分离。

影响加压溶气气浮的因素很多，如空气在水中溶解量、气泡直径的大小、气浮时间、水质、药剂种类与加药量、表面活性物质种类、数量等。因此，采用气浮法进行水质处理时，需通过实验测定一些有关设计运行的参数。

3. 实验装置及试剂

加压溶气气浮实验装置1套，如图3-12所示；浊度仪1台、COD测定仪1台；烧杯、量筒等玻璃仪器；50~60mg/L硫酸铝溶液，原污水。

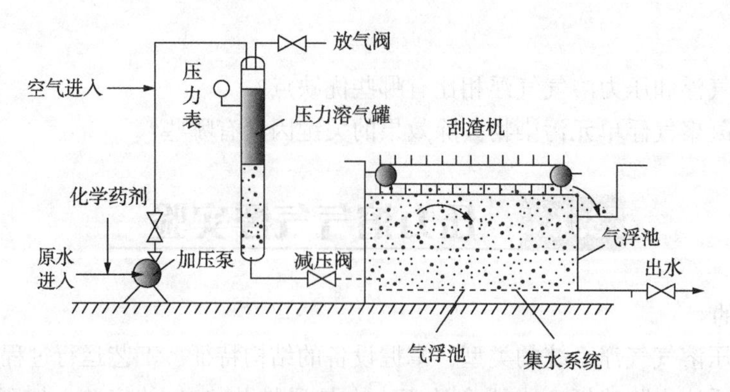

图 3-12　加压溶气气浮实验装置

4. 实验步骤

1）首先检查气浮实验装置是否完好。

2）将气浮池及溶气水箱充满自来水待用。

3）在原水箱中加入少量的浓污水，用自来水配成所需水样(悬浮物约为 100mg/L)。开启底部搅拌泵搅拌 10min 后取样测定原水浊度、COD。同时配制 500mL 混凝剂[50~60mg/L $Al_2(SO_4)_3$]于混凝罐中，搅拌混合，暂时不打开混凝剂阀门。

4）启动进水泵，向气浮池中注入废水。

5）开启空压机使回流水和空气混合后进入溶气罐，按一定的回流比调节流量，当水压力达到约 0.26MPa(即 2.6kg/cm^2)时，打开释放器前阀门放溶气水，然后调节流量及气压使溶气罐气压稳定，气浮池进出水平衡。

6）待溶气水在气浮池中释放并形成大量微小气泡时，再打开混凝剂投加阀门。

7）观察投加混凝剂的水样气浮效果。当气浮池中液面接近浮渣槽时启动刮渣机。

8）收集的浮渣排至废液桶或者下水道，处理水收集并在出水 5min 后取样测定其浊度和 COD 值。

5. 实验记录与结果处理

表 3-12　加压溶气气浮实验记录

项　目	原　水	出　水	去除率/%
浊度/NTU			
COD/(mg/L)			
pH 值			——

6. 思考题

1）气浮法和沉淀法有什么不同？气浮实验中为什么要加入混凝剂？

2）气浮法处理废水的对象有哪些？其原理是什么？

3）试阐述压力溶气气浮三种形式流程的不同和各自的优缺点。

3.7 SBR法间歇式活性污泥处理生活污水

1. 实验目的

1）了解SBR法系统的特点和主要组成，掌握SBR法各工序的操作要点；

2）掌握活性污泥法处理污水的概念和原理；

3）以城市生活污水为处理对象，了解和掌握SBR法计算机自控系统在污水处理过程中的应用，培养学生的动手能力；

4）在实验中遇到问题时，能用所学知识分析原因，并对其进行解决，培养理论联系实际和分析问题的能力。

2. 实验原理

SBR是序批式间歇活性污泥法的简称。间歇性活性污泥法是一种间歇运行的生物处理工艺，运行时，污水分批进入池中，经活性污泥净化后沉淀，沉淀完成后的上澄液排出池外，完成一个运行周期。实际上SBR法并不是一种新工艺，1914年，英国的Alden和Locket首创活性污泥法时，采用的就是间歇式。当时由于曝气器和自控设备的限制该法未能得到广泛应用。随着计算机的发展和自动控制仪表、阀门的广泛应用，SBR技术有了更为广阔的应用前景。

SBR系统的组成可以是单池，也可以是多池，主要取决于进水的水质，水量的变化和管理水平等因素。该工艺被称为序批间歇式，它包含两个含义：①其运行操作在空间上按序排列。②每个SBR的运行操作在时间上也是按序进行。一个完整的SBR工艺操作过程包括5个阶段，即：进水期—曝气期—沉淀期—排水排泥期—闲置期，如图3-13所示。

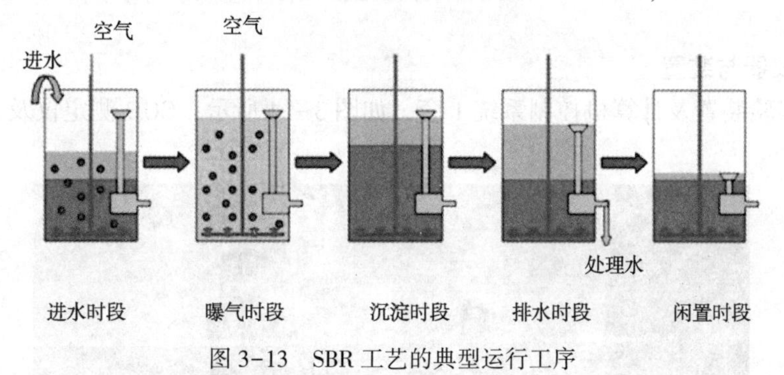

图3-13 SBR工艺的典型运行工序

（1）进水期

将原污水或经过预处理以后的污水引入反应器。此时反应器中已有一定数量、满足处理要求的活性污泥，其体积一般为SBR反应器有效容积的50%左右，即充水的量约为反应器容积的一半。

（2）反应期

当反应器充水至设计水位后，污水不再流入反应器内，曝气和搅拌成为该阶段的主要运行方式。在反应阶段，活性污泥微生物周期性地处于高浓度及低浓度基质的环境中，反应器也相应地形成厌氧—缺氧—好氧的交替运行过程，使其不仅具有良好的有机物处理效能，还具有良好的除磷脱氮效果。

反应期所需的时间是SBR处理工艺运行和控制的重要工艺设计参数。其取值的大小将直接影响处理工艺运行周期的长短和处理效能。反应时间可通过对不同类型的废水进行研究，求出不同时间内污染物浓度随时间的变化规律来确定。对于以有机物去除为目标的城市污水处理而言，所需的反应时间通常为4~6h。

（3）沉淀期

与传统活性污泥法处理工艺一样，沉淀过程的功能是澄清出水、浓缩污泥。SBR工艺中，由于无需污泥回流系统，因而其更重要的是保证澄清的出水。SBR反应器本身就是一个沉淀池，它避免了在连续流活性污泥法中泥水混合液必须经过管渠进入沉淀池的过程，因而有效地保证了污泥良好絮凝性作用的发挥。

（4）排水期

沉淀期结束后，先将反应器中相当于充水期进水反应器的上清液排出反应器，并恢复至周期初始时的最低水位，而该水位须高于沉淀后的污泥层，以形成一定的保护高度。

（5）闲置期

闲置期的功能是在静置无进水的条件下，使微生物通过内源呼吸作用恢复其对污染物良好而快速的吸附能力，同时在缺氧(或厌氧)条件下实现部分的反硝化而进行脱氮或利于磷的释放，为下一个运行周期创造良好的出水条件。

SBR作为废水处理方法具有以下特点：①在空间上完全混合，时间上完全推流式，反应速度快，同样的处理效率，SBR法的反应池体积明显小于连续式。②工艺流程简单，构筑物少，占地面积小，造价低，设备费管理运行费用低。③能有效地控制丝状菌的过量繁殖。

3. 实验仪器与装置

SBR法实验装置及计算机控制系统1套，如图3-14所示；COD测定仪及相关试剂；溶解氧测定仪。

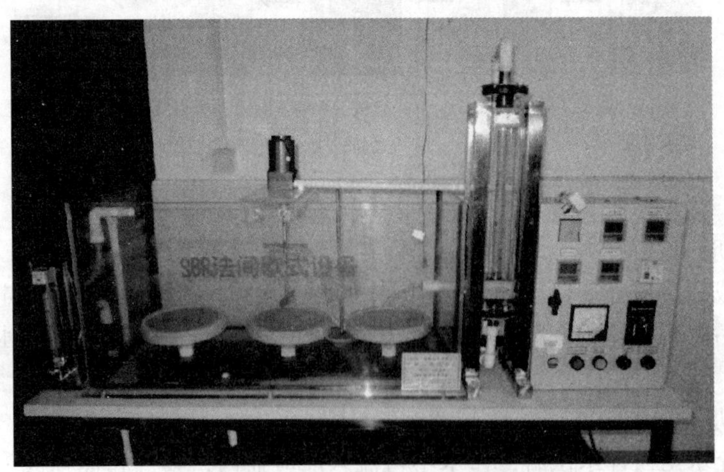

图3-14　SBR法实验装置示意图

4. 实验步骤

1）打开计算机控制系统并设置进水方式，若为时间控制，输入各阶段控制时间，启动自动控制程序；

2）水泵将原水送入反应器，达到设计水位后停泵；

3）打开气阀开始曝气，达到设定时间后停止曝气，关闭气阀；

4）反应器内的混合液开始静沉，达到设定静沉时间后，阀Ⅰ打开滗水器开始工作，关闭阀Ⅰ打开阀Ⅱ，排出反应器内的上清液；

5）准备开始进行下一个工作周期。

注意：实验操作过程中要仔细观察进水及进气量，并及时调节流量计。

5. 实验记录与数据处理

（1）实验记录

表 3-13 SBR 法实验记录

进水时间/h	曝气时间/h	静沉时间/h	滗水时间/h	闲置时间/h	进水 COD_0/(mg/L)	出水 COD_1/(mg/L)

（2）计算 COD 去除率

$$COD\text{去除率} = \frac{COD_0 - COD_1}{COD_0} \times 100\% \quad (3-16)$$

6. 思考题

1）简述 SBR 法与传统活性污泥法的异同？

2）溶解氧、温度等参数对反应有何影响？

3）如果对脱氮除磷有要求，应怎样调整各阶段的控制时间？

4）同一进水量、同一曝气量、同一沉降时间，活性污泥量是否越多越好？

3.8 升流式厌氧污泥床(UASB)处理污水实验

1. 实验目的

1）了解污水厌氧生物处理的原理和特点，加深对厌氧消化机理的理解；

2）熟悉厌氧消化处理的工艺流程、掌握厌氧处理中各项指标测定分析方法；

3）掌握应用上流式厌氧污泥床(UASB)进行污水处理的基本技能。

2. 实验原理

污水厌氧生物处理法指在无溶解氧条件下通过厌氧微生物作用，将废水中的各种复杂有机物转化为大量的沼气和水以及少量的细胞物质。与好氧生物处理相比，厌氧生物处理技术以其工艺稳定、运行简单、剩余污泥少、可产生燃料气体甲烷等优点而受到广泛关注。

高分子有机物的厌氧降解过程可以分为四个阶段：水解阶段、发酵(或酸化)阶段、产乙酸阶段和产甲烷阶段，如图 3-15 所示。

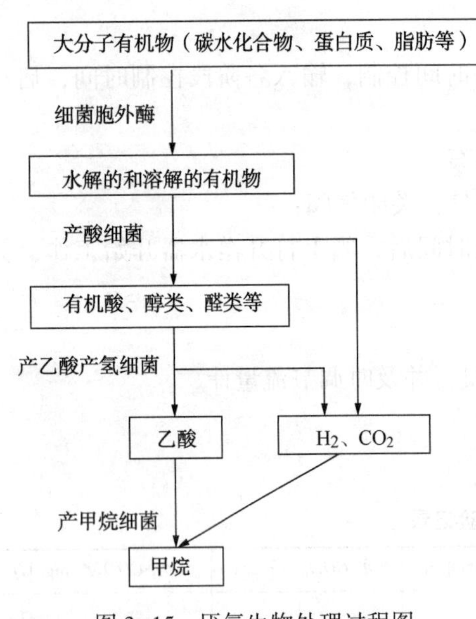

图 3-15　厌氧生物处理过程图

（1）水解阶段

高分子有机物因相对分子质量巨大，不能透过细胞膜，因此不可能被细菌直接利用。它们在第一阶段被细菌胞外酶分解为小分子。如淀粉被淀粉酶分解为麦芽糖和葡萄糖，蛋白质被蛋白质酶水解为短肽与氨基酸等。这些小分子的水解产物能够溶解于水并透过细胞膜为细菌所利用。

（2）发酵阶段

小分子的化合物在发酵细菌(即酸化菌)的细胞内转化为更简单的化合物并分泌到细胞外。这一阶段的主要产物有挥发性脂肪酸、醇类、乳酸、二氧化碳、氢气、氨、硫化氢等，产物的组成取决于厌氧降解的条件、底物种类和参与酸化的微生物种群。

（3）乙酸阶段

在产氢产乙酸菌的作用下，上一阶段的产物被进一步转化为乙酸、氢气、碳酸以及新的细胞物质。

(4) 甲烷阶段

乙酸、氢气、碳酸、甲酸和甲醇被转化为甲烷、二氧化碳和新的细胞物质。

升流式厌氧污泥床(UASB)工艺是由荷兰人在20世纪70年代开发的。该反应器由污泥反应区、气液固三相分离器(包括沉淀区)和气室三部分组成，其结构如图3-16所示。

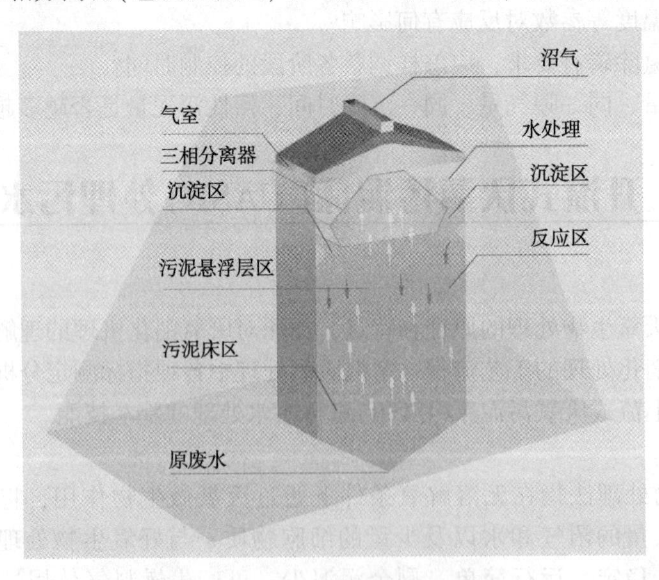

图 3-16　USAB 反应器的结构简图

在底部反应区内存留大量厌氧污泥，具有良好沉淀性能和凝聚性能的污泥颗粒在反应器底部形成污泥层。要处理的污水从厌氧污泥床底部流入与污泥层中污泥进行混合接触，污泥中的微生物分解污水中的有机物，把它转化为沼气。沼气以微小气泡形式不断放出，在污泥床上部由于沼气的搅动形成一个污泥浓度较稀薄的泥水混合物，污泥和水一起上升进入三相分离器。沼气碰到分离器下部的反射板时，折向反射板的四周，然后穿过水层进入气室，集中在气室沼气，用导管导出。固液混合液经过反射进入三相分离器的沉淀区，污水中的污泥发生絮凝，颗粒逐渐增大，并在重力作用下沿三相分离器的外壁滑回厌氧反应区内，使反应区内积累大量的污泥，与污泥分离后的处理出水从沉淀区溢流堰上部溢出，然后排出污泥床。

3. 实验装置与仪器

UASB 处理污水实验装置 1 套，如图 3-17 所示；COD 测定仪、湿式气体流量计、酸度计、温控仪、转子流量计、恒温箱等。

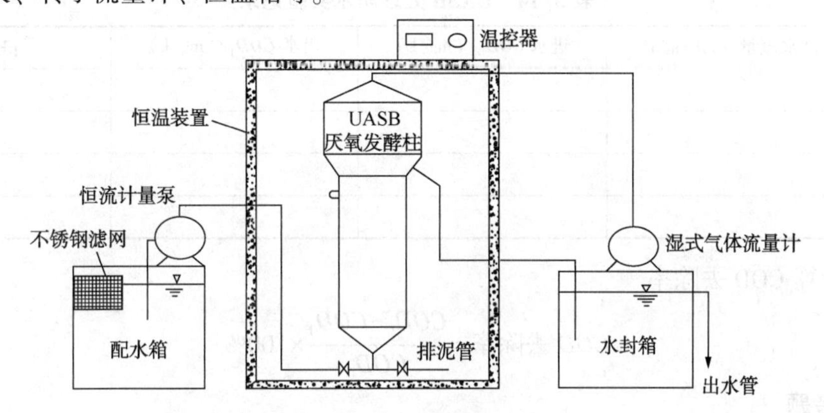

图 3-17 UASB 处理污水实验装置

UASB 处理污水工艺流程如图 3-18 所示。

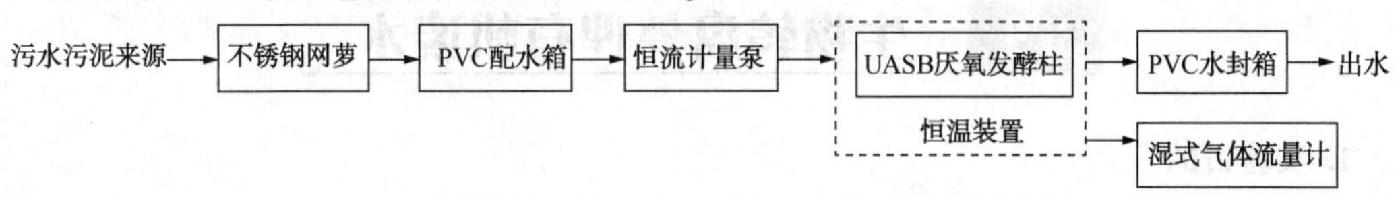

图 3-18 UASB 处理污水工艺流程

4. 实验步骤

1）从城市污水处理厂取回成熟的消化污水、污泥，或取自某些高浓度有机废水，并测定其 COD 值。

2）取 38L 污泥，装入发酵柱内，调节恒温水箱的温度，使反应器的温度控制在 33~35℃。

3）污泥在密闭的上流式发酵柱内放置一天，以便兼性细菌消耗掉消化器内氧气。

4）按确定的水力停留时间由排泥阀排去消化器内的混合液。例如，水力停留时间为 5d，应排去混合液 8L。

5）配制 10g/L 的谷氨酸钠溶液。

6）按确定的停留时间投加谷氨酸钠溶液和相应的磷酸二氢钾溶液，使发酵柱内混合液体积仍然是 38L，pH 值控制在 6.6~7.5 的范围内。加入方法：用玻璃漏斗接上一根 $\phi 8$~

10mm 软管，另一头插入柱顶 P_N15 铜考克阀上，先将配好溶液(8L)慢慢倒入漏斗，开启铜考克阀，慢慢流入(最好不让空气流入)。

7）第二天，记录湿式气体流量计读数，计算一天的产气量。

8）以后每天重复实验步骤4)、6)、7)。一般情况下，运行 1~2 个月可以得到稳定的消化系统。

9）实验系统稳定后连续三天测定 pH 值、进水 COD、出水 COD 并记录数据。

注意：实验在恒温、密封的发酵柱进行，温度控制在 33~35℃。

5. 实验数据的记录与处理

（1）实验记录

表 3-14 UASB 处理防水实验记录

序号	进水流量/(mL/min)	进水 COD_0/(mg/L)	出水 COD_1/(mg/L)	pH 值
1				
2				
3				
平均值				

（2）计算 COD 去除率

$$COD\text{ 去除率}=\frac{COD_0-COD_1}{COD_0}\times 100\%$$

6. 思考题

影响上流式厌氧污泥床运行效果的因素有哪些？如何控制？

3.9 生物转盘处理有机废水

1. 实验目的

1）了解并掌握生物转盘的结构及工作原理；

2）加深理解生物转盘净化污水的机理。

2. 实验原理

生物转盘又称浸没式生物滤池，也叫旋转式生物反应器。1954 年，联邦德国的 Heilbronn 建成世界上第一座生物转盘污水处理厂。生物转盘反应器是由一系列平行的旋转圆盘、转动横轴、驱动装置和废水处理槽等部分组成。生物转盘在使用前，先用污水培养或接种的方法，在圆盘表面上生长出一层生物膜，膜的厚度为 0.5~2.0mm。使用时，由于圆盘转动，圆盘上的生物膜通过与废水和空气交替接触，完成从空气中吸氧、从废水中吸附有机物质的过程，盘片每转为一周，即进行一次吸附—吸氧—氧化分解的过程。随着不断地吸附和分解水中的有机物，生物膜不断增殖并变厚，当达到一定厚度时，或由于水力冲刷(圆盘转动与水流之间形成的相对剪力)作用，或由于盘面的生物膜产生厌氧分解现象，加之水力冲刷而脱落，并随污水排出沉淀池。转盘转动也使槽中污水不断地搅动充氧，脱落的生物膜在槽中呈悬浮状态，继续起净化作用，因此，生物转盘兼有活性污泥池的功能。

生物转盘与活性污泥法相比，具有许多特有的优点，如下：

1）微生物相多样化。构成生物膜的生物种类的数量要比活性污泥多，因而生物膜生物的食物链长且复杂。生物膜中的微生物主要有细菌、真菌、藻类(在有光条件下)、原生动物和后生动物。

2）微生物浓度高，特别是最初几级的生物转盘，据一些实际运行的生物转盘的测定统计，转盘上的生物膜量如折算成曝气池挥发性悬浮固体浓度，可达40~60g/L，*F/M*比可达0.05~0.1，这是生物转盘高效率的主要原因之一。

3）生物转盘的生物膜可以周期性地交替于空气与废水之间，这样不需要曝气，就可以获得所需的溶解氧，降低了运行费用，电力消耗一般为活性污泥法的1/4~1/3。

生物转盘的布置形式一般分为：单轴单级、单轴多级和多轴多级，最常见的是单轴多级，如图3-19所示。

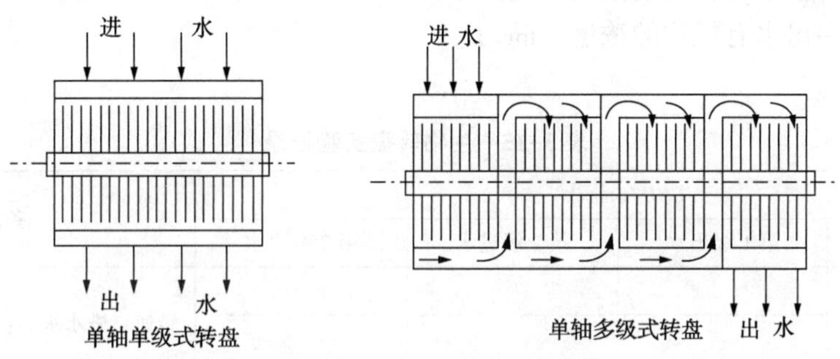

图3-19　生物转盘布置方式

生物转盘运行时的控制条件：转盘转速0.8~3.0r/min，盘片边缘线速度在15~18r/min之间。转轴与槽内水面之间的距离不宜小于150mm，盘片面积应有40%~50%浸没在氧化槽内的污水中。

3. 实验设备及用具

生物转盘实验装置(单轴3级)(图3-20)1套；温度计、酸度计或pH试纸；测定COD、SS等分析仪器、化学试剂和玻璃仪器。

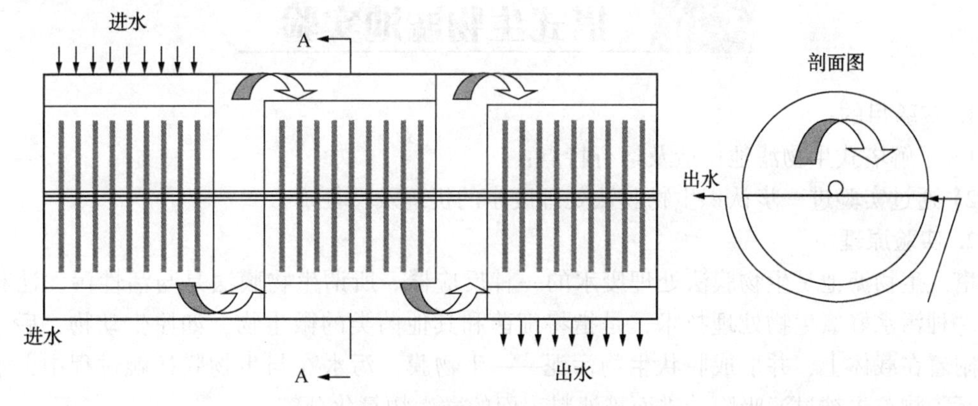

图3-20　生物转盘实验装置示意图

4. 实验步骤

1）盘片挂膜。接种培养生物膜成功后即可开始实验；

2）通电使生物转盘转动，开泵将水箱内的原水经计量打入生物转盘氧化槽内，可根据污水处理程度调节进水流量；

3）运行一段时间系统稳定后，分别测定各级的水温，pH 值，进、出水 COD 值；

4）将实验数据填入实验记录表(见表 3-15)内。

5. 数据记录与整理

计算在给定条件下生物转盘各级有机物去除率 E_i 和总的有机物去除率 E。

$$E=\frac{COD_a-COD_e}{COD_a} \tag{3-17}$$

式中 COD_a——进水有机物的浓度，mg/L；

COD_e——出水有机物的浓度，mg/L。

表 3-15 生物转盘实验记录

COD/(mg/L)				备注
第 1 级进水	第 1 级出水	第 2 级进水	第 2 级出水	
				转速：进水水温： 进水 pH 值： 出水 pH 值：

6. 思考题

1）简述生物转盘净化污水的机理。

2）生物转盘构造及运行特点是什么？

3）生物转盘的转速过大或过小有什么问题？

3.10 塔式生物滤池实验

1. 实验目的

1）了解塔式生物滤池构造及运行特点；

2）通过实验进一步认识生物膜法处理废水的机理及特征。

2. 实验原理

塔式生物滤池是生物膜法处理废水的一种反应器。所谓生物膜法是与活性污泥法相并列的一种污水好氧生物处理技术，是指将细菌和其他菌类的微生物，如原生动物、后生动物等附着在载体上，并形成膜状生物污泥——生物膜，污水在与生物膜接触过程中，水中有机污染物首先被过滤吸附，进而被滤料表面的微生物氧化分解。

在讨论生物膜法净水机理之前应该先来认识一下附着在载体上的生物膜的构造，如图 3-21 所示。生物膜成熟以后，除了好氧层之外，由于膜上微生物增殖，使生物膜厚度不断增加，在增加到一定程度后，生物膜的里侧深部由于氧不能透入而缺氧，转变为厌氧状态；生物膜是高度亲水的物质，所以，在膜的外侧存在一层附着水层，因而生物膜就由外侧吸附水层、中间好氧层和里侧厌氧层组成。

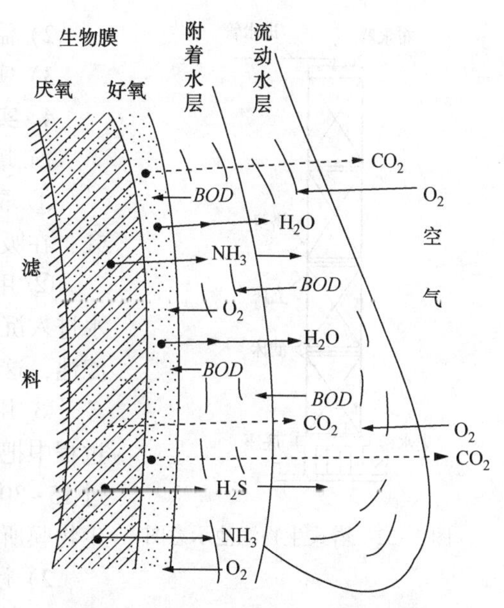

图 3-21 生物滤池滤料上生物膜的构造

生物膜对水体的净化过程实质就是生物膜内外、生物膜与水层之间多种物质的传递过程。其过程是空气中氧溶解于流动水层，并通过吸附水层传递给生物膜，供膜上微生物呼吸作用；污水中的有机污染物则通过流动水层传递给吸附水层，然后进入生物膜，并通过细菌的代谢作用被降解；好氧层代谢产物 H_2O、CO_2 通过吸附层进入流动水层，或被空气排走；厌氧层代谢产物，如 H_2S、NH_3、CH_4 等气体则透过好氧层、吸附层再到空气中。若厌氧层很厚，则其代谢产物必然增多，这些产物在透过好氧层向外逸出的过程中，破坏了好氧层的结构及生态系统的稳定性而使其老化，老化的生物膜在流动水层剪力作用下脱落，从而使生物膜得到更新。

塔式生物滤池是生物滤池的一种，属于第三代生物滤池，它在 20 世纪 50 年代首先出现于德国。它的主要构造如下：塔身；载体（或滤料）；布水装置（一般采用旋转布水器、多孔管、喷嘴等）；通风装置（通常采用自然通风）；集水设备，通常在塔底部设有集水渠，并由管渠与后续处理构筑物相连（如二沉池）。塔式生物滤池在工艺方面具有如下特点：

1）处理污水量大、容积负荷高，占地面积小、运行费用低。

容积负荷是生物滤池的一个重要参数，它是指每立方米滤料在每日内所能接受（降解）的有机物量，由下式计算：

$$N_V = \frac{Q(S_0 - S_e)}{V} \tag{3-18}$$

式中 N_V——容积负荷，kg(*BOD*$_5$)/(m^3·d) 或 kg(*COD*)/(m^3·d)

Q——污水流量，m^3/d；

S_0——进水的 *BOD* 或 *COD*，mg/L；

S_e——出水的 *BOD* 或 *COD*，mg/L；

V——滤料（载体）的体积，m^3。

2）塔内微生物在水流方向存在分层，耐有机物及有毒物质冲击负荷强。

3）塔身较高、自然通风良好、供氧充足、污泥量少。

塔式生物滤池的主要缺点是有机物的去除率低，基建投资较大。

3. 实验设备与试剂

1）塔式生物滤池实验装置 1 套，D=100mm，H=2.0m，内部设有塑质载体以及配水、集水系统，如图 3-22 所示；

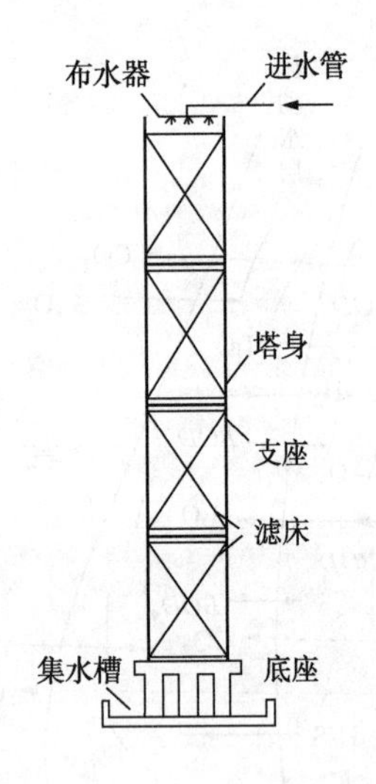

图 3-22　塔式生物滤池示意图

2）温度计、pH 计和 COD 测定所需的仪器和试剂；

3）实验废水采用生活污水。

4. 实验步骤

1）培养生物膜(挂膜)：

① 取城市污水厂活性污泥或生物膜(取自二沉池)3～5L，在吸水池里与污水混合。

② 用水泵将上述混合液提升使其喷淋于生物滤池，出水进入沉淀池后回流到吸水池，用水泵再提升使其喷淋于滤池，这样循环几次。

③ 用小流量[$1\sim3m^3/(m^2\cdot d)$]运行生物滤池，运行过程中把沉淀池中的污泥不断回流到滤池的吸水池中。经过 15～30d 后，滤料表面便可以生长良好的生物膜。培养生物膜所需要的时间与污水的性质和温度有关。

2）计算确定塔式生物滤池的容积负荷率，启动水泵将原水通过塔顶布水管喷洒到塔内填料上，系统运行稳定后测定水温、pH 值、进出水的 COD 值。

3）整个实验结束后，取出滤料，观察不同滤床深度处的微生物变化。

注意事项：

1）根据具体条件，实验污水可以采用生活污水，也可以用葡萄糖配制合成污水，合成污水可参考表 3-16。

表 3-16　合成污水组成　mg/L

成分	含　量	成分	含　量
葡萄糖	200～300	$MgSO_4\cdot7H_2O$	20
NH_4Cl	按 BOD_5：N=100：5 计算或 55	$MnSO_4\cdot H_2O$	2
$NaHCO_3$	200	CaCl	15
KH_2PO_4	按 BOD_5：P=100：1 计算或 12	$FeCl_2\cdot6H_2O$	1

2）分析项目可以根据具体要求决定，通常是 BOD、COD、温度、SS 等。进水 BOD、COD 测定水样不过滤和沉淀，各取样口的样品测定 BOD、COD 时，应采用过滤后的水样。

3）培养生物膜时，当观察到滤料表面出现生物膜迹象时，可以停止回流沉淀池污泥。

5. 实验记录与结果处理

表 3-17　生物滤池实验原始数据

测定次数	进水水温/℃	进水 pH 值	进水 *COD*/(mg/L)	出水 *COD*/(mg/L)

计算在给定条件下的 COD 去除率：

$$E=\frac{S_0-S_e}{S_0}\times 100\%$$

式中 S_0——进水 COD，mg/L；

S_e——出水 COD，mg/L。

6. 思考题

1）生物膜法与活性污泥法有哪些区别？

2）简述塔式生物滤池净化污水的原理及过程。

3.11 工业污水可生化性测定实验

1. 实验目的

1）利用实验技术测定工业污水能够被微生物降解的程度，以便选用适宜的处理技术确定废水处理工艺；

2）了解并掌握测定污水可生化性实验的方法；

3）掌握 BOD_5、COD 的概念及测试方法。

2. 实验原理

污水的可生化性实验，是研究污水中有机污染物可被生物降解的程度，为选择适宜的处理工艺方法提供必要的依据。生物处理法是利用微生物降解代谢作用去除污水中的胶体和溶解性的有机物，与其他方法相比，生物处理法具有高效、经济的优点，因此，在研究有机工业污水处理方案时，一般首先考虑采用生物处理的可能性。但是，有些工业污水在进行生物处理时，因为含有难生物降解的有机物，或含有能够抑制或毒害微生物生长的物质，或者缺少微生物生长所必须的营养物质，因此处理工业污水时，为确保污水处理工艺选择的合理性与可靠性，通常要进行污水的可生化性实验。污水可生化性测定方法较多，如水质标准法、微生物耗氧速率法、脱氢酶活性法、三磷酸腺苷(ATP)测定法等。本实验采用水质标准法测定污水的可生化性。

水质标准法即通过测定 BOD_5/COD 比值来评价污水可生化性的方法。BOD_5和 COD 都反映了污水中有机物在氧化分解时所消耗的氧量。化学需氧量 COD(Chemical Oxygen Demand)是指在一定条件下，用化学氧化剂氧化污水中的有机污染物，待氧化成 CO_2和 H_2O，测定其消耗的氧化剂的量，可作为污水中有机物质相对含量的一项综合性指标。生化需氧量 BOD(Biochemical Oxygen Demand)是指在一定条件下(水温 20℃)，好氧微生物将有机物氧化成无机物(主要是水、二氧化碳和氨)所消耗的溶解氧量，在实际工作中常用 5 日生化需氧量(BOD_5)作为可生物降解有机物的综合浓度指标。因此，可把测得的 BOD_5值看作可降解有机物的量，COD 值则看作是全部的有机物，因此，BOD_5/COD 比值反映了污水中有机物的可降解程度。按 BOD_5/COD 比值可分为：

BOD_5/COD>0.58 为完全可生物降解废水；

BOD_5/COD=0.45~0.58 为生物降解性能良好污水；

BOD_5/COD=0.30~0.45 为可生物降解污水；

BOD_5/COD<0.3 为难生物降解污水。

3. 实验设备及试剂

多功能消解器(如图 3-23 所示)，COD 测定仪(如图 3-24 所示)及配套试剂，BOD 测定仪及配套试剂(如图 3-25 所示)，恒温培养箱，BOD 样品瓶，搅拌器、量筒、吸管、移液管、清洗水瓶等。

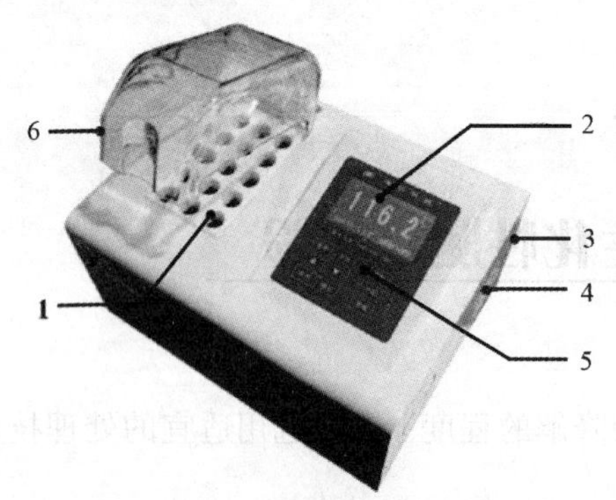

图 3-23 多功能消解器

1—消解孔；2—显示屏；3—电源插座；4—散热窗；5—控制键盘；6—防喷罩

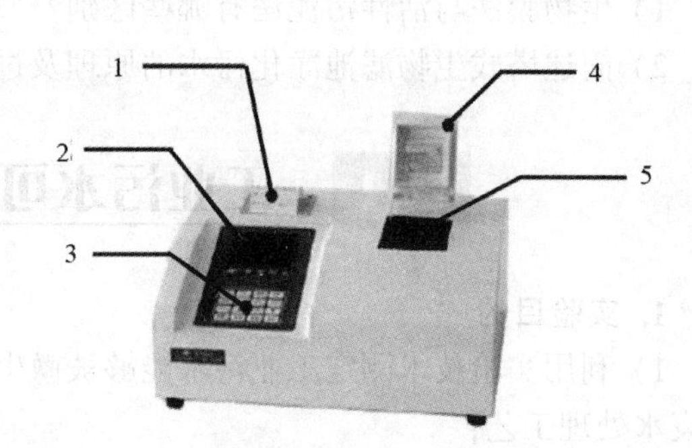

图 3-24 COD 测定仪

1—打印机；2—液晶显示屏；3—控制键盘；4—比色池盖；5—比色池

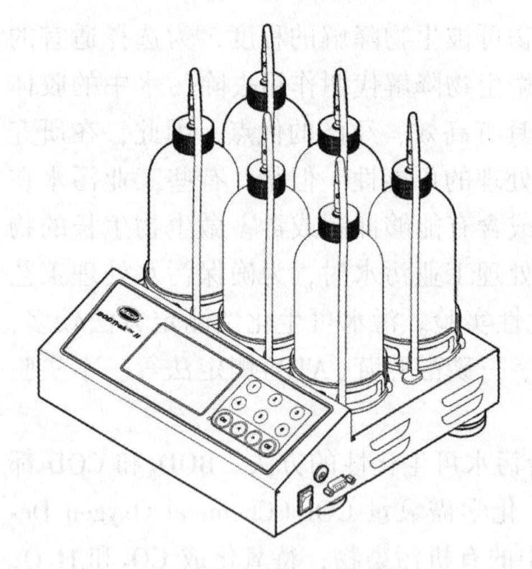

图 3-25 BOD 测定仪

1）COD 测定所用试剂：

① D-100 试剂：将整瓶粉末状晶体试剂倒入烧杯中，加入 75mL 蒸馏水，5mL 硫酸(分析纯)后不断搅拌直至全部溶解。

② E-100 试剂：将整瓶的粉末状晶体试剂，全部溶解于 500mL 分析纯硫酸中，不断搅拌或隔夜放置，直至试剂全部溶解。

2）BOD 测定所用试剂：

营养缓冲剂、去离子水、氢氧化钾颗粒。

4. 实验步骤

(1) COD 测定

COD 的测定过程分两步完成。

1）消解：

① 打开消解器开关，选择“COD 消解”，消解器自动升温。

② 准备数支反应管，置于冷却架的空冷槽上。

③ 准确量取 2.5mL 蒸馏水加到“0”号反应管中，2.5mL 待测水样分别加入到其他反应管中，依次向各个反应管中加入 0.7mL 的 D 试剂、4.8mL 的 E 试剂并混匀。

④ 将反应管依次放入仪器消解孔中，按消解键并盖上防喷罩；消解完成后将各样品依次放到冷却架的空冷槽上，然后按冷却键。

⑤ 空气冷却完成后，依次向各反应管中加入 2.5mL 蒸馏水，混匀后将各反应管放到冷

却架的水冷槽中(提前在水冷槽中加入自来水)，并按冷却键。

⑥将水冷却完成后的溶液依次倒入对应编号的比色皿中。

2) COD 测定：

① 打开 COD 测定仪开关，预热 10min；

② 先按取消键返回初始界面，再按菜单键进入系统设置界面选择“1. 测定项目选择”，按确定键进入，按▲、▼键选择“COD 高量程皿”，再按“确定”键；

③ 将“0”号比色皿(空白溶液)放入比色池，按空白键，使屏幕“C=0.000mg/L”。否则重按空白键；

④ 将“0”号比色皿拿出，再将“1”号比色皿放入比色池中，并关闭上盖。此时屏幕上所显示的结果即为 1 号样品的 COD 值；

⑤ 其他样品测定步骤相同。

(2) BOD 测定

① 预先打开培养箱开关，设定温度为 20℃。

② 用超声波清洗机将培养瓶洗净待用。预先估计被测样品的 BOD 值，如无法估计，可借助化学需氧量(COD_{Cr})推算。一般 BOD 量按化学需氧量(COD_{Cr})的 60%计算大致的浓度范围。

③ 根据水样个数及 6 个培养瓶，选择每个水样做几个平行样，再按表 3-18 用干净的量筒量取经过预处理的 pH 值在 7.2 左右的水样，通过漏斗转入培养瓶中。

④ 将搅拌转子洗净，装入瓶中，密封杯装入少许氢氧化钠固体，在密封杯口上下部各套上一个密封垫圈，盖上智能测试帽，拧紧瓶子。

⑤ 将培养瓶放在主机上，使培养瓶测试帽与主机上相应的接口一一对应，用数据线连接。将主机及测试瓶放于培养箱中，将主机通过适配器与培养箱中电源连接。培养瓶中转子开始工作，如有转动不好的，摇晃瓶子使其转动即可。

⑥ 1~6 按键为 1~6 通道。按 ON 键进入设置，按<、>选择量程。选择好量程按 OFF 键退出。长按 ON 开始试验。试验时间为 5d。实验结束后，按下样品采集瓶的信道选择键，显示屏直接显示读数。

⑦ 根据样品所选范围找出稀释因子。示例：如所选样品范围为 0~350mg/L BOD，则稀释因子为 1.45。

计算修正结果：BOD=BOD(仪器读数)×稀释因子。

注意事项：放氢氧化钾时注意不要把氢氧化钾试剂放入待测水样中。温度恒定至 20℃。实验时禁止断电。标准测试样品量见表 3-18。

表 3-18 标准测试样品量

BOD 范围/(mg/L)	样品量/mL	晶种容量/mL	总容量/mL	稀释因子
0~35	370	10~35	420	1.14
0~70	305	10~35	355	1.16
0~350	110	10~35	160	1.45
0~700	45	10~35	95	2.11

5. 结果讨论

根据 BOD_5/COD 值，讨论实验所用工业废水的可生物降解性。

6. 思考题

1）污水的可生化性测定有哪几种方法，各有何特点？

2）本实验的误差来源有哪些，实验中应注意哪些问题？

3.12 污泥比阻的测定实验

1. 实验目的

1）通过实验掌握污泥比阻的测定方法，加深理解污泥比阻的概念；

2）掌握用布氏漏斗实验确定污泥最佳混凝剂的种类、浓度、投药量。

2. 实验原理

在污水处理过程中，会产生大量的污泥，其数量约为处理水量的0.3%~0.5%，这些污泥具有含水率高、体积大、流动性高等特点，不便于运输和储藏。因此一般多采用机械脱水，以减小污泥体积。常用的脱水方法有真空吸滤法、压滤法、离心法等。

污泥机械脱水是以过滤介质两面的压力差作为推动力，使污泥中的水分被强制通过过滤介质，形成滤液，固体颗粒被截留在过滤介质上，形成滤饼，达到泥水分离的目的。无论哪种脱水方式，污泥在脱水过程中都会受到来自过滤介质和滤饼本身的阻力，阻力越大，污泥的脱水性能就越差。

过滤开始时，滤液仅需克服过滤介质的阻力，当滤饼逐渐形成后，还必须克服滤饼本身的阻力。根据卡门过滤基本方程：

$$\frac{t}{V}=\frac{\mu rw}{2PA^2}V+\frac{\mu R_f}{PA} \tag{3-19}$$

式中 t——过滤时间，s；

V——滤液体积，m^3；

r——比阻，m/kg；

A——过滤面积，m^2；

μ——滤液黏度，Pa · s；

P——过滤压力，kg/m^2；

w——单位体积滤液所产生的干污泥量，kg/m^3；

R_f——过滤介质阻抗，1/m。

从式(3-19)可以看出，在一定压力条件下，测定不同过滤时间 t 时滤液量 V，并以滤液量 V 为横坐标，以 t/V 为纵坐标，所得直线斜率 $b=\frac{\mu wr}{2PA^2}$。

污泥比阻是衡量污泥脱水性能的重要指标。它的物理意义是：单位质量的污泥在一定压力下过滤时，在单位过滤面积上的阻力，常用 r(m/kg)表示，计算公式如下：

$$r=\frac{2PA^2b}{\mu w} \tag{3-20}$$

根据定义，按下式可求出 w 值：

$$w=\frac{Q_0-Q_y}{Q_y}C_b \tag{3-21}$$

式中　Q_0——原污泥的体积，mL；

Q_y——滤液的体积，mL；

C_b——滤饼中固体物浓度，g/mL。

将实验测得的 b、w 值代入式(3-20)，可求出污泥的比阻 r 值。一般认为比阻为 10^9～$10^{10}S^2/g$ 的污泥是难过滤的，比阻为(0.5～0.9)×$10^9S^2/g$ 的污泥为中等，比阻小于 0.4×10^9 S^2/g 的污泥则易于过滤。

在污泥脱水中，往往需要进行化学调节，即向污泥中投加混凝剂的方法降低污泥比阻 r 值，达到改善污泥脱水性能的目的，而影响化学调节的因素，除污泥本身的性质外，一般还有混凝剂的种类、浓度、投加量和化学反应时间。在相同实验条件下，采用不同药剂、浓度、投量、反应时间，可以通过污泥比阻实验选择最佳条件。

3. 实验设备与试剂

1）污泥比阻测定实验装置1套，如图3-26所示，该装置由真空泵、有机玻璃吸滤筒、玻璃计量筒、软管抽气接管、陶瓷布氏漏斗等组成。

2）秒表、分析天平、烘箱、滤纸。

3）$FeCl_3$、$Al_2(SO_4)_3$混凝剂。

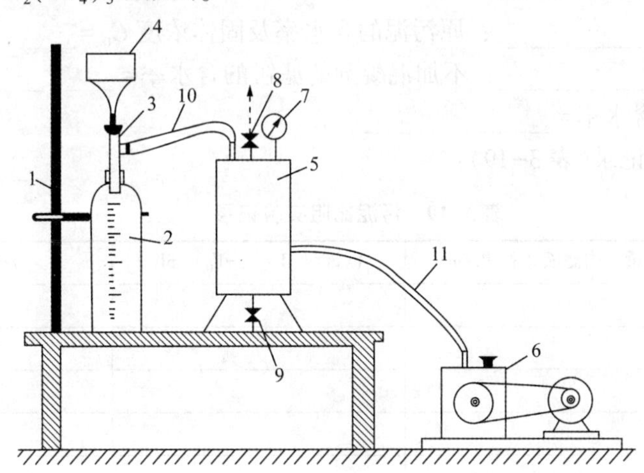

图3-26　污泥比阻实验装置图

1—固定铁架；2—计量筒；3—抽气接管；4—布氏漏斗；5—吸滤筒；6—真空泵；
7—压力表；8—调节阀；9—放空阀；10、11—连接管

4. 实验步骤

1）取待测泥样，测定原污泥的含水率和固体浓度 C_0。

2）配制 $FeCl_3$(10g/L)和 $Al_2(SO_4)_3$(10g/L)混凝剂溶液。

3）用 $FeCl_3$(10g/L)混凝剂调节污泥[每组加一种混凝剂量，加量分别为污泥干重的0%(不加混凝剂)、6%、7%、8%、9%、10%]，处理时间10min。

4）在布氏漏斗上放置已经称重的滤纸，用少许蒸馏水润湿，贴紧周底，使漏斗的下口对准内部的量筒口，压紧。

5）开动真空泵，调节真空压力，大约比实验压力小 1/3，关掉真空泵[实验时真空压力采用 266mmHg(35. 46kPa)或 532mmHg(70. 93kPa)]。

6）将 100mL 待测泥样均匀倒入布氏漏斗中，静置一段时间，直至漏斗底部不再有滤液流出，该段时间一般为 2min。开动真空泵，调节真空压力至实验压力，并记下计量管内的滤液体积 V_0。

7）启动秒表，每隔一段时间(开始过滤时可以每隔 15s，滤速减慢后可每隔 60s)，记下计量管内相应的滤液体积 V_1。

8）定压过滤至污泥层出现裂缝，真空破坏，如真空长时间不破坏，则过滤 20min 后即可停止。注意在整个实验过程中，需仔细调节真空调节阀，以保持实验压力恒定。

9）关闭阀门，取下滤饼放入称量瓶内称量，称量后的滤饼于 105℃ 的烘箱内烘干、称量。

10）计算滤饼中固体物的浓度 C_b。

11）量取加 $Al_2(SO_4)_3$混凝剂的污泥(每组的加量与 $FeCl_3$量相同)及不加混凝剂的污泥，按实验步骤 3~10 分别进行实验。

5. 实验记录及数据处理

1）测定并记录实验基本参数：

实验日期：________________；原污泥的含水率及固体浓度 C_0 =____________；

真空度/mmHg=____________；不加混凝剂的滤饼的含水率=________________；

加混凝剂滤饼的含水率=________________。

2）污泥比阻实验记录(表 3-19)：

表 3-19　污泥比阻实验记录

时间 t/s	计量管内滤液体积 V_1/mL	滤液量($V=V_1-V_0$)/mL	t/V/(s/mL)

3）以 V 为横坐标，以 t/V 为纵坐标绘图，求 b。

4）根据式(3-21)求 w 值。

5）根据式(3-20)求污泥比阻值。

6. 思考题

1）为什么初沉淀池污泥、活性污泥和消化污泥比阻差别很大，哪些因素影响污泥的比阻？

2）测定污泥比阻在工程上有何实际意义？

3.13 A^2/O工艺处理城市污水

1. 实验目的

按照国家污水综合排放标准 GB 8978—1996 规定，氨氮最高容许排放浓度二级标准是25mg/L，磷酸盐（以 P 计）最高容许排放浓度二级标准是 1.0mg/L。厌氧-缺氧-好氧（A^2/O）工艺是污水除磷脱氮技术的主流工艺，同常规活性污泥相比，不仅能生物去除BOD，而且能去除氮和磷，这对于防止水体富营养化的加剧具有重要的作用。通过实验希望达到以下目的：

1）了解 A^2/O 工艺的组成，运行操作要点；

2）掌握 A^2/O 工艺流程和基木原理；

3）通过实验培训学生、技术人员、操作人员，考核其独立的工作能力，提高人员的技术素质和企业管理水平；

4）掌握应用 A^2/O 工艺处理城市污水的基本技能，并能对拟建的污水处理厂进行可行性的试验。

2. 实验原理

A^2/O 是 Anaerobic-Anoxic-Oxic 的英文缩写，即厌氧-缺氧-好氧三个生物处理过程，其工艺流程图如图 3-27 所示，生物池通过曝气装置、推进器（厌氧段和缺氧段）及回流渠道的布置分成厌氧段、缺氧段、好氧段。

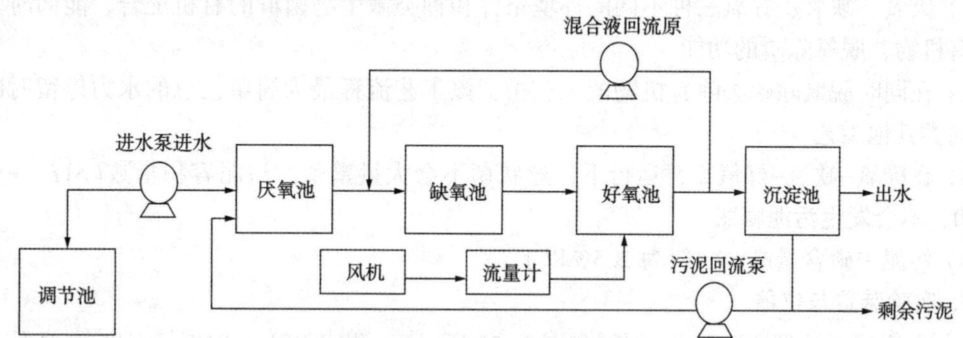

图 3-27 A^2/O 工艺流程图

在该工艺流程内，BOD_5、悬浮固体 SS 和以各种形式存在的氮和磷将一一被去除。A^2/O 生物脱氮除磷系统的活性污泥中，菌群主要由硝化菌和反硝化菌、聚磷菌组成。在好氧段，硝化细菌将水流中的氨氮及有机氮，通过生物硝化作用，转化成硝酸盐；在缺氧段，反硝化细菌将内回流带入的硝酸盐通过生物反硝化作用，转化成氮气逸入大气中，从而达到脱氮的目的；在厌氧段，聚磷菌释放磷，并吸收低级脂肪酸等易降解的有机物；而在好氧段，聚磷菌超量吸收磷，并通过剩余污泥的排放，将磷除去。

厌氧过程：原水经格栅、沉砂后进入厌氧池，A^2/O 工艺的厌氧过程与一般产生沼气的完全厌氧过程和酸化水解过程均不同，它既不产酸也不产沼气，因此，既不需要控制厌氧污泥层，也不需要加温保温。在厌氧池中不供氧，只需保持污泥呈悬浮状态，控制溶解氧

D_0<0.3mg/L，使工艺系统中的微生物处于压抑状态。因而释放出储存在菌体内的多聚正磷酸盐，并水解成为正磷酸盐，同时释放能量供压抑状态下生物活动的需要。

缺氧过程：污水经厌氧池进入缺氧池，在缺氧条件下(D_0<0.7mg/L)，由于兼氧性脱氮菌作用，利用污水中的BOD_5成分(有机碳化物)作为氢供给体，将来自好氧池混合液中大量硝酸盐和亚硝酸盐还原成氮气排入空气中，同时有机物分解，也称为脱氮过程。

反应式为：$2NO_2^-+6H^+(\text{氢供给体})\xrightarrow{\text{脱氮菌}}N_2\uparrow+2H_2O+2OH^-$

$2NO_3^-+10H^+(\text{氢供给体})\xrightarrow{\text{脱氮菌}}N_2\uparrow+4H_2O+2OH^-$

好氧过程：污水中的含氮化合物经异养性氨化细菌的作用分解成NH_3-N，在好氧条件下，由于亚硝酸盐菌和硝酸盐菌的作用将NH_3-N氧化成硝酸盐和亚硝酸盐，也称为硝化过程。

反应式为：$NH_4^++1.5O_2\xrightarrow{\text{亚硝酸盐菌}}NO_2^-+H_2O+2H^++\text{能量}$

$NO_2^-+0.5O_2\xrightarrow{\text{硝酸盐菌}}NO_3^-+\text{能量}$

总反应式为：$NH_4^++2O_2\xrightarrow{\text{硝化菌}}NO_3^-+H_2O+2H^++\text{能量}$

在好氧阶段，系统中的微生物利用被氧化分解所获得的能量大量吸附在厌氧阶段被释放的磷和原污水中的磷，在细菌细胞体内合成聚磷酸盐而储存起来。

沉淀池：经好氧池排出的混合液在沉淀池中进行泥水分离，使出水悬浮物降低，再通过剩余污泥的排放达到除磷的目的。A^2/O 工艺处理废水具有以下特点：

1）厌氧、缺氧、好氧三种不同的环境条件和种类微生物菌群的有机配合，能同时具有去除有机物、脱氮除磷的功能。

2）在同时脱氮除磷去除有机物的工艺中，该工艺流程最为简单，总的水力停留时间也少于同类其他工艺。

3）在厌氧-缺氧-好氧交替运行下，丝状菌不会大量繁殖，污泥容积指数(*SVI*)一般小于100，不会发生污泥膨胀。

4）污泥中磷含量高，一般为2.5%以上。

3. 实验装置与仪器

A^2/O法污水处理实验装置1套(如图3-28所示)；测定COD、BOD、温度、pH值、SS等所需的分析仪器及配套试剂。

4. 实验步骤

1）检查整套装置是否齐全，管道、电源是否接通、清扫各池内的杂物。

2）接上进水泵电源，用清水试漏，检查装置是否漏水，接上风机，检查曝气是否正常，如有问题，及时修复。

3）微生物接种：从污水厂二沉池取来20L活性污泥，稀释后倒入好氧生物池内，随即接上风机，进行曝气。气水比(20~30)：1(有条件的投加少量琼脂、葡萄糖营养物)。

4）厌氧、缺氧、好氧三个不同过程的交替循环。具体如下：

① 厌氧池：如工艺流程图3-28所示，污水首先进入厌氧区，兼性厌氧的发酵细菌将水中的可生物降解有机物转化为挥发性脂肪酸(VFA_S)低分子发酵产物。除磷细菌可将菌体

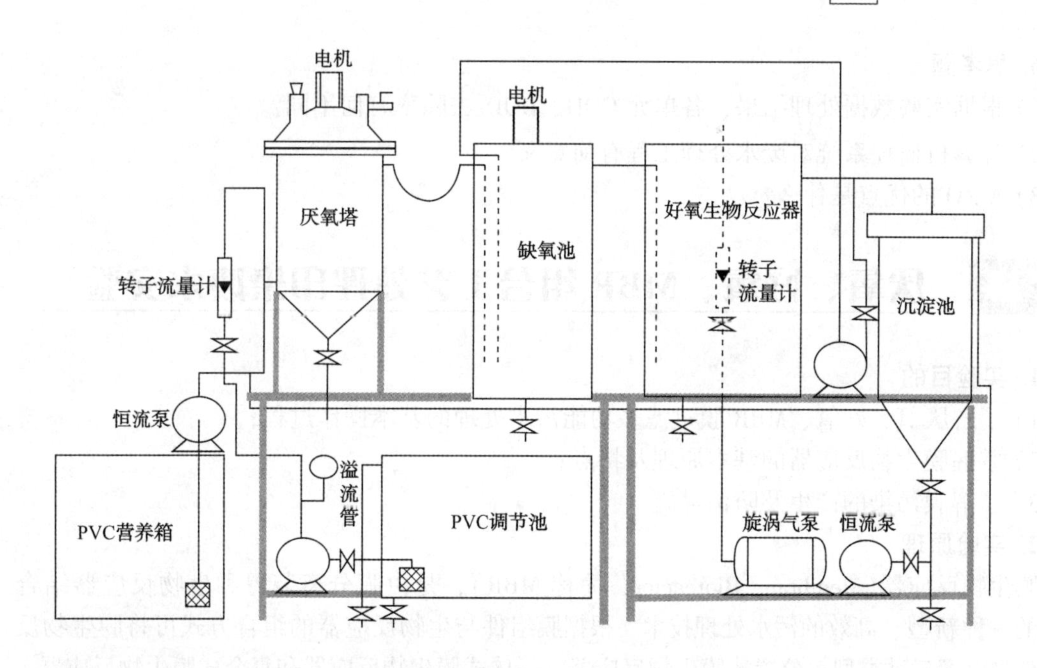

图 3-28 A^2/O 法污水处理实验装置

内储存的聚磷分解，所释放的能量可供好氧的除磷细菌在厌氧环境下维持生存，另一部分能量还可供除磷细菌主动吸收环境中的 VFA 类低分子有机物，并以聚β羟丁酸(β-HB)的形式在菌体内储存起来。

② 缺氧池：污水自厌氧池进入缺氧区，反硝化细菌就利用好氧区中经混合液回流而带来的硝酸盐，以及污水中可生物降解有机物进行反硝化，达到同时去碳及脱氮的目的。

③ 好氧池：最后污水进入曝气的好氧区，除磷细胞除了可吸收、利用污水中残剩的可生物降解有机物外，主要是分解体内储积的β-HB，产生的能量可供本身生长繁殖；此外还可主动吸收周围环境中的溶解磷，并以聚磷的形式在体内储积起来。这时排放出的水中溶解磷浓度已相当低，这有利于自养的硝化细菌生长繁殖，并将氨氮经硝化作用转化为硝酸盐。

5）等正常运转后，采水样分析出水各项指标。

5. 数据处理

1）将原始实验数据填入表 3-20 中。

表 3-20 A^2/O 工艺处理城市污水实验记录

名称	*COD*/(mg/L)	BOD_5/(mg/L)	pH 值	SS/(mg/L)
进水				
出水				

2）计算各处理单元 COD、BOD_5去除率。

3）计算 COD、BOD_5总去除率。

6. 思考题

1）根据实验数据处理结果，各单元 COD、BOD_5去除率有何不同?

2）计算机监控系统对废水处理工程有何意义?

3）A^2/O 的优点是什么?

3.14 厌氧、好氧、MBR 组合工艺处理印染废水实验

1. 实验目的

1）了解厌氧、好氧、MBR 膜过滤多功能污水处理的基本操作过程；

2）掌握膜生物反应器的基本原理及特点；

3）了解膜污染的产生及防治措施。

2. 实验原理

膜生物反应器(Membrane Bioreactor，简称 MBR)，是由膜分离装置和生物反应器结合而成的一种新型、高效的污水处理技术。根据膜组件与生物反应器的组合方式可将膜生物反应器分为以下三种类型：分置式膜生物反应器、一体式膜生物反应器和复合式膜生物反应器。

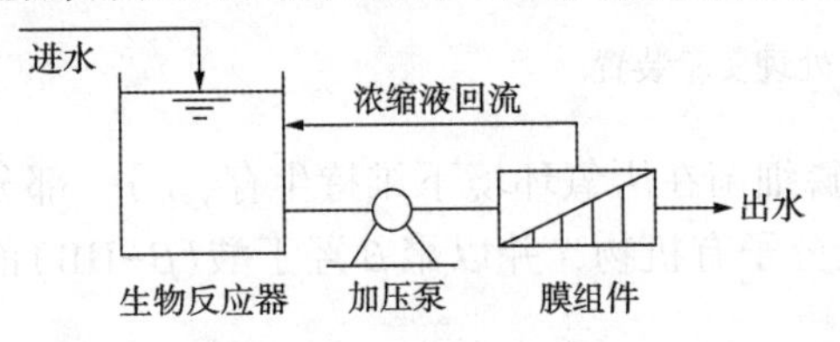

图 3-29　分置式膜生物反应器工艺流程

分置式膜生物反应器是指膜组件与生物反应器分开设置，相对独立，膜组件与生物反应器通过泵与管路相连接，分置式膜生物反应器的工艺流程如图 3-29 所示。

一体式膜生物反应器起源于日本，主要用于处理生活污水，近年来，欧洲一些国家也热衷于它的研究和应用。一体式膜生物反应器是将膜组件直接安置在生物反应器内部，有时又称为淹没式膜生物反应器(SMBR)，依靠重力或水泵抽吸产生的负压或真空泵作为出水动力。一体式膜生物反应器工艺流程如图 3-30 所示。该工艺由于膜组件置于生物反应器之中，减少了处理系统的占地面积，而且该工艺用抽吸泵或重力出水，节约成本。但由于膜组件浸没在生物反应器的混合液中，污染较快，而且清洗起来较为麻烦，需要将膜组件从反应器中取出。

复合式膜生物反应器也是将膜组件置于生物反应器之中，通过重力或负压出水，但生物反应器的型式不同。复合式 MBR 是在生物反应器中安装填料，形成复合式处理系统，其工艺流程如图 3-31 所示。在复合式膜生物反应器中安装填料的目的有两个：一是提高处理系统的抗冲击负荷，保证系统的处理效果；二是降低反应器中悬浮性活性污泥浓度，减小膜污染的程度，保证较高的膜通量。

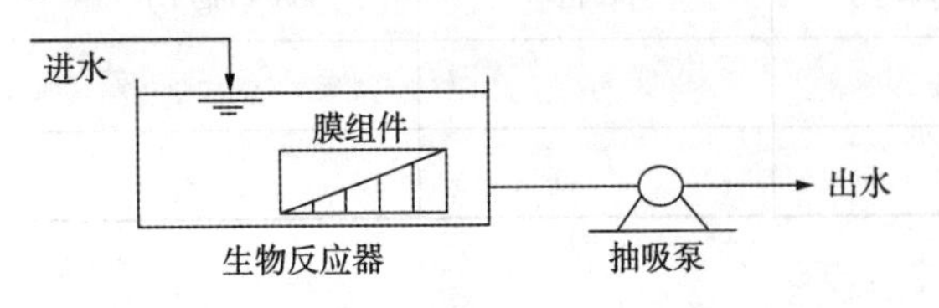

图 3-30　一体式膜生物反应器工艺流程

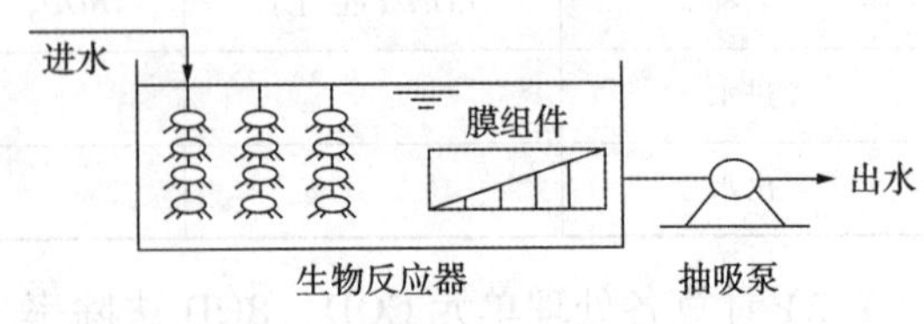

图 3-31　复合式膜生物反应器工艺流程

MBR是膜分离技术与生物处理法的高效结合，其起源是用膜分离技术取代活性污泥法中的二沉池，进行固液分离。这种工艺不仅有效地达到了泥水分离的目的，而且具有污水三级处理传统工艺不可比拟的优点：

1）高效地进行固液分离，其分离效果远好于传统的沉淀池，出水水质良好，出水悬浮物和浊度接近于零，可直接回用，实现了污水资源化。

2）膜的高效截留作用，使微生物完全截留在生物反应器内，实现反应器水力停留时间（HRT）和污泥龄（SRT）的完全分离，运行控制灵活稳定。

3）由于MBR将传统污水处理的曝气池与二沉池合二为一，并取代了三级处理的全部工艺设施，因此可大幅减少占地面积，节省土建投资。

4）利于硝化细菌的截留和繁殖，系统硝化效率高。通过运行方式的改变亦可有脱氨和除磷功能。

5）由于泥龄可以非常长，从而大大提高难降解有机物的降解效率。

6）反应器在高容积负荷、低污泥负荷、长泥龄下运行，剩余污泥产量极低，由于泥龄可无限长，理论上可实现零污泥排放。

7）系统实现PLC控制，操作管理方便

印染废水中染料等有机物组分多为难生物降解物，染料分子一般在好氧条件下很难破坏，色度难以去除。但有些染料分子可以在厌氧条件下通过水解酸化分解为较易被好氧微生物分解的小分子物质。因此，在系统中加入厌氧处理单元，采用厌氧/好氧膜生物反应器组合工艺处理染料废水，不但可以获得良好的COD去除率，还可以获得良好的脱色率。

3. 实验装置与试剂

1）厌氧、好氧、MBR组合工艺处理印染废水工艺流程如图3-32所示，试验系统主要由原水箱、厌氧反应器、好氧反应器、沉淀池、膜组件单元及曝气单元组成；

2）紫外-可见分光光度计、酸度计、COD测定仪及配套试剂；

3）本试验所用原水取自印染厂，其水质为COD_{Cr} 800~2000mg/L，色度800~1200倍，SS 300~500mg/L。

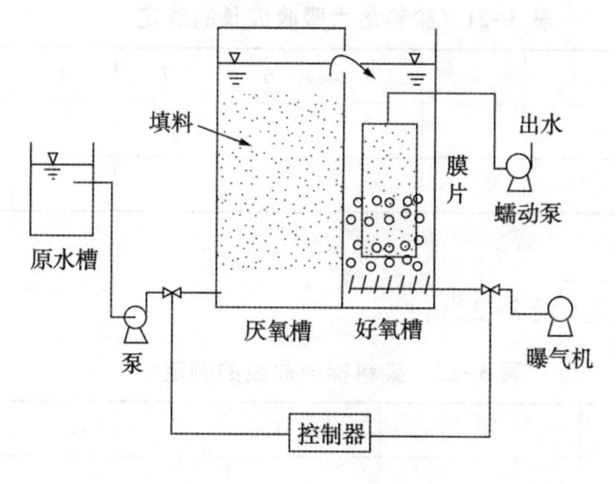

图3-32 厌氧、好氧、MBR组合工艺流程

4. 实验步骤

1）清理各池内的杂物。

2）检查管路是否按工艺流程接妥，并接上电控箱电源，各设备试运转。

3）整套流程用清水灌满后试漏，如有渗漏地方要及时修复。

4）厌氧池先启动接种：

采用接种挂膜法，接种污泥取自印染厂废水处理站厌氧池，启动阶段采用间歇培养。在开始第一周内，将废水稀释 2 倍后注入水解酸化池内，水力停留时间为 24h，此后连续进配水箱。在开始二周内始终向废水中投加适量的 NH_4Cl 和 NaH_2PO_4，以补充微生物生长所需的氮和磷。在第二至第三周内，水力停留时间为 16h。在启动 25d 后，塔内产生气泡，废水的 pH 值降低，出水逐渐清澈，悬浮物减少，软性填料上可以看到明显的生物膜，厌氧池启动完成。

5）好氧池的启动：

采用接种挂膜法，接种污泥取自印染厂废水处理站。曝气池内的污水稀释 2 倍后输送至曝气好氧柱内，水力停留时间为 24h。接上曝气管，此后连续进水使厌氧池出水，气水比均为 1∶1；在第二至第三周内，水力停留时间为 16h；在开始二周内，也始终向废水中投加适量的 NH_4Cl 和 NaH_2PO_4，以补充微生物生长所需的氮和磷。运行三周后会发现池内填料上出现黄褐色的膜状物质，COD 去除率大于 30%，此时生物滤池启动完成。

在驯化过程中，不适应废水的生物逐渐淘汰和消亡，适应废水的微生物逐渐发育繁殖；在驯化结束后，形成适应废水的生物群。

6）系统运行正常后，将原水引入，在 HRT = 6h 时运行 6d，HRT = 8h 和 9h 时各运行 5d，总计 16d，不排泥。测定进水、厌氧池出水(溢流槽)、MBR 上清液和出水的水质指标，并通过 COD_{Cr} 去除率的变化找出最佳 HRT。

5. 实验记录与数据处理

(1)染料标准曲线的测定

1）染料最大吸收波长的确定(表 3-21)：

表 3-21 染料最大吸收波长的确定

序号	1	2	3	4	5	6	7	8	9	10	11
波长/nm											
吸光度											

最大吸收波长为______________。

2）染料标准曲线的测定(表 3-22)：

表 3-22 染料标准曲线的测定

序号	1	2	3	4	5
浓度/(mg/L)					
吸光度					

(2) 实验结果记录(表 3-23)

表 3-23 厌氧/好氧 MBR 组合工艺实验结果

项目	pH 值	*COD*/(mg/L)	染料浓度	浊度
原水				
出水				

(3) 数据处理

1) 绘制染料浓度的标准曲线，计算回归方程及相关系数；

2) 计算 COD 的去除率；

3) 计算染料的去除率。

6. 思考题

1) 实验过程中哪些因素对厌氧、好氧、MBR 组合工艺去除 COD 影响较大?

2) 对膜进行物理清洗和化学清洗是否能使膜恢复如初? 哪种方法更为有效?

3) 在日常维护时应特别注意哪些事项?

【拓展阅读】

扎实推进碧水保卫战

2022 年，有关部门印发《国务院办公厅关于加强入河入海排污口监督管理工作的实施意见》《深入打好长江保护修复攻坚战行动方案》《黄河生态保护治理攻坚战行动方案》等文件，持续推进全国入河排污口排查整治工作。截至 2022 年底，全国累计排查河湖岸线 24.5 万 km，排查出入河排污口 16.6 万余个，已整治约 30%。制定印发《流域海域局入河排污口审批权限划分方案》，大力推行“一网通办”，便民惠企，让群众少跑路，让信息多跑腿。2022 年，各级生态环境部门共审批入河排污口 2600 余个。深化工业园区水污染防治。开展长江经济带工业园区水污染整治专项行动，推动 1174 家工业园区建成 1549 座污水集中处理设施，解决了污水管网不完善、违法排污等问题 400 余个。深入实施沿黄河省区工业园区水污染整治，推动 756 家工业园区建成 976 座污水集中处理设施。指导各地因地制宜推进总磷污染控制工作，湖北、湖南、江西、江苏、贵州和广西 6 省(区)印发总磷污染控制方案，补齐医疗机构污水处理设施短板，累计排查医疗机构 2.4 万余家，发现问题 6400 余个，指导督促各地推动问题整改。实施 2022 年城市黑臭水体整治环境保护行动，推动全国地级及以上城市黑臭水体治理成效进一步巩固，县级城市黑臭水体消除比例完成年度目标任务的 40%。开展区域再生水循环利用试点，发布首批 19 个试点城市清单。积极推动全国乡镇级集中式饮用水水源保护区划定工作，截至 2022 年底，全国累计完成 19633 个乡镇级集中式饮用水水源保护区划定。

(选自 2022 年中国生态环境状况公报)

深入推进碧水保卫战

2023 年，有关部门印发实施《重点流域水生态环境保护规划》，出台《长江流域水生态考核指标评分细则(试行)》，开展长江流域水生态评估，指导长江流域 19 省市制定总磷污染控制方案，持续开展长江经济带工业园区水污染整治专项行动。持续推进入河入海排污口排查整治和规范化建设，累计排查入河排污口 25 万余个，约 1/3 完成整改。印发《关于进一步做好黑臭水体整治环境保护工作的通知》，对城市黑臭水体整治成效开展国家抽查，跟踪督办发现的 183 个突出问题，推动县级城市黑臭水体消除比例达到 70% 以上。指导东部七省率先开展县城黑臭水体排查整治，全国县城黑臭水体清单初步建立。持续推进全国城市集中式饮用水水源地规范化建设和乡镇级集中式饮用水水源保护区划定、立标工作。推动入海河流总氮减排，50 余条入海河流印发实施“一河一策”治理方案，与 2022 年相比，全国入海河流国控断面总氮平均浓度下降 12.2%，环渤海入海河流国控断面总氮平均浓度下降 19.9%。

（选自 2023 年中国生态环境状况公报）

扫码获取更多知识

污水微生物处理实验

学习目的

1. 掌握污水处理微生物实验基本方法；
2. 学会使用微生物实验仪器，并掌握实验操作规范；
3. 了解污水微生物处理新技术。

4.1 光学显微镜的结构和使用

1. 实验目的

1）熟悉普通光学显微镜的构造及各个部分的功能；

2）学习显微镜的正确使用方法；

3）学习并掌握油镜的原理和使用方法。

2. 实验原理

由于微生物个体极小，人们必须借助显微镜才能观察到它们的形态。熟悉和掌握显微镜的基本原理与操作是微生物研究工作的基本技能。显微镜一般可分为光学显微镜和电子显微镜两大类，这两类显微镜又可根据不同的情况分成若干类型。光学显微镜由机械装置和光学系统两大部分组成。

（1）机械装置

1）镜座(base)、镜柱和镜臂(arm)。镜座位于显微镜底部，支持整个镜体。镜柱为镜座上面直立的短柱，支持镜体上部的各部分。镜臂弯曲如臂，下连镜柱，上连镜筒，有固定式和活动式两种，活动式的镜臂可改变角度。

2）镜筒(bodytube)。镜筒是由金属制成的圆筒，上接目镜，下接转换器。镜筒有单筒和双筒两种。目前常见的是倾斜式的双筒，镜筒倾斜45°。双筒中的一个目镜有屈光度调节装置，以备在两眼视力不同的情况下调节使用。

3）转换器(nosepiece)。转换器为两个金属碟所合成的一个转盘，接于镜筒下端，可自由转动，盘上装有3~4个物镜，可使每个物镜通过镜筒与目镜构成一个放大系统。

4）载物台(stage)。载物台又称镜台，为放置玻片标本的平台，中心有一个通光孔。两旁装有压片夹，用以固定标本；有的装有标本推动器，将标本固定后，调节移动器上的螺旋可使标本前、后、左、右移动。有的推动器上还有刻度，能确定标本的位置，便于重复观察。

5）调焦装置。调焦装置是调节物镜和标本间距离的机件，有粗动螺旋(coarse adjustment)即粗调节器和微动螺旋(fine adjustment)即细调节器，旋转时可使镜筒上升或下降，用于调节物镜和标本间的距离，使物象清晰。

（2）光学系统

1）物镜(objective)。因接近被观察的物体，物镜又称接物镜。物镜的结构复杂，制作精密，通常由透镜组合而成，是显微镜最重要的光学部件，利用光线使被检物体第一次成像，因而直接关系和影响成像的质量和各项光学技术参数，是衡量一台显微镜质量的首要标准。物镜的主要参数包括：放大倍数、数值孔径和工作距离。镜筒下端的旋转器上，一般有3~4个物镜，其中最短的刻有“10×”符号的为低倍镜，较长的刻有“40×”符号的为高倍镜，最长的刻有“100×”符号的为油镜，此外，在高倍镜和油镜上还常加有一圈不同颜色的线，以示区别。

2）目镜(ocular lens)。目镜通常由上下两组透镜组成，位于上面的叫目透镜，起放大作用；下面的叫会聚透镜或场镜，使映像亮度均匀。目镜是将已被物镜放大的、分辨清晰的实像进一步放大，达到人眼容易分辨的程度，上面一般标有“7×、10×、15×”等放大倍数，可根据需要选用。一般可按与物镜放大倍数的乘积为物镜数值孔径的500~700倍，最大也不能超过1000倍的选择。目镜的放大倍数过大，反而影响观察效果。

3）聚光器(condenser)。聚光器也叫作集光器，位于标本下方的聚光器支架上，可上下移动，当用低倍物镜时聚光器应下降，而用油镜时则聚光器应升到最高的位置。聚光器由聚光镜和虹彩光圈(irisdiaphragm)组成，聚光镜由透镜组成，其数值孔径可大于1，当使用大于1的聚光镜时，需在聚光镜和载玻片之间加香柏油，否则只能达到1.0。虹彩光圈由薄金属片组成，中心形成圆孔，推动把手可随意调整透进光的强弱。调节聚光镜的高度和虹彩光圈的大小，可得到适当的光照和清晰的图像。

4）光源(light source)。较新式的显微镜其光源通常是安装在显微镜的镜座内，通过按钮开关来控制；老式的显微镜大多是采用附着在镜臂上的反光镜，反光镜是一个两面镜子，一面是平面，另一面是凹面。在使用低倍镜和高倍镜观察时，用平面反光镜；使用油镜或光线弱时可用凹面反光镜。

5）滤光片(filter)。滤光片安装在光源和聚光器之间，作用是让所选择的某一波段的光线通过，而吸收掉其他的光线，即改变了光线的光谱成分或削弱光的强度。滤光片有紫、青、蓝、绿、黄、橙、红等各种颜色的，分别透过不同波长的可见光，可根据标本本身的颜色，在聚光器下加相应的滤光片。

3. 实验设备与试剂

1）菌体材料：金黄色葡萄球菌染色涂片标本、枯草芽孢杆菌染色涂片标本。

2）试剂：香柏油、二甲苯、碘液。

3）仪器、器皿及其他：普通光学显微镜(如图4-1所示)、擦镜纸、载玻片、盖玻片、表面皿、镊子、剪刀等。

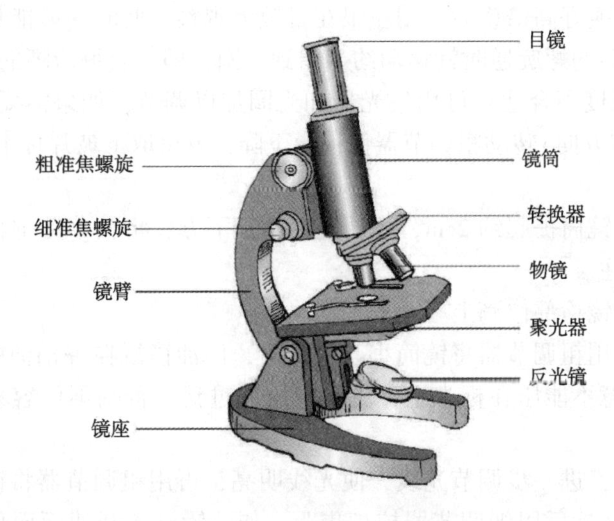

图4-1　普通光学显微镜

4. 实验步骤

（1）低倍镜观察

1）取镜和放置：生物显微镜平时存放在柜或箱中，用时从柜中取出，右手紧握镜臂，左手托住镜座，将显微镜放在自己左肩前方的实验台上，镜座后端距桌边1～2in(1in = 25.4mm)为宜，便于坐着操作。

2）对光：用拇指和中指移动旋转器(切忌手持物镜移动)，使低倍镜对准镜台的通光孔(当转动听到碰叩声时，说明物镜光轴已对准镜筒中心)。打开光圈，上升集光器，并将反光镜转向光源，以左眼在目镜上观察(右眼睁开)，同时调节反光镜方向，直到视野内的光线均匀明亮为止。

3）放置玻片标本：金黄色葡萄球菌染色标本放在镜台上，一定使有盖玻片的一面朝上，切不可放反，用推片器弹簧夹夹住，然后旋转推片器螺旋，将所要观察的部位调到通光孔的正中。

4）调节焦距：以左手按逆时针方向转动粗调节器，使镜台缓慢地上升至物镜距标本片约5mm处，应注意在上升镜台时，切勿在目镜上观察。一定要从右侧看着镜台上升，以免上升过多，造成镜头或标本片的损坏。然后，两眼同时睁开，用左眼在目镜上观察，左手顺时针方向缓慢转动粗调节器，使镜台缓慢下降，直到视野中出现清晰的物像为止。

如果物像不在视野中心，可调节推片器将其调到中心(注意移动玻片的方向与视野物像移动的方向是相反的)。如果视野内的亮度不合适，可通过升降集光器的位置或开闭光圈的大小来调节，如果在调节焦距时，镜台下降已超过工作距离(>5.40mm)而未见到物像，说明此次操作失败，则应重新操作，切不可心急而盲目地上升镜台。

（2）高倍镜观察

1）选好目标：一定要先在低倍镜下把需进一步观察的部位调到中心，同时把物像调节到最清晰的程度，才能进行高倍镜的观察。

2）转动转换器，调换上高倍镜头，转换高倍镜时转动速度要慢，并从侧面进行观察（防止高倍镜头碰撞玻片），如高倍镜头碰到玻片，说明低倍镜的焦距没有调好，应重新操作。

3）调节焦距：转换好高倍镜后，用左眼在目镜上观察，此时一般能见到一个不太清楚的物像，可将细调节器的螺旋逆时针移动约半圈到一圈，即可获得清晰的物像（切勿用粗调节器）。如果视野的亮度不合适，可用集光器和光圈加以调节，如果需要更换玻片标本时，必须顺时针（切勿转错方向）转动粗调节器使镜台下降，方可取下玻片标本。

（3）油镜观察

1）用粗调节器将镜筒提起约2cm，将油镜转至正下方，将枯草芽孢杆菌染色标本置于镜台上，用标本夹夹住。

2）在玻片标本的镜检部位滴上一滴香柏油。

3）从侧面注视，用粗调节器将镜筒小心地降下，使油镜浸在香柏油中，其镜头几乎与标本相接，应特别注意不能压在标本上，更不可用力过猛，否则不仅容易压碎玻片，也会损坏镜头。

4）从目镜内观察，进一步调节光线，使光线明亮，再用粗调节器将镜筒徐徐上升，直至视野出现物像为止，然后用细调节器校正焦距。如油镜已离开油面而仍未见物像，必须再从侧面观察，将油镜降下，重复操作至看清物像为止。

5）观察完毕，上旋镜筒。先用擦镜纸拭去镜头上的油，然后用擦镜纸蘸少许二甲苯（香柏油溶于二甲苯）擦去镜头上残留油迹，最后再用干净擦镜纸擦去残留的二甲苯。切忌用手或其他纸擦镜头，以免损坏镜头。用绸布擦净显微镜的金属部件。

6）将各部分还原，反光镜垂直于镜座，将接物镜转成八字形，再向下旋。同时把聚光镜降下，以免接物镜与聚光镜发生碰撞危险。

（4）显微镜保养和使用中的注意事项

1）不准擅自拆卸显微镜的任何部件，以免损坏。

2）镜面只能用擦镜纸擦，不能用手指或粗布，以保证光洁度。

3）观察标本时，必须依次用低、中、高倍镜，最后用油镜。当目视接目镜时，特别在使用油镜时，切不可使用粗调节器，以免压碎玻片或损伤镜面。

4）观察时，两眼睁开，养成两眼能够轮换观察的习惯，以免眼睛疲劳，并且能够在左眼观察时，右眼注视绘图。

5）拿显微镜时，一定要右手拿镜臂，左手托镜座，不可单手拿，更不可倾斜拿。

6）显微镜应存放在阴凉干燥处，以免镜片滋生霉菌而腐蚀镜片。

5. 实验记录

分别描述并绘出在低倍镜、高倍镜和油镜下观察到的枯草芽孢杆菌状态，同时注明物镜放大倍数和总放大率。

6. 思考题

1）显微镜的构造分哪几部分？各部分有什么作用？

2）如何计算显微镜的放大倍数？你现在所使用的显微镜可以放大多少倍？

3）在使用高倍镜和油镜进行调焦时，应怎么调节？

4）用油镜观察时，为什么要在载玻片上滴加香柏油？

4.2 藻类及微型动物的形态观察

1. 实验目的

1）识别水体中常见的蓝细菌及藻类的形态；

2）观察和识别活性污泥中常见的微型动物形态，并了解其在水处理中的作用；

3）进一步掌握显微镜的使用方法。

2. 实验原理

藻类是一类光能自养代谢、单细胞或简单的多细胞群体形式生活的低等植物。藻类分为淡水藻类和海洋藻类，淡水藻类包括蓝藻、绿藻、硅藻以及金藻和裸藻等种属。每个种属的藻类有固定的形态和颜色，是鉴定其类别的重要依据。在水处理中可利用藻类净化污水，但是在水库、湖泊中由于氮、磷营养元素的增加会导致藻类尤其是蓝藻的大量繁殖，引起水体溶解氧减少，出现鱼类大量死亡、水质恶化等现象。

水生微型动物是指生活在水中的微小动物，这些微小生物主要包括原生动物、轮虫、线虫、腹毛虫、寡毛类、甲壳类等。它们占据着各自的生态位，彼此间有复杂的相互作用，构成特定的群落。在工业废水的生物处理中，有的微型动物对处理效果有指示作用，比如在较清洁的水体中往往会出现轮虫和钟虫。直接观察微型动物种类组成、数量、生长和变化状况，能间接地评价污水处理过程和处理效果，对生产起指导作用。

3. 实验仪器与材料

1）材料：藻类样品(取自水塘或氧化塘)、活性污泥混合液(取自污水曝气池)。

2）培养基/试剂：鲁哥碘液、福尔马林溶液。

3）仪器：显微镜、25号浮游生物计数框、载玻片、盖玻片、滴管、吸水纸、擦镜纸。

4. 操作步骤

(1) 藻类的观察

1）从水塘或氧化塘水面以下0.5m处采集水样，用吸管吸少许含有藻类的水样，放一滴在载玻片中央，盖上盖玻片，片内不能有气泡产生，用吸水纸吸去盖玻片上面和周围多余的水分。

2）将制备好的标本片放在载物台上，先在低倍镜下观察，后在高倍镜下观察各种藻类的色泽、形态、结构。

3）对照藻类鉴定手册，初步分析所观察藻类的种属，并绘制其生物图。

(2) 微型动物的观察

1）用滴管吸取活性污泥混合液放1~2滴于载玻片中央，盖上盖玻片，注意不要产生气泡，用吸水纸吸去盖玻片周围多余的水分。

2）在低倍镜下观察微型动物的种类、活动状况，并识别试样中出现的微型动物。

注：由于有些微型动物游动迅速，给观察带来困难，此时可用鲁哥碘液或福尔马林溶液固定。操作方法：在标本盖玻片一侧与载玻片交界处滴加2~3滴鲁哥碘液，然后在盖玻片另一侧用吸水纸吸去水分，直到吸水纸上出现碘液颜色，从而使鲁哥碘液缓慢通过标本。

5. 实验记录

记录实验现象并绘制显微镜下观察到的藻类及微型动物的形态结构图。

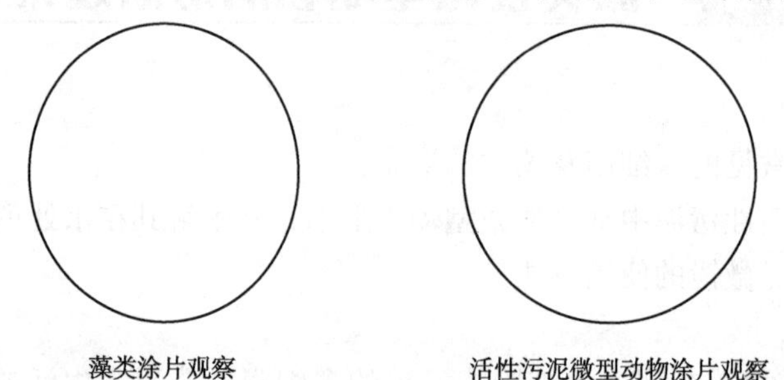

6. 思考题

1）藻类中哪些种类容易导致水体发生水华？

2）原生动物分为几类？其在水体自净和污水生物处理中如何起指示作用？

4.3 活性污泥菌胶团及生物膜生物相观察

1. 实验目的

1）学习并观察活性污泥(或生物膜)中微生物的种类及形状；

2）掌握丝状菌的染色和观察方法；

3）观察活性污泥中的絮绒体及生物相，初步判断污水处理的运行状况是否正常。

2. 实验原理

活性污泥和生物膜中的生物相比较复杂，以细菌、原生动物为主，还有真菌、后生动物等，这些微生物有较强的吸附和氧化有机物的能力。某些细菌能分泌胶黏物质形成菌胶团，而菌胶团是活性污泥和生物膜的重要组成部分，其絮粒的大小、形状、结构的紧密程度、构成菌胶团细菌与丝状菌的比例及其生长情况能很好地反映污水处理状况。

原生动物常作为污水净化指标，当固着型纤毛虫占优势时，一般认为污水处理运转正常。但当后生动物轮虫等大量出现时，意味着污泥极度衰亡。丝状微生物构成污泥絮绒体的骨架，少数伸出絮绒体外，胶团菌附着于其上，丝状菌本身也具有很强的氧化分解有机物的能力。但当污水处理系统溶解氧低，营养失衡时，它们将大量繁殖，常可造成污泥膨胀或污泥松散，使污泥池运转失常。

3. 实验仪器与材料

1）菌体材料：取自污水处理厂的活性污泥或生物膜。

2）仪器：显微镜、目镜测微尺、量筒、吸管、载玻片、盖玻片、烧杯、滴管、镊子等。

4. 实验步骤

1）肉眼观察：取活性污泥曝气池的混合液 100mL 置于量筒内，观察活性污泥在量筒中呈现的絮绒体外观及沉降性能(30min 沉降后的污泥体积)。

2）制片：在观察活性污泥时，用滴管吸取活性污泥曝气池混合液沉淀后的沉淀污泥 1~2 滴滴于载玻片上，加盖玻片制成水浸标本片，注意不要产生气泡；在观察生物膜时，可用镊子从填料上刮取一小块生物膜，用蒸馏水稀释，制成菌液，再按与活性污泥相同的步骤制备标本。

3）镜检：在显微镜下观察生物相，先在低倍镜下观察生物相的全貌，再在高倍镜下观察菌胶团的厚薄和色泽、新生菌胶团出现的比例以及丝状菌结构。

① 污泥菌胶团絮绒体：形状、大小（大、中、细小颗粒污泥的絮体平均直径分别为>500μm、150~500μm和<150μm）、稠密度、折光性、游离细菌多少等。

② 丝状微生物：低倍镜观察丝状菌的数量，根据活性污泥中丝状菌和菌胶团细菌的比例，可将丝状菌分成五个等级（0级：污泥中几乎无丝状菌存在；±级：污泥中存在少量丝状菌；+级：存在中等数量的丝状菌，总量少于菌胶团细菌；++级：存在大量丝状菌，总量与菌胶团细菌大致相等；+++级：污泥絮粒以丝状菌为骨架，数量超过菌胶团细菌而占优势）。高倍镜下观察丝状菌是否存在假分支和衣鞘以及丝状体的长短、形状和细胞的直径。

③ 微型动物：识别其中原生动物、后生动物的种类。

5. 实验记录

将镜检结果填入表4-1。

表4-1　镜检结果

絮绒体形态	圆形；不规则形
絮绒体结构	开放；封闭
絮绒体紧密度	紧密；疏松
丝状菌数量	0；±；+；++；+++
游离细菌	几乎不见；少；多
优势种微型动物名称及状态描述	
其他微型动物种名称	
每滴稀释液中的微型动物数	
每毫升混合液中的微型动物数	

6. 思考题

1）在观察活性污泥和生物膜生物相过程中，有哪些注意事项？

2）污水处理中，丝状菌起什么作用？

4.4　革兰染色实验

1. 实验目的

1）学习并掌握无菌操作技术；

2）学习革兰氏染色方法，并能正确染色，掌握革兰氏染色原理；

3）进一步巩固显微镜的调节、使用方法。

2. 实验原理

细菌菌体微小而且折射率低，在显微镜下特别是在油浸物镜下几乎与背景无反差，很难看清楚，如将其染色，使折射率增大，以便容易观察。由于菌体的性质及各部分对某些染料的着色性不同，因此可以利用不同的染色方法来区别不同的细菌及其结构。

革兰染色法是细菌学中使用最广泛的一种鉴别染色法。它是 1884 年由丹麦病理学家 Christain Gram 创立的，而后一些学者在此基础上作了某些改进。革兰氏染色法(Gramstain)不仅能观察到细菌的形态，还可将所有细菌区分为两大类：革兰氏阳性细菌(G^+)和革兰氏阴性细菌(G^-)。其染色方法是先将细菌用结晶紫染色，加媒染剂(增加染料和细胞的亲和力)后，用脱色剂(酒精或丙酮)脱色，再用复染剂染色。如果细菌不被脱色而保存原染液颜色者为革兰阳性菌(G^+)；如果细菌被脱色，而染上复染液的颜色，则为革兰阴性菌(G^-)。细菌对于革兰氏染色的不同反应，是由于它们细胞壁的成分和结构不同而造成的。

（1）革兰氏阳性菌

细胞壁较厚，肽聚糖含量多，且交联度大，脂类含量少，经 95% 乙醇脱色时，肽聚糖层的孔径变小，通透性降低，与细胞结合的结晶紫与碘的复合物不易被脱掉，因此细胞仍保留初染时的颜色，如图 4-2 所示。

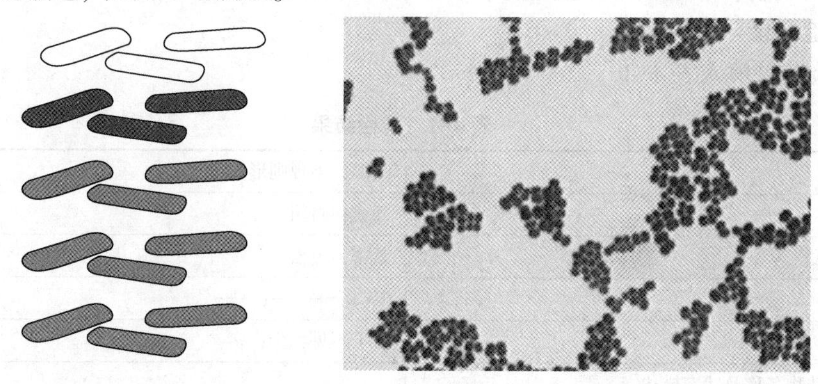

图 4-2　革兰氏阳性菌 G^+(被酒精脱色保留紫色)

（2）革兰氏阴性菌

细胞壁肽聚糖层薄，含量少，而类脂含量较高，经乙醇处理后，类脂被溶解，细胞壁孔径变大，通透性增加，结晶紫与碘的复合物被溶解析出而脱色，再经番红液复染后细胞呈红色，如图 4-3 所示。

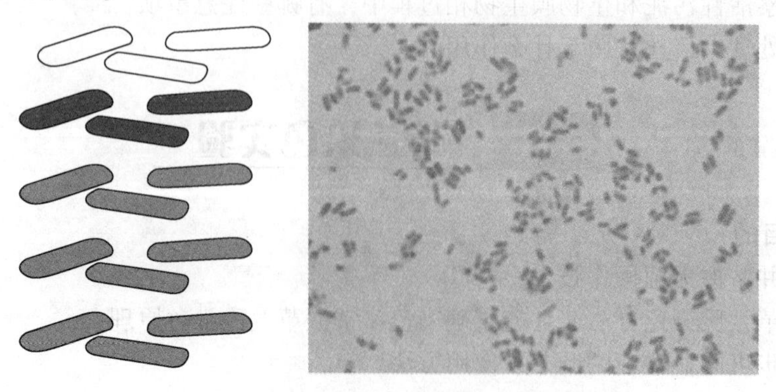

图 4-3　革兰氏阴性菌 G^-(被酒精脱色染成红色)

(3) 染色过程

涂片(大肠杆菌或枯草芽孢杆菌)→干燥→固定→初染(结晶紫染色 1min)→媒染(碘 1min)→水洗→95%乙醇脱色(1min)→复染(番红染色 1min)→干燥→镜检(油镜)。

(4) 注意事项

1) 菌种应选用对数期的菌种;

2) 涂片不宜过厚,薄而均匀为好;

3) 脱色不足或脱色过度均会造成革兰染色的假阳性或假阴性,脱色时间取决于涂片厚度、室温等。

3. 实验仪器与试剂

仪器:载玻片、接种环、酒精灯、显微镜。

试剂:大肠杆菌(escherichia coli),枯草芽孢杆菌(bacillus subtilis);结晶紫、草酸铵、碘液、95%乙醇、番红液、香柏油、二甲苯、生理盐水。

4. 操作步骤

(1) 标本的制备

1) 涂片:取玻片在火焰上稍微加温,以清洁纱布擦净,用无菌接种环取生理盐水一滴,置于载玻片的中央,再用灭菌后的接种环取斜面培养的枯草芽孢杆菌或大肠杆菌少许与盐水混匀,涂片应厚薄均匀。

注意:菌龄影响染色结果,如阳性菌培养时间过长、已死亡或部分菌已自行溶解,将呈阴性反应,因此要用活跃生长期的幼培养物作革兰氏染色;另外涂片不可过厚,以免脱色不完全造成假阳性。

2) 干燥:目的是将菌液水分慢慢蒸发,固定菌形。涂片最好在室温中自然干燥,或将标本面向上,置于离酒精灯火焰约 16cm 高处缓慢烘干,切不可放在火焰上烧干。

3) 固定:手持载玻片一端,标本面向上,在火焰外层快速地来回通过三次,待载玻片冷却后方可染色。其目的是使细菌的细胞凝固,固定其细胞结构;使菌体与载玻片黏附较牢以免水洗时被冲掉;改变对染料的通透性,活的细菌一般不能使许多染料进入细胞。

(2) 染色

1) 初染:滴加结晶紫溶液盖满涂抹面,染色 1~3min,用流水缓缓冲洗直至无颜色流下为止。

2) 媒染:滴加碘液染色 1~2min,再按上法冲洗,并将片上积水轻轻擦净。

3) 脱色:用滤纸吸去载玻片上面的残水,用 95%酒精滴洗至流出酒精刚刚不出现紫色时为止,立即用水冲洗酒精。革兰氏染色结果是否正确,乙醇脱色是关键环节。脱色不足,阴性菌被误染成阳性菌,脱色过度,阳性菌被误染成阴性菌。脱色时间约 20~30s。

4) 复染:用番红液复染 1~2min,水洗。

5) 镜检:干燥后,置油镜观察。革兰氏阴性菌呈红色,革兰氏阳性菌呈紫色。以分散开的细菌的革兰氏染色反应为准,过于密集的细菌,常易呈假阳性。

革兰氏染色过程如图 4-4 所示。

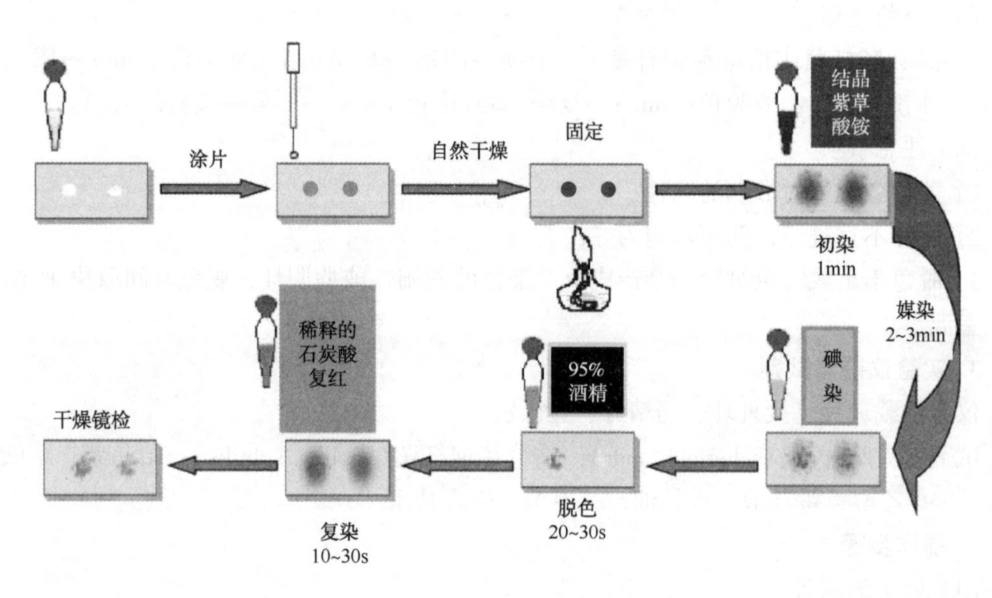

图 4-4　革兰氏染色过程

5. 实验记录

1）观察革兰氏染色制片中，大肠杆菌和枯草芽孢杆菌各染成什么颜色；并判断它们是革兰氏阴性菌还是革兰氏阳性菌。

2）绘出用革兰氏染色法染出的细菌形态图。

6. 思考题

1）革兰氏染色的关键步骤是什么？

2）当对未知菌进行革兰氏染色时，怎样保证操作正确，结果可靠？

3）进行革兰氏染色时应注意哪些事项？

4）进行革兰氏染色时为什么特别强调菌龄不能太老，用老龄细菌染色会出现什么问题？

4.5　微生物培养基的制备与灭菌

1. 实验目的

1）掌握实验室常用玻璃器皿的清洗、干燥和包扎方法；

2）学习培养基的配制原理，掌握配制培养基的一般方法和步骤；

3）了解湿热和干热灭菌的原理，并掌握相关的操作技术；

4）熟悉并掌握高压灭菌器的安全操作方法。

2. 实验原理

培养基(medium)是用人工的办法将多种营养物质按微生物生长代谢的需要配制成的一种营养基质。由于微生物种类繁多，对营养物质的需求各异，加之实验和研究的目的不同，所以培养基在组成上也各有差异，如培养细菌常用牛肉膏蛋白胨培养基和 LB 培养基，培养霉菌常用蔡氏培养基或马铃薯葡萄糖培养基(PDA)，培养酵母菌常用麦芽汁培养基或马铃薯葡萄糖培养基(PDA)。就培养基中的营养物质而言，一般不外乎水分、碳源、氮源、无机盐、生长因素以及某些特需的微量元素等。培养基的种类很多，按照配制培养基的营养物质来源，可分为天然培养基、合成培养基和半合成培养基；按物理形态可分为固体培养基、半固体培养基和液体培养基；按照培养基的用途，可分为基础培养基、鉴别培养基和选择培养基。

配制培养基时不仅要满足微生物所必需的营养物质，还要求有一定的酸碱度和渗透压。霉菌和酵母菌的 pH 值偏酸；细菌的 pH 值为微碱性。所以每次配制培养基时，都要将培养基的 pH 值调到一定的范围。常用微生物培养基的配方如下：

牛肉膏蛋白胨培养基配方(一种天然培养基，用于分离和培养细菌)：

牛肉膏	3.0g
胰蛋白胨(tryptone)	10.0g
NaCl	5.0g
琼脂粉(agar)	20.0g
去离子水	1000mL
pH 值	7.2~7.4

摇动容器直至溶质溶解，用 NaOH 调 pH 值，用去离子水定容至 1L，在 121℃下灭菌 20min。

酵母膏蛋白胨琼脂培养基配方(一种天然培养基，可用于培养酵母菌与霉菌)：

酵母膏	10g
蛋白胨	10g
葡萄糖	20g
琼脂	20g
水	1000mL
pH 值	自然
灭菌	121℃、20min

葡萄糖蛋白胨水培养基配方(一种液体、鉴别培养基，用于大肠菌群的生理生化鉴定)：

磷酸氢二钾	2g
葡萄糖	5g
蛋白胨	5g
琼脂	20g
蒸馏水	1000mL
pH 值	7.0~7.2

分装试管后，于 112℃、30min 灭菌。

察氏培养基配方(自然 pH 值)：

蔗糖(glucose)	30.0g
$NaNO_3$	2.0g
K_2HPO_4	1.0g

KCl	0.5g
$MgSO_4 \cdot 7H_2O$	0.5g
$FeSO_4 \cdot 7H_2O$	0.01g
琼脂粉(agar)	20.0g
去离子水	1000mL

琼脂只是固体培养基的支持物，一般不为微生物所利用。它在高温下熔化成液体，而在45℃左右开始凝固成固体。在配制培养基时，根据各类微生物的特点，就可以配制出适合不同种类微生物生长发育所需要的培养基。

灭菌是指杀灭物体中所有微生物的繁殖体和芽孢的过程。消毒是指用物理、化学或生物的方法杀死病原微生物的过程。灭菌的原理就是使蛋白质和核酸等生物大分子发生变性，从而达到灭菌的作用，微生物实验要求在无菌条件下进行，因此实验用的器皿、培养基等都要预先灭菌后方可使用。实验室中最常用的灭菌方法就是干热灭菌和湿热灭菌。

（1）干热灭菌

干热灭菌是利用高温使微生物细胞内的蛋白质凝固变性而达到灭菌的目的。细胞内的蛋白质凝固性与其本身的含水量有关，在菌体受热时，环境和细胞内含水量越大，则蛋白质凝固就越快；反之含水量越小，凝固缓慢。因此，与湿热灭菌相比，干热灭菌所需温度高、时间长。通常是将灭菌物品置于鼓风干燥箱内，在160~170℃加热1~2h，灭菌时间可根据灭菌物品性质与体积作适当调整，以达到灭菌目的。玻璃器皿(如吸管、培养皿等)、金属用具等凡不适于用其他方法灭菌而又能耐高温的物品都可用此法灭菌；但是，培养基、橡胶制品、塑料制品等不能使用干热灭菌。

注意事项：

1）灭菌的玻璃器皿切不可有水，有水的玻璃器皿在干热灭菌中容易炸裂；

2)灭菌物品不能堆得太满、太紧，以免影响温度均匀上升；

3)灭菌物品不能直接放在电烘箱底板上，以防止包装纸或棉花被烤焦；

4）灭菌温度恒定在160~170℃为宜，温度超过180℃，棉花、报纸会烧焦甚至燃烧；

5）降温时，需待温度自然降至60℃以下才能打开箱门取出物品，以免因温度过高而骤然降温导致玻璃器皿炸裂。

（2）湿热灭菌

湿热灭菌法比干热灭菌法更有效。湿热灭菌是利用热蒸汽灭菌。在相同温度下，湿热的效力比干热灭菌好的原因是：①热蒸汽对细胞成分的破坏作用更强。水分子的存在有助于破坏维持蛋白质三维结构的氢键，更易使蛋白质变性。②热蒸汽比热空气穿透力强，能更加有效地杀灭微生物。③蒸汽存在潜热，当气体转变为液体时可放出大量热量，故可迅速提高灭菌物体的温度。

湿热灭菌法分为常压蒸汽灭菌和高压蒸汽灭菌，实验室主要采用高压蒸汽灭菌。

高压蒸汽灭菌是在密闭的高压蒸汽灭菌器(锅)中进行的。其原理是：将待灭菌的物品放置在盛有适量水的高压蒸汽灭菌锅内。把锅内的水加热煮沸，并把其中原有的冷空气彻底驱尽后将锅密闭，再继续加热就会使锅内的蒸汽压逐渐上升，温度也随之上升到100℃以上，当蒸汽压达到0.103MPa时，锅内温度可达到121℃，一般维持20min，即可杀死一切微生物的营养体或芽孢，达到彻底灭菌的目的。也可采用在较低的温度（115℃，即0.075MPa）下维持30min的方法。

注意：高压蒸汽灭菌之前，要将锅内冷空气排净。

3. 实验仪器与试剂

1）试剂：1mol/L的NaOH，1mol/L的HCl，各类培养基的配方药品。

2）仪器及玻璃器皿：电子天平、高压蒸汽灭菌锅、超净工作台、移液管、试管、烧杯、量筒、三角瓶、培养皿和玻璃棒等。

3）其他物品：药匙、称量纸、pH试纸、记号笔、棉花、报纸、线绳和注射器等。

4. 实验步骤

1）准备：玻璃器皿在使用前必须用洗涤剂洗刷干净，然后用自来水冲净，置于烘箱中烘干后备用。

2）称量：按培养基配方计算出各成分的用量，然后用电子天平进行准确称量后倒入一烧杯中。

注意：称量药品时，一定要用称量纸而不能用滤纸。称药品用的药匙不要混用，称完药品应及时盖紧瓶盖。

3）溶解：在上述烧杯中可先加入少量的水（根据实验需要可用自来水或蒸馏水），用玻璃棒搅动溶解，待药品完全溶解后，补充水分到所需的总体积。

4）调pH值：一般先用pH试纸测定培养基的原始pH值，根据测得pH值逐滴加入1mol/L NaOH溶液或1mol/L HCl溶液，边加边搅拌，防止局部过酸或过碱，破坏培养基中成分。并不时用pH试纸测试，直至达到所需pH值为止。

注意：pH值不要调过头，以免回调而影响培养基内各离子的浓度。

5）分装：按实验要求，将配制的培养基分装入试管内或三角瓶内。分装过程中注意不要使培养基粘在管口或瓶口上，以免玷污棉塞而引起污染。分装试管，其装量不超过管高的1/5，灭菌后制成斜面，如图4-5所示；分装三角瓶的量不超过容积一半。

6）加塞：培养基分装完毕后，在试管口或三角瓶口上塞上棉塞，以阻止外界微生物进入培养基内而造成污染，并保证有良好的通气性能。应使棉塞长度的1/3在试管口外，2/3在试管口内，如图4-6所示。

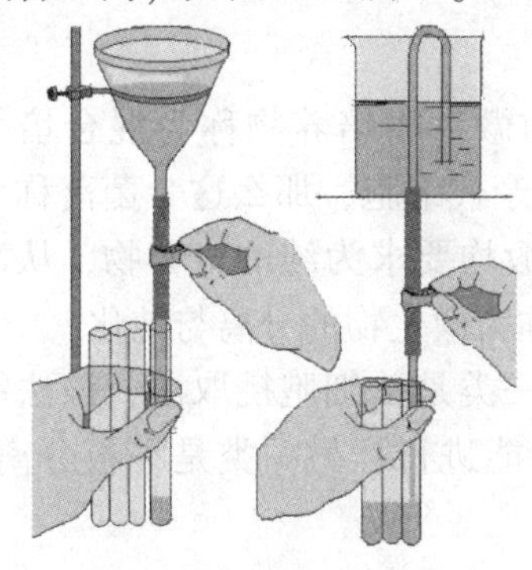

图4-5　培养基分装示意图

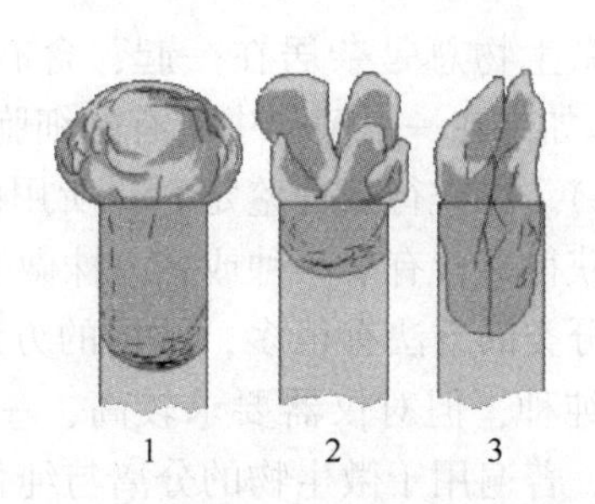

图4-6　培养基加塞示意图

1—正确；2—管内部分太短，外部太松；3—外部过小

7）包扎：加塞后，将全部试管用橡皮筋捆扎好，再在棉塞外包一层牛皮纸或报纸，以防止灭菌时冷凝水润湿棉塞，其外再用橡皮筋扎好。用记号笔注明培养基名称、日期。

8）灭菌：采用立式高压灭菌器，其操作程序如下：

加水→堆放→密封→设置灭菌时间→预置灭菌温度→加热(排放冷空气)→灭菌→结束。

9）搁置斜面：灭菌后，趁热将试管口端搁在一根长木条上，并调整斜度，使斜面的长度不超过试管总长的1/2。

10）培养基的灭菌检查：灭菌后的培养基，一般需进行无菌检查。最好取出1~2管(瓶)，置于37℃温箱中培养1~2天，确定无菌后方可使用。

5. 实验记录

1）记录本实验配制培养基的名称、数量，并图解说明其配制过程，指明要点。

2）记录所做培养基的无菌检查结果。

6. 思考题

1）为什么微生物实验室所用的三角瓶口或试管口都要塞上棉塞才能使用？能否用木塞代替？

2）配制培养基时为什么要调节pH值？

3）高压蒸汽灭菌的原理是什么？为什么高压蒸汽灭菌比干热灭菌要求温度低、时间短？

4）培养基配制完成后，为什么必须立即灭菌？若不能及时灭菌应如何处理？已灭菌的培养基如何进行无菌检查？

4.6 微生物的纯种分离及培养技术

1. 实验目的

1）掌握倒平板的方法和几种常用的分离纯化微生物的基本操作技术；

2）了解不同的微生物菌落在斜面上、固体培养基中的生长特征；

3）进一步熟练并掌握各种无菌操作技术；

4）学会几种微生物接种技术。

2. 实验原理

自然界中的微生物总是杂居在一起，含有一种以上的微生物培养物称为混合培养物(mixed culture)，如果在一个菌落中所有的细胞均来自一个亲代细胞，那么这个菌落称为纯培养(pure culture)。在进行菌种鉴定时，所用的微生物一般均要求为纯的培养物，从混杂的微生物群体中获得只含有某一种或某一株微生物的过程称为微生物的分离与纯化。

微生物纯种分类的方法有很多，常用的方法有两类：一类是单细胞挑取法，该法能获得微生物的克隆纯种，但对仪器要求较高，一般实验室不能进行；另一类是平板分离法，该方法操作简单，普遍用于微生物的分离与纯化。

本实验采用平板分离法，其原理如下：

根据目标微生物特定营养要求，设计选择相应的培养基和适宜的培养条件，或加入某些抑制剂抑制其他杂菌生长，从而淘汰其他一些不需要的微生物。微生物四大类菌的分离培养基、培养温度、培养时间如表 4-2 所示。

表 4-2　微生物四大类菌的分离培养基、培养温度、培养时间

样品来源	分离对象	分离方法	稀释度	培养基名称	培养温度/℃	培养时间/d
土样	细菌	稀释分离	10^{-5}、10^{-6}、10^{-7}	牛肉膏蛋白胨	30~37	1~2
土样	放线菌	稀释分离	10^{-3}、10^{-4}、10^{-5}	高氏Ⅰ号	28	5~7
土样	霉菌	稀释分离	10^{-2}、10^{-3}、10^{-4}	马丁氏琼脂	28~30	3~5
面肥或土样	酵母菌	稀释分离	10^{-4}、10^{-5}、10^{-6}	马铃薯葡萄糖	28~30	2~3
细菌分离平板	细菌单菌落	划线分离	10^{-2}	牛肉膏蛋白胨	30~37	1~2

微生物在固体培养基生长形成的单个菌落可以是一个细胞繁殖而成的集合体，因此可通过挑取单菌落而获得一种纯培养。获得单个菌落的常用的方法有稀释涂布平板法和平板划线法。

但是从微生物群体中经分离生长在平板上的单个菌落并不能保证是纯培养。因此，纯培养的确定除观察其菌落的特征外，还要结合显微镜检测个体形态特征后才能确定。有的微生物的纯培养要经过一系列分离与纯化过程和多种特征鉴定才能得到。

3. 实验仪器与试剂

1）仪器：培养箱、培养皿（20 个）、试管、玻璃珠、三角瓶、无菌涂棒、接种环、移液管、记号笔、酒精灯、试管架、显微镜。

2）试剂：菌源土样 10g、高氏Ⅰ号培养基、牛肉膏蛋白胨培养基、马丁氏琼脂培养基、马铃薯葡萄糖培养基、10%酚、4%水琼脂、链霉素等。

4. 操作步骤

（1）稀释涂布平板法

1）取土样：选定取样点，按五点法取样，取地表 10cm 左右的土壤约 1kg 充分混匀。土样采集后应及时分离，不能立即分离的样品，应保存在低温、干燥条件下，尽量减少其中菌种的变化。

2）倒平板：将牛肉膏蛋白胨琼脂培养基、高氏Ⅰ号琼脂培养基、马丁氏琼脂培养基加热溶化，待冷至 55~60℃时，高氏Ⅰ号琼脂培养基中加入 10%酚数滴、马丁氏琼脂培养基中加入链霉素溶液，混匀后分别倒平板，每种培养基倒三皿，分别用记号笔写上对应的三种稀释度（例如：分离对象是细菌时，稀释度写 10^{-5}、10^{-6}、10^{-7}）。

3）制备土壤稀释液：将 1g 土样加入盛有 99mL 无菌水并带入玻璃珠的三角烧瓶中，充分振荡 20min，此即为 10^{-2}浓度的菌悬液。用无菌移液管吸取该 10^{-2}浓度的菌悬液 1mL 于 9mL 的无菌水试管中，用移液管吹吸三次，摇匀，此即为 10^{-3}浓度的菌悬液，以此类推制成 10^{-2}、10^{-3}、10^{-4}、10^{-5}、10^{-6}、10^{-7}不同稀释程度的土壤溶液。稀释过程需在无菌室或无菌操作条件下进行，稀释过程如图 4-7 所示。

4）涂布：涂布操作如图 4-8 所示。用无菌吸管分别吸取上述各浓度稀释液 1mL 对号放入已写好稀释度的培养基中，右手持无菌玻璃涂棒，左手拿培养皿，并用拇指将皿盖打开一缝，在火焰旁右手持无菌玻璃涂棒于培养基表面将菌液自平板中央向四周轻轻涂布均匀，室温下静置 5~10min，使菌液吸附在培养基上。

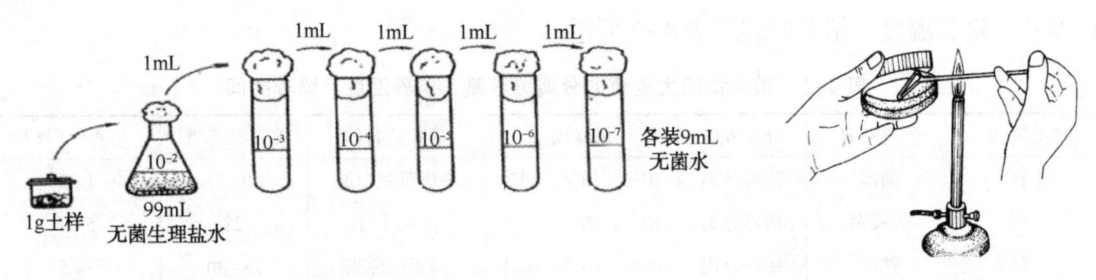

图 4-7　稀释分离过程示意图　　　　图 4-8　涂布操作示意图

5）培养：按表 4-2 中培养温度和培养时间分别进行培养。

6）平板菌落形态及个体形态观察：从不同平板上选择不同类型菌落观察，区分细菌、放线菌、酵母菌和霉菌的菌落形态特征。再用接种环挑取不同菌落，在显微镜下进行个体形态观察，记录于表 4-3 中。

表 4-3　四大类微生物斜面培养条件及菌苔特征

微生物	培养基名称	培养温度	培养时间	菌苔特征	纯化程度
细菌					
放线菌					
酵母菌					
霉菌					

7）挑菌落：选择培养后分离效果较好的单个菌落，分别挑取少许细胞接种到上述三种培养基的斜面上(接种技术见后述)，分别置于相应的温度下培养，观察是否为纯种并记录于表 4-4 中，若发现有杂菌，需要再一次进行分离、纯化，直到获得纯培养。

表 4-4　各类菌株的主要菌落特征和细胞形态

微生物种类	不同稀释度	分离培养基	菌落特征	细胞形态
细菌	10^{-5}			
	10^{-6}			
	10^{-7}			
放线菌	10^{-3}			
	10^{-4}			
	10^{-5}			
酵母菌	10^{-4}			
	10^{-5}			
	10^{-6}			
霉菌	10^{-2}			
	10^{-3}			
	10^{-4}			

(2) 平板划线分离法

平板划线分离法过程只需将上述第 4 步的“涂布”过程换为下面“划线”过程即可，其余步骤均与稀释涂布平板法一致。

划线：取各平板一只做好标记，将接种环经火焰灭菌并冷却后，蘸一环 10^{-2} 土壤稀释液，按图 4-9 和图 4-10 的方式在培养基表面轻轻划线，注意勿划破琼脂。划线完毕，将培养基倒置培养，2~5 天后，挑取单个菌落，并移植于斜面上培养。如果只有一种菌生长，即得纯培养菌种。如有杂菌，可取培养物少许，制成悬液，再做划线分离，有时要反复几次，才能得到纯种。

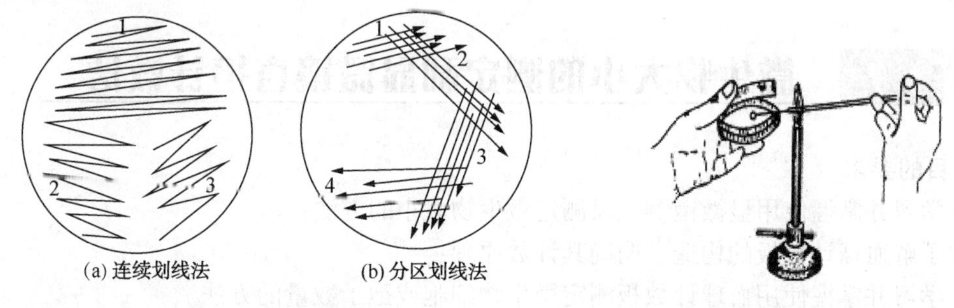

图 4-9　划线分离图　　　　图 4-10　划线分离示意图

（3）斜面接种

1）在需要接种的斜面试管上用记号笔写上将接种的菌名、日期和接种者。

2）点燃酒精灯，接种过程如图 4-11 所示。

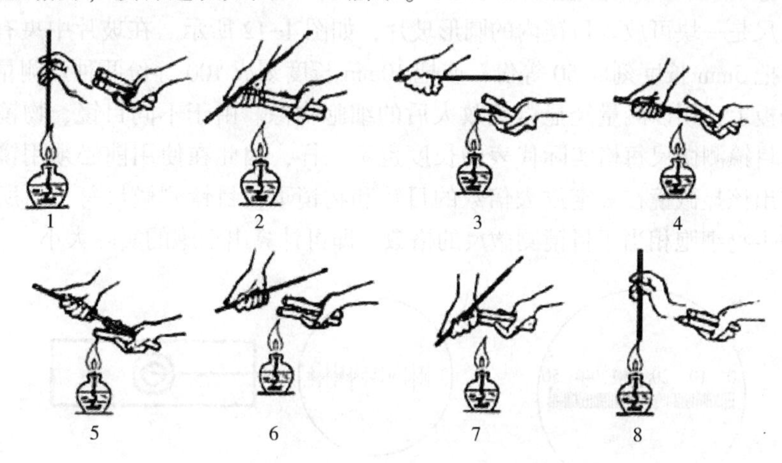

图 4-11　斜面接种示意图

3）将菌种试管和待接种的斜面试管，用大拇指和其他四指握在左手中，并将中指夹在两试管之间，使斜面向上，呈水平状态。在火焰边用右手松动试管塞，以利于接种时拔出。

4）右手拿接种环通过火焰烧灼灭菌，同时用右手的无名指、小指和手掌边缘夹持菌种试管和待接种的斜面试管的棉塞(或试管帽)在火焰边将其取出，并迅速烧灼管口。

5）将灭菌后的接种环伸入菌种试管内，先将接种环接触试管内壁或未长菌的培养基稍作冷却，然后再挑取少许菌苔，迅速伸入待接种的斜面试管，用环在斜面培养基底部向上作“Z”形来回密集划线或自试管底部向上端轻轻地划直线，勿将培养基划破，也不要使接种环接触管壁或管口。

6）取出接种环，灼烧试管口，并在火焰边将试管塞塞上。将接种环逐渐接近火焰，再烧灼灭菌。放下接种环，再将试管塞塞紧。

其他接种技术还有液体培养基接种、穿刺接种等，此处不再介绍。

5. 思考题

1）如何确定平板上某单个菌落是否为纯培养？请写出实验的主要步骤。

2）在三种不同的平板上分离得到哪些类群的微生物？简述它们的菌落特征。

4.7 微生物大小的测定和显微镜直接计数法

1. 目的要求

1）学习并掌握使用显微镜测微尺测定微生物大小的方法；

2）了解血球计数板的构造、明确其计数原理；

3）学习并掌握使用血球计数板测定微生物细胞或孢子数量的方法。

2. 基本原理

（1）测微尺的构造

微生物细胞的大小是微生物重要的形态特征之一，由于菌体很小，只能借助于特殊的测量工具——显微测微尺，它包括目镜测微尺和镜台测微尺两个互相配合使用的部件。

目镜测微尺是一块可放入目镜内的圆形玻片，如图 4-12 所示。在玻片中央有精确的等份刻度，一般有把 5mm 长度刻成 50 等份，或把 10mm 长度刻成 100 等份两种。测量时，需将其放在目镜的隔板上，用以测量经显微镜放大后的细胞物像。由于不同目镜、物镜组合的放大倍数不相同，目镜测微尺每格实际代表的长度也不一样，因此在使用前必须用镜台测微尺进行标定，以求出该显微镜在一定放大倍数的目镜和物镜下，目镜测微尺每小格所代表的相对长度。根据微生物细胞相当于目镜测微尺的格数，即可计算出细胞的实际大小。

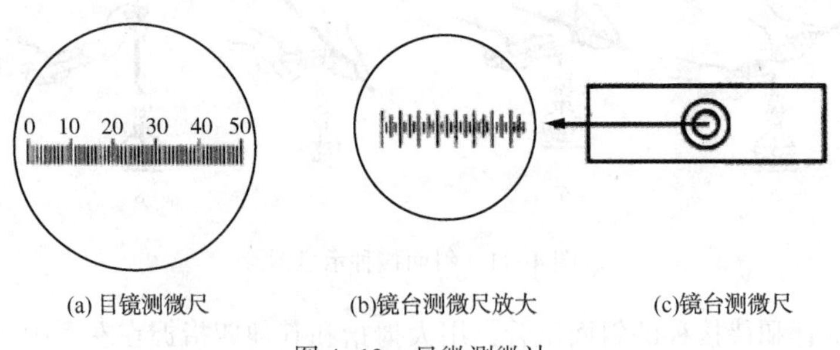

(a) 目镜测微尺　　(b)镜台测微尺放大　　(c)镜台测微尺

图 4-12　显微测微计

镜台测微尺是中央部分刻有精确等分线的载玻片，一般将 1mm 等分为 100 格，每格长 0.01mm（即 10μm），镜台测微尺并不直接用来测量细胞的大小，是专门用来校正目镜测微尺的。

校正时，将镜台测微尺放在载物台上使其与细胞标本处于同一位置，随着显微镜总放大倍数的放大而放大，因此从镜台测微尺上得到的读数就是细胞的真实大小，所以用镜台测微尺的已知长度在一定放大倍数下校正目镜测微尺，即可求出目镜测微尺每格所代表的长度，然后移去镜台测微尺，换上待测标本片，用校正好的目镜测微尺在同样放大倍数下测量微生物大小。

另外，由于不同显微镜及附件的放大倍数不同，因此校正目镜测微尺必须针对特定的显微镜和附件(特定的物镜、目镜、镜筒长度)进行，而且只能在特定的情况下重复使用，当更换不同放大倍数的目镜或物镜时，必须重新校正目镜测微尺每一格所代表的长度。

球菌用直径表示大小；杆菌用宽和长来表示。

(2) 显微直接计数法

显微直接计数法是将少量待测样品悬浮液置于计菌器上，在显微镜下直接计数的一种简便、快速、直观的方法，通常使用的计菌器是血球计数板。

血球计数板是一块特制的厚型载玻片，载玻片上有由4条槽而构成的3个平台。中间较宽的平台，被一短横槽分隔成两半，每个半边上面各有一个计数区。计数区的刻度有两种：一种是计数区(大方格)分为16个中方格，而每个中方格又分成25个小方格；另一种是一个计数区分成25个中方格，而每个中方格又分成16个小方格。计数区由400个小方格组成。每个大方格边长为1mm，其面积为$1mm^2$，盖上盖玻片后，盖、载玻片间的高度为0.1mm，所以每个计数区的体积为$0.1mm^3$。使用血球计数板计数时，通常测定5个中方格的微生物数量，求其平均值，再乘以25或16，就得到一个大方格的总菌数，然后再换算成1mL菌液中微生物的数量。设5个中方格中的总菌数为A，菌液稀释倍数为B，则：

$$1\text{mL 菌液中的总菌数} = \frac{A}{5} \times 25 \times 10^4 \times B = 5 \times 10^4 \times A \times B\text{(25 个中格)}$$

$$= \frac{A}{5} \times 16 \times 10^4 \times B = 3.2 \times 10^4 \times A \times B\text{(16 个中格)}$$

3. 实验仪器与材料

1) 材料：酵母菌、枯草芽孢杆菌、香柏油。

2) 仪器：显微镜、目镜测微尺、镜台测微尺、擦镜纸、血球计数板、盖玻片、吸水纸、计数器、无菌滴管等。

4. 操作步骤

(1) 微生物大小的测定

1) 安装目镜测微尺：取出接目镜，把目镜上的透镜旋下，将目镜测微尺刻度朝下放在目镜镜筒内的隔板上，然后旋上目镜透镜，再将目镜插入镜筒内。

2) 目镜测微尺的校正：把镜台测微尺置于载物台上，刻度朝上。校正目镜测微尺先用低倍镜观察，对准焦距，待视野中看清镜台测微尺的刻度后，转动目镜，使目镜测微尺与镜台测微尺的刻度平行，移动推动器，使目镜测微尺和镜台测微尺在某一区域内的两刻度线完全重合，然后分别数出两重合刻度线之间目镜测微尺和镜台测微尺所占的格数。由于镜台测微尺的刻度每格长10μm，根据下列公式可以算出目镜测微尺每格所代表的长度。

$$\text{目镜测微尺每小格长度}(\mu m) = \frac{\text{两对重合线间镜台测微尺格数} \times 10}{\text{两对重合线间目镜测微尺格数}}$$

用同样的方法换成高倍镜和油镜进行校正，分别测出在高倍镜和油镜下两重合线之间两尺分别所占的格数。

3) 细胞大小的测定：目镜测微尺校正后，移去镜台测微尺，换上枯草芽孢杆菌染色玻片标本，校正焦距使菌体清晰，在高倍镜下用目镜测微尺来测量菌体的长、宽各占几格(不足一格的部分估计到小数点后一位数)。测出的格数乘上目镜测微尺每小格所代表的长度，即等于该菌的长和宽。

由于同一种群中的不同菌体细胞之间也存在个体差异，因此一般测量菌体的大小要在同一个标本片上测定 10~20 个菌体，求出平均值才能代表该菌的大小，而且一般是用对数生长期的菌体进行测定。

4）取出目镜测微尺，将接目镜放回镜筒，再将目镜测微尺和静态测微尺分别用擦镜纸擦干净之后，放回盒内保存。

（2）显微镜计数

1）清洗血球计数板并自然干燥。

2）对酵母菌液进行适当的梯度稀释。取原液 1mL 到试管中，用移液管移取 9mL 水注入试管中。再取上一次稀释的菌液中的 1mL 加到另一支试管中，加 9mL 水。依此类推，即可得到一系列稀释梯度的菌液。

3）加样品：给血球计数板盖上盖玻片，将酵母菌悬液摇匀，用无菌滴管吸取少许，从计数板平台两侧的沟槽内沿盖玻片的下边缘滴入一滴，利用表面张力沟槽中流出多余的菌悬液。加样后静置 5min，使细胞或孢子自然沉降。

4）将加有样品的血球计数板置于显微镜载物台上，先用低倍镜找到计数室所在位置，然后换成高倍镜进行计数。若发现菌液太浓，需重新调节稀释度后再计数。一般样品稀释度要求每小格内有不多于 8 个菌体。每个计数室选 5 个中格(可选 4 个角和中央的一个中格)中的菌体进行计数。若有菌体位于格线上，则计数原则为计上不计下，计左不计右。如遇酵母出芽，芽体全计或全不计。

5）清洗：使用完毕后，将血球计数板及盖玻片进行清洗、干燥，放回盒中，以备下次使用。

5. 实验记录

1）将目镜测微尺校正结果填入表 4–5 中。

表 4–5　目镜测微尺校正结果

接物镜	接物镜倍数	目镜测微尺格数	镜台测微尺格数	目镜测微尺每格代表的长度/μm
低倍镜				
高倍镜				
油镜				

2）在高倍镜下测量枯草芽孢杆菌大小，结果填入表 4–6 中。

表 4–6　高倍镜下测量枯草芽孢杆菌大小结果

菌体编号	长/μm		宽/μm		菌体大小(平均值)长×宽/μm
	目镜测微尺格数	菌体长度	目镜测微尺格数	菌体宽度	
1					
2					

续表

菌体编号	长/μm		宽/μm		菌体大小(平均值)
	目镜测微尺格数	菌体长度	目镜测微尺格数	菌体宽度	长×宽/μm
3					
4					
5					

3）酵母菌显微计数结果填入表4-7（A表示5个中格中总菌数，B表示菌液稀释倍数）。

表4-7 酵母菌数量的测定结果

菌种	各中格菌数					A	B	菌数/mL
	1	2	3	4	5			
酵母菌								

6. 思考题

1）为什么更换不同放大倍率目镜和物镜时，必须用镜台测微尺重新对目镜测微尺进行校正？

2）在不改变目镜和目镜测微尺，而改用不同放大倍数的物镜来测定同一细菌的大小时，其测定结果是否相同？为什么？

4.8 水中细菌总数的测定

1. 实验目的

1）了解国家的相关法规，掌握水样的取样方法；

2）学习并掌握水样中的细菌总数测定的方法；

3）了解并掌握水的平板菌落计数原则和方法。

2. 实验原理

生活饮用水及其水源水等水体受到生活污水、工农业废水、人和动物的粪便污染后，水中细菌总数会大幅增加，其中病原菌也随之增加，引发传染，危害人类健康。水中细菌总数作为判断被检水样污染程度的标志，在水质卫生检验中，细菌总数是指1mL水样在牛肉膏蛋白胨琼脂培养基中，于37℃经24h培养后，所生长的细菌菌落的总数。我国生活饮用水卫生标准（GB 5749—2022）中规定生活饮用水的细菌总数1mL中不得超过100cfu（colony forming unit）。

常用的细菌总数测定方法有显微镜直接计数法、平板菌落计数法、比浊法、最大可能数法（Most Probable Number，MPN）以及膜过滤法等。本实验采用平板菌落计数法测定水中细菌总数。

平板菌落计数法是将待测样品经适当稀释之后，其中的微生物充分分散成单个细胞，取一定量的稀释样液接种到平板上，经过培养，由每个单细胞生长繁殖而形成肉眼可见的菌落，即一个单菌落应代表原样品中的一个单细胞。统计菌落数，根据其稀释倍数和取样接种量即可换算出样品中的含菌数。

3. 实验仪器与试剂

1）仪器：高压蒸汽灭菌器、恒温箱、冰箱、带刻度试管、培养皿、微量移液器（配枪头）、三角烧瓶、计数器等。

2）培养基：牛肉膏蛋白胨琼脂培养基、无菌水。

4. 实验步骤

（1）水样的采集

供细菌学检验用的水样，必须按一般无菌操作的基本要求进行采样，并保证在运送、储存过程中不受污染。为了正确反映水质在采样时的真实情况，水样在采取后应立即送检；一般从取样到检验不应超过4h。条件不允许立即检验时，应存于冰箱，但也不应超过24h，并应在检验报告单上注明。

1）自来水的取样方法：先将自来水龙头用火焰烧灼3min灭菌，再开放水龙头使水流5min，以排除管道内积存的死水，再用无菌容器接取水样，以待分析。如水样内含有余氯，则采样瓶未灭菌前按每采500mL水样加3%硫代硫酸钠（$Na_2S_2O_3 \cdot 5H_2O$）溶液1mL的量预先加入采样瓶内，用以采样后中和水样内的余氯，以防止其继续存在有杀菌作用。

2）待检水样的取样方法：可应用采样器，器内的采样瓶应先灭菌。采样时应将采样器置于距水面10~15cm处，水即注入已灭菌的采样瓶中，采样瓶内的水面与瓶塞底部间应留有一些空隙，以便在检验时可充分摇动混匀水样，待注满后取出水面，立即送检。

（2）细菌总数测定

1）自来水（生活饮用水、纯净水）中细菌总数的测定：

① 用灭菌吸管吸取1mL充分混匀的水样，注入灭菌培养皿中（共做两个平皿）；②分别倾注约15mL已溶化并冷却到45℃左右的牛肉膏蛋白胨琼脂培养基，并立即旋摇平皿，使水样与培养基充分混匀；③另取一空的灭菌培养皿，倾注牛肉膏蛋白胨琼脂培养基15mL作空白对照；④培养基凝固后，倒置于37℃恒温箱中，培养24h，进行菌落计数；⑤两个平板的平均菌落数即为1mL水样的细菌总数。

2）待检水样（河水或湖水）中细菌总数的测定：

① 水样的稀释（梯度稀释法）：根据水被污染的程度，用无菌吸管作10倍系列稀释。具体步骤如下：取水样10mL，盛于有90mL无菌水的三角瓶内，充分振摇15min，此即为10^{-1}浓度的稀释液。静置15s后，用无菌吸管吸取10^{-1}稀释液1mL加至9mL无菌水试管中，充分摇匀，此即为10^{-2}浓度稀释液。另取无菌吸管，依次作10倍稀释，制成10^{-3}、10^{-4}……一系列稀释液，通常稀释至10^{-6}浓度，稀释过程如图4-13所示。

② 用无菌吸管自最后三个稀释度的试管中各取1mL稀释水加入空的灭菌培养皿中，每一稀释度做两个培养皿。

③ 各倾注约15mL已溶化并冷却至45℃左右的牛肉膏蛋白胨琼脂培养基，并立即旋转培养皿，使水样与培养基充分混匀。

④凝固后倒置于37℃培养箱中培养24h，进行菌落计数，即为1mL水中的细菌总数。

（3）菌落计数方法

1）记录各培养皿的菌落数后，计算相同稀释度的平均菌落数，供下一步计算用。若其

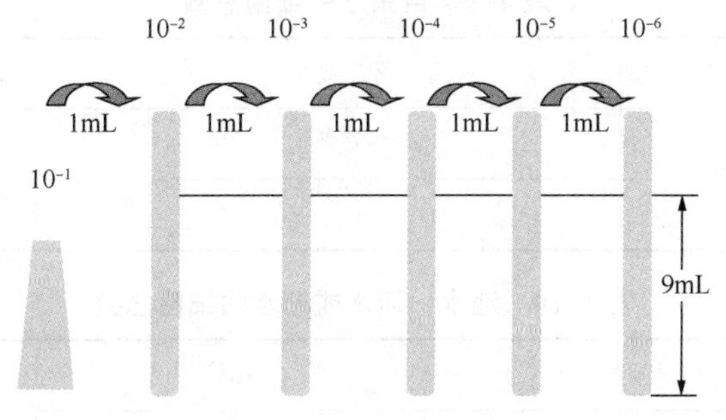

图 4-13 水样稀释过程

中一个平板有较大片状菌苔生长时，则不应采用，而应以无片状菌苔生长的平板作为该稀释度的平均菌落数。若片状菌苔的大小不到培养皿的一半，而其余的一半菌落分布又很均匀时，则将此一半菌落数乘以 2 代表平板的全部菌落数，然后再计算该稀释度的平均菌落数。

2）首先选择平均菌落数在 30~300 之间的进行计算，当只有一个稀释度的平均菌落数符合此范围时，则以该平均菌落数乘以其稀释倍数即为该水样的细菌总数(见表 4-8 例次 1)。

3）若有两个稀释度的平均菌落数均在 30~300 之间，则按两者菌落总数之比值来决定。若其比值小于 2，应采取两者的平均数；若大于 2，则取其中较小的菌落总数(见表 4-8 例次 2 和例次 3)。

4）若所有稀释度的平均菌落数均大于 300，则应按稀释度最高的平均菌落数乘以稀释倍数(见表 4-8 例次 4)。

5）若所有稀释度的平均菌落数均小于 30，则应按稀释度最低的平均菌落数乘以稀释倍数(见表 4-8 例次 5)。

6）若所有稀释度的平均菌落数均不在 30~300 之间，则以最近 300 或 30 的平均菌落数乘以稀释倍数(见表 4-8 例次 6)。

表 4-8 计算菌落总数方法举例

例次	不同稀释度的平均菌落数			两个稀释度菌落数之比	菌落总数/(个/mL)	备注
	10^{-1}	10^{-2}	10^{-3}			
1	1365	164	20		16400 或 1.6×10^4	两位以后的数字采取四舍五入的方式去掉
2	2760	295	46	1.6	37750 或 3.8×10^4	
3	2890	271	60	2.2	27100 或 2.7×10^4	
4	无法计数	1650	513		513000 或 5.1×10^5	
5	27	11	5		270 或 2.7×10^2	
6	无法计数	305	12		30500 或 3.1×10^4	

5. 实验数据记录

将所测得的 1mL 自来水中的细菌数记录在表 4-9 中；1mL 待测水样(河水或湖水)中的细菌数记录在表 4-10 中，详细的计算过程，列表说明。

表 4-9　自来水的细菌总数

平　板	菌 落 数	1mL 自来水中细菌总数
1		
2		

表 4-10　池水、河水或湖水的细菌总数

稀释度	10^{-1}		10^{-2}		10^{-3}	
平板	1	2	1	2	1	2
菌落数						
平均菌落数						
计算方法						
细菌总数/mL						

6. 思考题

1）本实验为什么要选择适当的稀释度？

2）在本实验操作中应该注意什么问题？

3）国家对自来水的细菌总数有一标准，那么各地能否自行设计其测定条件(诸如培养温度、培养时间等)来测定水样总数呢？为什么？

4.9　水中大肠菌群数的测定

1. 实验目的

1）了解和学习水中大肠菌群数的测定原理和意义；

2）学习和掌握水中大肠杆菌的鉴定和计数方法。

2. 实验原理

所谓大肠菌群是指能在37℃、24~48h内发酵乳糖、产酸产气的好氧和兼性厌氧的革兰氏阴性无芽孢杆菌的总称，主要包括埃希氏杆菌属、柠檬酸杆菌属、克雷伯氏菌属和大肠杆菌属。

水的大肠菌群数用100mL水样中含有的大肠菌群最大可能数(MPN)表示。在正常情况下，肠道中主要有大肠菌群、粪链球菌和厌氧芽孢杆菌等多种细菌。这些细菌都可随人畜排泄物进入水源，由于大肠菌群在肠道内数量最多，所以，水源中大肠菌群的数量，是直接反映水源被人畜排泄物污染的一项重要指标。目前，国际上已公认大肠菌群的存在是粪便污染的指标。因而对饮用水必须进行大肠菌群的检查。我国规定每升自来水中大肠菌群不得检出；若只经过加氯消毒即供作生活饮用水的水源水，大肠菌群数平均每升不得超过1000个；经过净化处理及加氯消毒后供作生活饮用水的水源水，其大肠菌群数平均每升不得超过10000个。

水中大肠菌群的检验方法，主要包括多管发酵法和滤膜法。

多管发酵法是根据其具备产酸产气、革兰染色阴性、无芽孢、呈杆状等有关特性，通过初发酵试验、平板分离和复发酵试验三个步骤进行检验，以求得水样中的大肠菌群数。大量的实验证明，该方法的检测结果有可能大于实际的数量，但只要每个稀释度试管的重复数目增加，就能减少这种误差。因此，多管发酵法是以最大可能数(MPN)来表示实验结果的。多管发酵法可适用于各种水样(包括底泥)，但操作较繁琐，所需时间较长。

滤膜法是将水样通过滤膜过滤器过滤后，水样中细菌被截留于滤膜上，然后将滤膜放在适当的培养基上进行培养，直接计数滤膜上生长的典型大肠菌群菌落，算出每升水样中含有的大肠菌群数。滤膜法主要适用于杂质较少的水样，操作简单快速。

3. 实验仪器与试剂

1）水样：自来水(河水、水库水、湖水)400mL。

2）培养基/试剂：乳糖蛋白胨培养液、三倍浓缩乳糖蛋白胨培养液、品红亚硫酸钠溶液培养基、伊红亚甲基蓝培养基、革兰染色液、10%NaOH、10%HCl、无菌水。

3）仪器：显微镜、恒温培养箱、灭菌过滤器、真空泵、锥形瓶、小导管(反应管)、大试管(发酵管)、移液管、镊子、夹钳、滤膜、烧杯、培养皿、接种环、试管架、精密 pH (6.4~8.4)试纸。

4. 实验步骤

(1) 多管发酵法测定水中大肠菌群

1）初发酵试验：在2个各装有50mL的3倍浓缩乳糖胆盐蛋白胨培养液(可称为三倍乳糖胆盐)的三角瓶中(内有倒置杜氏小管)，以无菌操作各加水样100mL。在10支装有5mL的3倍乳糖胆盐的发酵试管中(内有倒置小管)，以无菌操作各加入水样10mL，混匀后置于37℃恒温箱中培养24h，观察其产酸产气的情况，实验结果记录在表4-12中。如果饮用水的大肠菌群数变异不大，也可以接种3份100mL水样。

为便于观察细菌的产酸情况，培养基内加有溴甲酚紫作为pH指示剂，细菌产酸后，培养基即由原来的紫色变为黄色，说明存在大肠菌群，报告为阳性反应；否则为阴性反应。

2）平板分离：将初发酵呈阳性的菌液分别划线接种于品红亚硫酸钠培养基(或伊红亚甲基蓝培养基)。平行接种3个平板，置于37℃恒温培养箱内培养18~24h，取出并观察其菌落特征。选择符合大肠菌群菌落特征的菌落：黑紫色，有光泽或无光泽；红色，不带或略带金属光泽；淡红色，中心颜色较深，挑取一部分，进行涂片、革兰染色及镜检，结果如表4-13所示，如果为革兰阴性的无芽孢杆菌，则表明相应水样中有大肠杆菌群存在。

3）复发酵试验：将上述涂片镜检的革兰染色阴性无芽孢杆菌的菌落挑取一环接种于装有10mL普通浓度乳糖蛋白胨培养基的发酵管内，每管可接种分离自同一初发酵管的最典型菌落1~3个，盖上棉塞置于37℃恒温培养箱内培养24h，有产酸产气者，即证实有大肠杆菌群存在，实验结果记录在表4-14中。

4）计算：根据证实有大肠菌群存在的阳性发酵管数，查表4-11，报告每升水样中的大肠菌群数(MPN)。

表 4-11 大肠菌群检数表

10mL 水量的阳性管数	100mL 水量的阳性管数		
	0	1	2
	每升水样中大肠菌群数	每升水样中大肠菌群数	每升水样中大肠菌群数
0	<3	4	11
1	3	8	18
2	7	13	27
3	11	18	38
4	14	24	52
5	18	30	70
6	22	36	92
7	27	43	120
8	31	51	161
9	36	60	230
10	40	69	>230

注：接种水样总量 300mL，其中 100mL 的 2 份，10mL 的 10 份，此表用于生活饮用水的检测。

（2）滤膜法测定水中大肠菌群

1）滤膜灭菌：将滤膜放入烧杯中，加入蒸馏水，置于沸水浴中煮沸灭菌 15min 后更换蒸馏水洗涤 2~3 次，以除去残留溶液，重复以上步骤灭菌 3 次。过滤器使用前需经高压灭菌锅在 121℃下灭菌 20min。

2）过滤水样：用无菌镊子夹住滤膜边缘部分，将粗糙面向上，贴在已灭菌的过滤器上，固定好过滤器，将 100mL 水样(如果水样中含菌量多，可减少过滤水样或将水样稀释)注入过滤器中，加盖，打开滤器阀门，在 50kPa 负压下抽滤。水样滤毕，再抽气 5s，关上过滤器阀门，取下过滤器。

3）培养、镜检、计算：用镊子夹住滤膜边缘将其移放在品红亚硫酸钠培养基平板上，滤膜应与培养基完全贴紧，两者之间不得留有气泡，然后将平皿倒置，放入 37℃恒温箱内培养 22~24h 后观察结果。挑选具有大肠菌群菌落特征的菌落进行涂片、革兰染色、镜检、复发酵(与多管发酵步骤类似)，然后计算滤膜上生长的总大肠菌群数，以每 100mL 水样中的总大肠菌群数报告之(cfu/100mL)。

5. 数据记录与处理

表 4-12 大肠杆菌初发酵后的实验结果

稀释度	0.1			0.01			0.001		
管号	1	2	3	1	2	3	1	2	3
现象									

表 4-13 伊红美蓝培养基的筛选后的实验现象

稀释度	0.1				0.01				0.001			
管号	1	2	3	4	1	2	3	4	1	2	3	4
镜检现象												

表 4-14 大肠杆菌复发酵的实验现象

稀释度	0.1	0.01	0.001
阳性管数			
大肠杆菌 *MPN*			

6. 思考题

1）怎样判断分离到的微生物是大肠杆菌？

2）接种了微生物的培养皿为什么要倒置培养？

3）多管发酵法和滤膜法分别适用于什么条件？

4.10 活性污泥耗氧速率、废水可生化性的测定

1. 实验目的

1）了解活性污泥耗氧速率测定的意义；

2）熟悉溶解氧测定仪的基本构造和测定方法；

3）掌握活性污泥耗氧速率的方法和原理，并利用该方法进行废水可生化性及毒性的测定。

2. 实验原理

在水处理过程中，活性污泥中微生物需要消耗溶解氧，利用溶解氧测定仪测出一定量活性污泥在一定的时间内所消耗的溶解氧，称为活性污泥的内源呼吸耗氧速率。而单位体积溶液在单位时间内消耗氧量称为耗氧速率[Oxygen Uptake Rate，OUR，单位是 $mgO_2/(L \cdot h)$]，OUR 是评价污泥微生物代谢活性的一个重要指标。为便于比较消除生物量不同导致的 OUR 值差异，在污水处理中常用比耗氧速率[Specific Oxygen Uptake Rate，SOUR，单位是 $mgO_2/(gVSS \cdot h)$]评价活性污泥的稳定性，其定义是指单位质量活性污泥在单位时间内的耗氧量。

在日常的污水处理运行中，活性污泥 OUR/SOUR 值的大小及其变化趋势可指示处理系统负荷的变化情况。活性污泥的 OUR/SOUR 值若大大高于正常值，往往指示活性污泥负荷过高，这时出水水质较差、残留有机物多，处理效果亦差。活性污泥 OUR/SOUR 值长期低于正常值，这种情况往往在活性污泥负荷低的延时曝气处理系统可见，这时出水中残存有机物数量较少，有机物分解得较完善。但若长期运行，也会使污泥因缺乏营养而解絮，此时的 OUR/SOUR 值也很低。处理系统在遭受毒物冲击，而导致污泥中毒时，污泥 OUR 值的突然下降，这是最为灵敏的早期警报。此外，还可通过测定污泥在不同工业废水中 OUR 值的高低，来判断该废水的可生化性及废水毒性的极限程度。

3. 实验仪器与材料

1）菌体材料：取曝气池和污泥浓缩池（或污泥好氧消化池）污泥混合液，MLSS 浓度控

制在 2000～4000mg/L，视来源进行浓缩或稀释。

2）仪器：溶解氧测定仪（含电极探头）、电磁搅拌机、恒温水浴锅、BOD 测定瓶（300mL）、烧杯、滴管、秒表或计时器；0.025mol/L、pH=7 的磷酸盐缓冲液。

4. 操作步骤

（1）测定活性污泥的耗氧速率

1）分别取曝气池和污泥浓缩池（或污泥好氧消化池）污泥混合液迅速置于烧杯中，由于曝气池不同部位的活性污泥浓度和活性有所不同，取样时可取不同部位的混合样。调节温度至 20℃，并充氧至饱和。

2）将已充氧至饱和的 20℃的污泥混合液倒满内装搅拌棒的 250mL 广口瓶中，并塞上安有溶氧仪电极探头的橡皮塞，注意瓶内不应存有气泡。

3）在 20℃的恒温室（或将 BOD 测定瓶置于 20℃恒温水浴中），开动电磁搅拌器，待稳定后即可读数并记录溶解氧值，实验装置如图 4-14 所示，每隔 1min 读数 1 次。

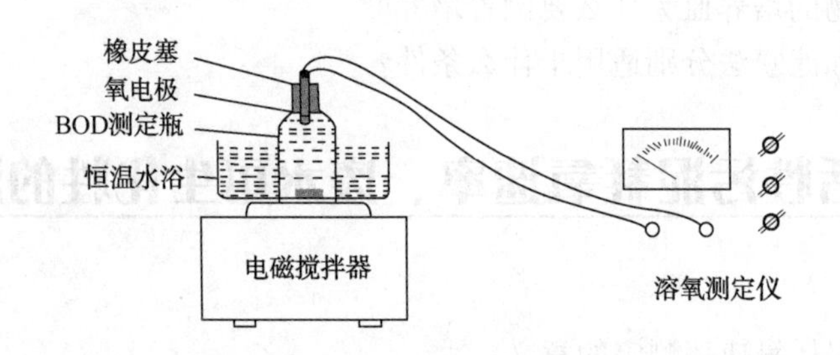

图 4-14　BOD 测定装置示意图

4）待溶解氧（DO）降至 1mg/L 即停止整个实验。注意实验的全过程，控制在 10～30min 以内为宜，亦即尽量使每升污泥每小时耗氧量在 5～40mg O_2为宜，若 *DO* 值下降过快，可将污泥适当稀释后再测定。

5）测定反应瓶内挥发性活性污泥浓度。

6）根据污泥的浓度（MLVSS）、反应时间 t 和反应瓶内溶解氧变化率求得污泥的比耗氧速率 R_s：

$$R_s=\frac{(DO_0-DO_t)}{t\times MLVSS} \tag{4-1}$$

式中 *MLVSS*——污泥的浓度，g/L；

DO_0——初始时 *DO* 值，mg/L；

DO_t——测定结束时的 *DO* 值，mg/L；

t——反应时间，h。

（2）废水可生化性及毒性的测定

1）对活性污泥进行驯化，方法如下：取城市污水处理厂活性污泥，停止曝气半小时后，弃去少量上清液，再用待测工业废水补足并曝气，每天以此方法换水 3 次，持续 15～60d 左右，驯化时应注意勿使活性污泥浓度有明显下降，若出现此现象，应减少换水量，必要时可适量增补些氮、磷营养。

2）取驯化后的活性污泥放入离心管中，置于离心机中离心 10min，弃去上清液。

3）在离心管中加入预冷至0℃的0.025mol/L、pH值为7.0的磷酸盐缓冲液，用滴管反复搅拌并抽吸污泥，洗涤后离心并弃去上清液。

4）重复步骤3洗涤污泥2次。

5）将洗涤后的污泥移入BOD测定瓶中，再以0.025mol/L、pH值为7.0的溶解饱和氧的磷酸盐缓冲液充满之，按以上耗氧速率测定法测定污泥的耗氧速率，此即为该污泥的内源呼吸耗氧速率。

6）按步骤1~4，将洗涤后污泥用充氧至饱和的待测废水为基质，按步骤5测定污泥对废水的耗氧速率。将污泥对废水的耗氧速率同污泥的内源呼吸耗氧速率相比较，数值越高，该废水的可生化性越好。

7）对有毒废水(或有毒物质)可稀释成不同浓度，按步骤1~6测定污泥在不同废水浓度下的耗氧速率，并分析废水的毒性情况及其极限浓度。其中：

$$\text{相对耗氧速率} = \frac{R_s}{R_0} \times 100\% \tag{4-2}$$

式中　R_s——污泥对被测废水的耗氧速率；

R_0——污泥的内源呼吸耗氧速率。

5. 实验数据记录及处理

表4-15　不同时间下的溶解氧测定值

时间/(t/h)		0	5	10	15	20	25
溶解氧测定值/(mg/L)	蒸馏水						
	废水						

以时间t为横坐标、耗氧量为纵坐标，绘制内源呼吸线及不同类型废水的生化呼吸线。将废水的生化呼吸线与内源呼吸线进行比较，分析该类废水的可生化性。

6. 思考题

1）BOD/COD_{cr}也可判断废水的可生化性，试与本实验方法比较各自的优缺点。

2）水样溶解氧浓度的的测定是本实验的关键，为减少各操作步骤带入的实验误差，应注意哪些操作？

3）何为内源呼吸，何为生物耗氧？

【拓展阅读】

巴斯德杀菌法

当时，法国的啤酒、葡萄酒业在欧洲是很有名的，但啤酒、葡萄酒常常会变酸，整桶的芳香可口啤酒，变成了酸得让人不敢闻的黏液，只得倒掉，使酒商叫苦不已，有的甚至因此而破产。1856年，里尔一家酿酒厂厂主请求巴斯德帮助寻找原因，看看能否防止葡萄酒变酸。

巴斯德答应研究这个问题，他在显微镜下观察，发现未变质的陈年葡萄酒中有一种圆球状的酵母细胞，当葡萄酒和啤酒变酸后，酒液里产生一根根细棍似的乳酸杆菌，就是这种“坏蛋”在营养丰富的葡萄酒里繁殖，使葡萄酒“变酸”。他把封闭的酒瓶放在铁丝篮子里，泡在水里加热到不同的温度，试图既杀死这乳酸杆菌，又不把葡萄酒煮坏。经过反复试验，他终于找到了一个简便有效的方法：只要把酒放在50~60℃的环境里，保持半小时，就可杀死酒里的乳酸杆菌，这就是著名的“巴斯德杀菌法”（又称高温灭菌法），这个方法至今仍在使用，市场上出售的消毒牛奶就是用这个办法消毒的。

[选自高温灭菌法——中国科学院微生物研究所(cas. cn)]

扫码获取更多知识

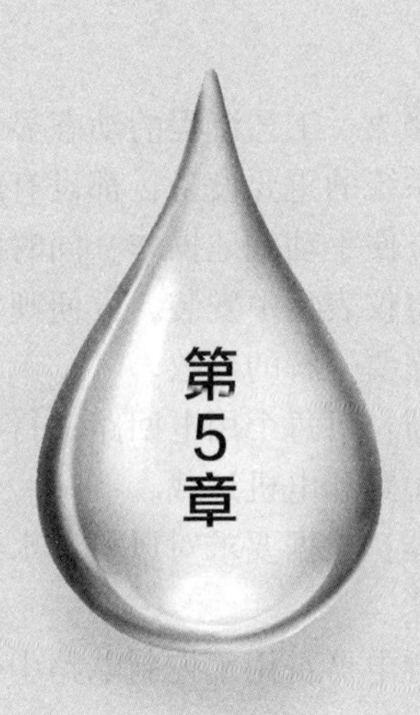

第5章 智能水处理设施运维实训

学习目的

1. 掌握智能水处理设施开停工操作方法；
2. 学会智能水处理设施运行维护方法；
3. 了解工业废水处理工工作岗位要求。

5.1 工业废水处理系统组成及说明

1. 硬件配置

实验装置配备两套工业控制机柜，其结构如图 5-1、图 5-2 所示，分别对一级、二级和三级水处理系统进行控制调节，每台控制柜分别安装一台工业平板电脑，完成工艺参数

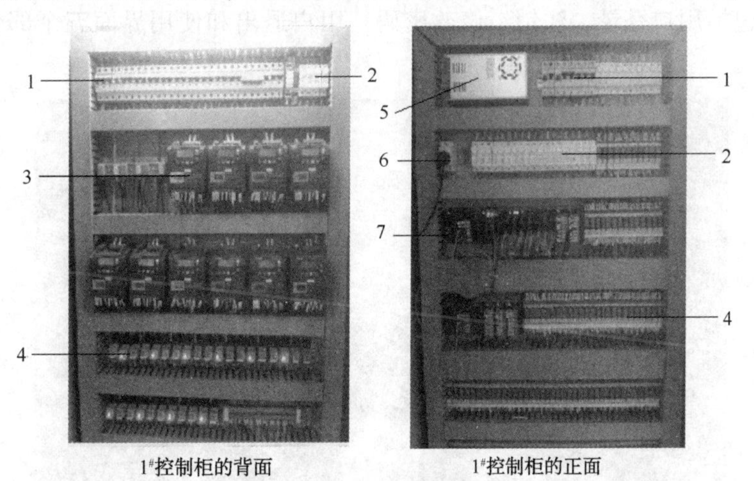

1#控制柜的背面　　1#控制柜的正面

图 5-1　1#工业控制柜示意图

1—电源开关；2—熔断器；3—变频器；4—中间继电器；5—直流 24V 电源；6—工业平板电脑插座；7—PLC 可编程控制器

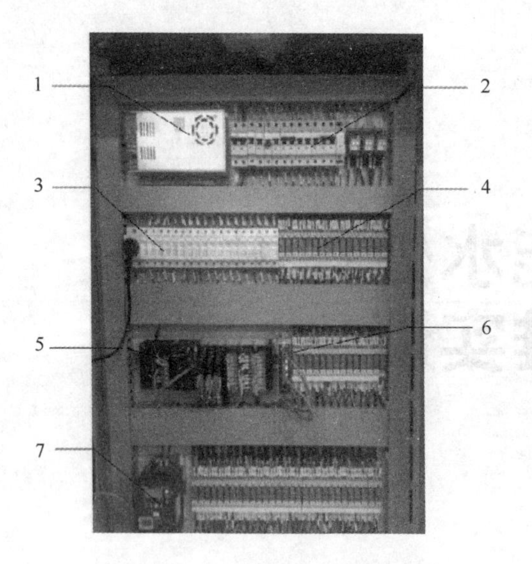

图 5-2　2#工业控制柜示意图
1—电源开关；2—PLC 控制柜电源开关；3—熔断器；
4—中间继电器；5—PLC 可编程控制器；
6—工业以太网交换机；7—变频器

的设定、修改、工艺流程的动态显示及相关的功能。系统的重要设备，都设有就地按钮操作箱，方便手动就地操作。同时配置就地仪表箱，将仪表集中安装，方便观察水处理过程中所需要了解的参数。

熔断器：对每个用电回路进行保护，以防止回路短路和电机过载。

变频器：根据要求对风机、水泵和搅拌机进行调速。

中间继电器：用于控制电路中传递中间信号。

直流电源：主要对所需 24V 直流电的设备进行供电，包括 PLC 模块，仪表。

工业平板电脑插座：正常使用时可作为工业平板电脑的用电插座，在系统出现故障时，也可作为检修插座用。

PLC 可编程控制器：用于信号的采集和运算，根据要求可自动运行。

注意：电源为 3 相 5 线、380V AC、50Hz；送电前检查所有设备是否处于正常状态，送电后关闭柜门，严禁带电操作。

2. 监控及操作系统

监控系统主要由登录界面、一级水处理界面、二级水处理界面、三级水处理界面、报警界面、实时曲线界面、数据存储界面、组合工艺界面和帮助界面组成。

（1）登录界面

登录界面包括用户登录、注销、修改密码、用户退出和使用界面五个部分，如图 5-3 所示。

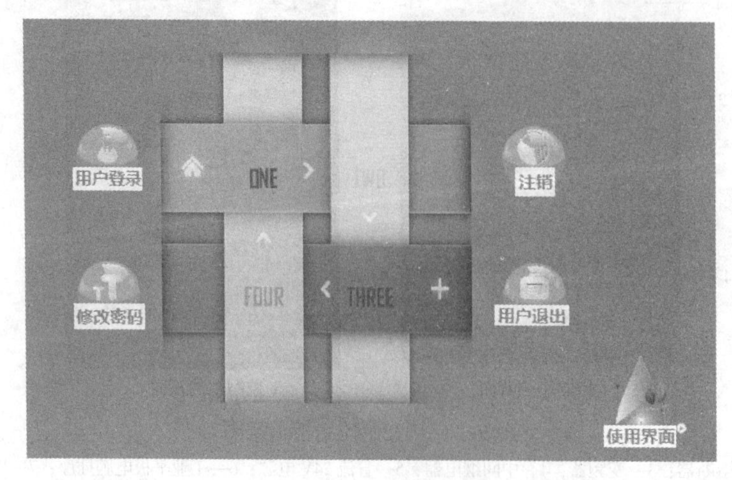

图 5-3　登录界面

用户登录按钮：点击用户登录按钮，如图5-4所示，在用户名一栏内，可选择不同的用户登录，不同的用户具有不同的操作权限，其中操作员只具有简单操作权限，工程师的权限大于操作员，可对重要参数进行修改，系统管理员的权限最大。

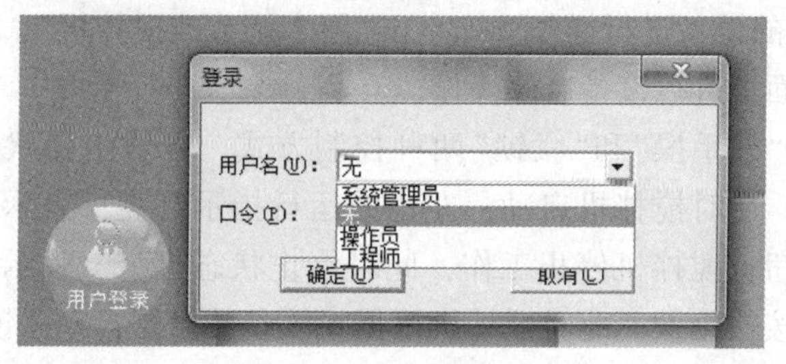

图5-4　用户登录界面

使用界面按钮：选择完用户并输入正确密码之后，点击屏幕右下方的使用界面按钮，便可进入系统监控画面，如图5-5所示。

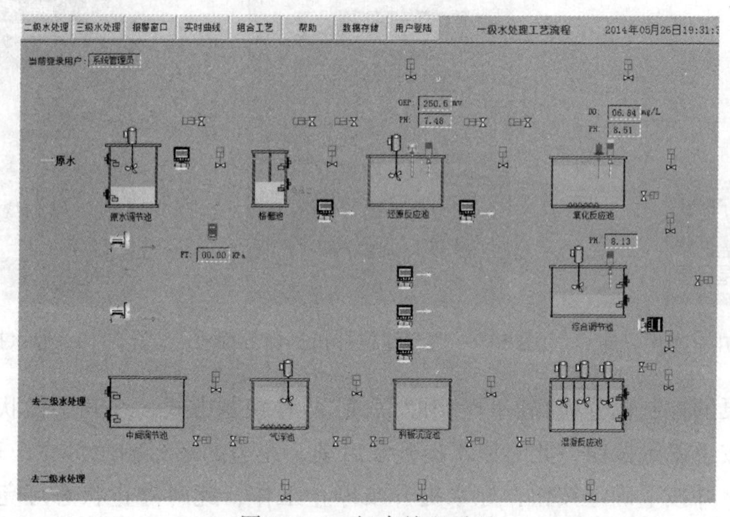

图5-5　一级水处理画面

注销按钮：点击注销按钮可以对当前用户注销，重新选择登录用户进行登录。

修改密码按钮：用户登录后，如需修改密码，可点击修改密码按钮进行修改，如图5-6所示。

用户退出按钮：用户退出按钮只有最高权限的用户才能操作，并且会弹出对话框，在退出前请确认是否可以退出，如图5-7所示。

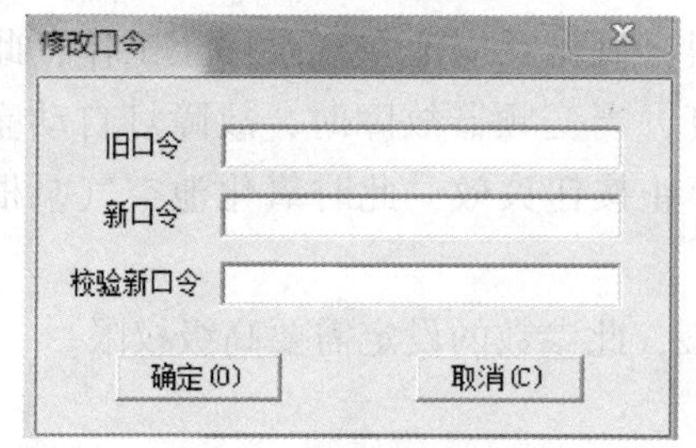

图5-6　密码修改界面

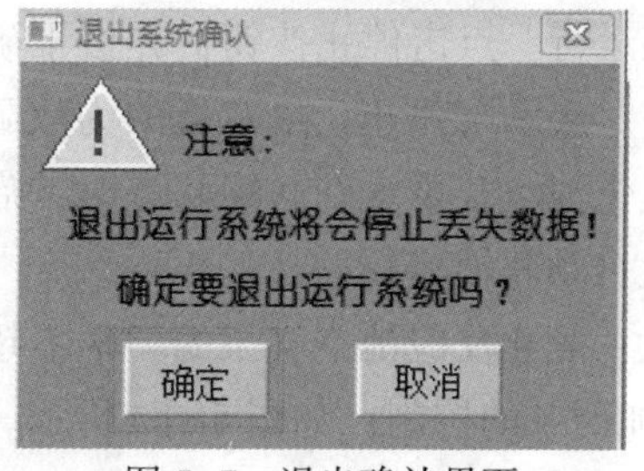

图5-7　退出确认界面

(2) 监控画面操作流程

1）所有设备，包括电磁阀、水泵、风机和蠕动泵都有中文显示，将鼠标放在相应的设备图标上，便会有提示，如图 5-8 所示。

2）点击所要操作的设备进行操作。如点击“原水调节池搅拌机”，则显示如图 5-9 所示的操作界面，在此界面上进行设备启停操作。

3）搅拌机控制分“软手操”和“联锁”两种控制方式，在软手操状态时，可点击启动按钮，并按下确定按钮，此时搅拌机启动，左边的运行指示灯亮，表示正在运行。点击停止按钮，并按下确定按钮，搅拌机停止工作，此时停止状态灯亮，表示搅拌机停止。在联锁状态时，启动和停止按钮失效，此时搅拌机根据系统参数设置自动联锁运行。

4）蠕动泵控制：如图 5-10 所示。

图 5-8　原水提升泵操作界面

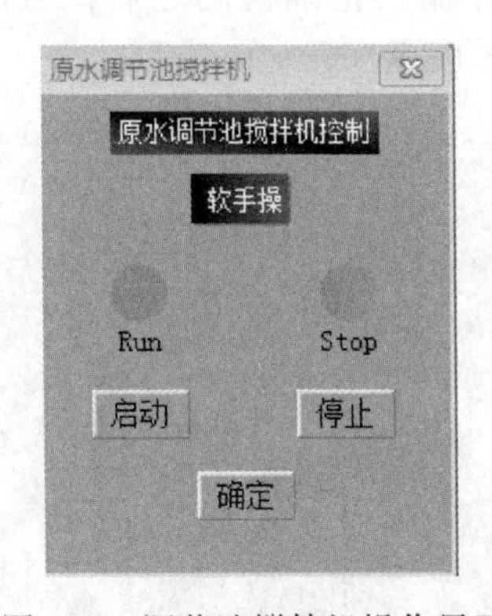

图 5-9　调节池搅拌机操作界面

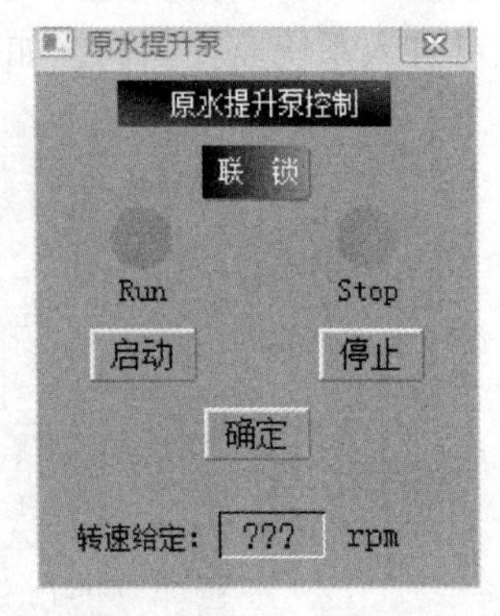

图 5-10　原水提升泵控制界面

原水提升泵的控制也分为“软手操”和“联锁”两种控制方式，在软手操状态时，可点击启动按钮，并按下确定按钮，此时原水提升泵启动，左边的运行指示灯亮，表示正在运行。点击停止按钮，并按下确定按钮，原水提升泵停止工作，此时停止状态灯亮，表示提升泵停止。在联锁状态时，启动和停止按钮失效，此时原水提升泵根据系统参数设置自动联锁运行。

注意：原水提升泵的转速最高不超过 300r/s，此参数的设定需要高级权限。

5）变频设备控制：如图 5-11 所示。

氧化反应池空气泵的控制也分为“软手操”和“联锁”两种控制方式，在软手操状态时，可点击启动按钮，并按下确定按钮，此时氧化反应池空气泵启动，左边的运行指示灯亮，表示正在运行。点击停止按钮，并按下确定按钮，氧化反应池空气泵停止工作，此时停止状态灯亮，表示泵停止。最右边的为故障指示灯，当变频器故障时，故障灯自动亮，并自动停止氧化池空气泵。在联锁状态时，启动和停止按钮失效，此时氧化池空气泵根据系统参数设置自动联锁运行。

注意：氧化反应池空气泵的频率不超过 50Hz，此参数的设定需要高级权限。

6）加药泵的控制：如图 5-12 所示。

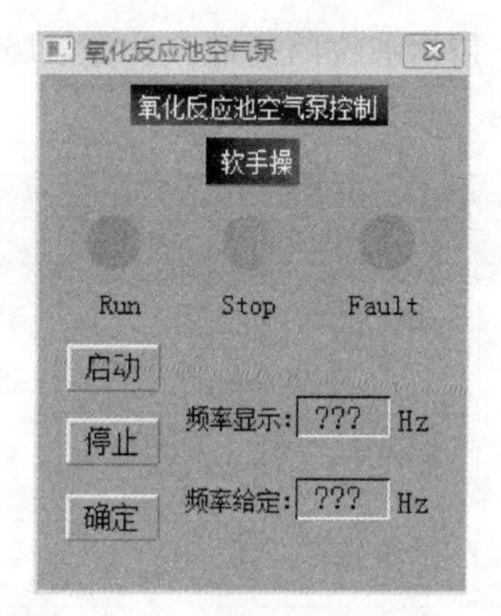

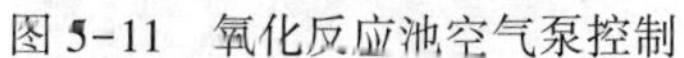

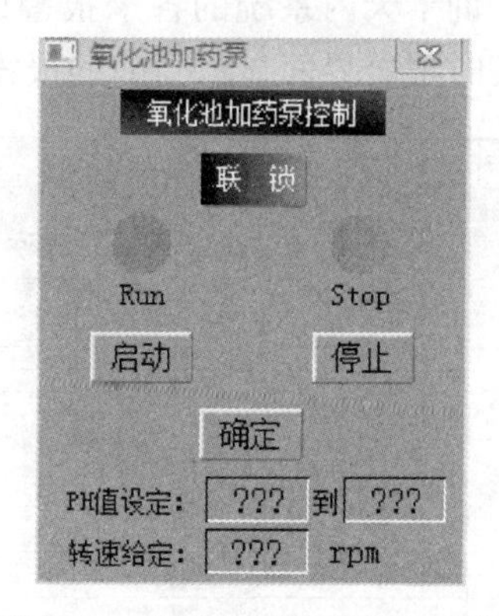

图 5-11 氧化反应池空气泵控制　　图 5-12 氧化反应池加药泵控制

加药泵的控制也分为"软手操"和"联锁"两种控制方式，在软手操状态时，可点击启动按钮，并按下确定按钮，此时加药泵启动，左边的运行指示灯亮，表示正在运行。点击停止按钮，并按下确定按钮，加药泵停止工作，此时停止状态灯亮，表示加药泵停止。在联锁状态时，启动和停止按钮失效，此时加药泵根据系统参数设置自动联锁运行。

注意：加药泵的转速最高不超过 300r/s；同时，在联锁状态下，加药泵是否投入工作还需要根据 pH 值来确定，低于设定的 pH 值，加药泵自动启动，高于设定值自动停止，这两个参数设置需要高级权限。

7）电磁阀的操作。

系统所有的电磁阀可单独开关，也可组合开关，具体根据实际情况采用对应方式。

① 单独开关：如图 5-13 所示。

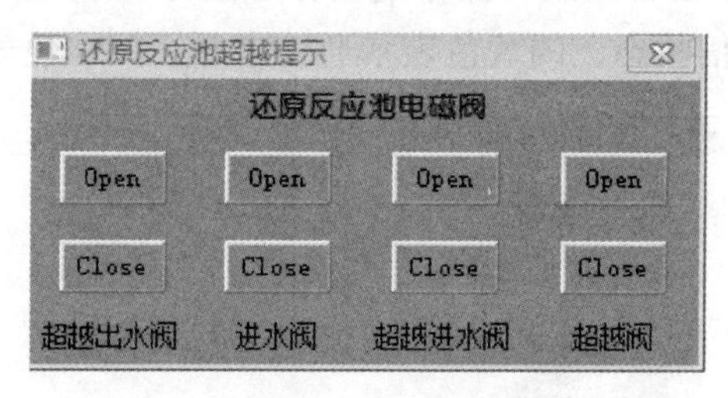

图 5-13 还原反应池电磁阀操作界面

点击还原反应池，弹出图 5-13 界面，表示还原反应池共有四个电磁阀可操作，"Open"表示开阀，"Close"表示关阀。将鼠标放置在电磁阀上，可显示此电磁阀的名称。

② 电磁阀组合开关：具体操作见组合工艺界面。

8）系统的手自动运行。

进入系统后，可根据不同的工艺流程手动开启相关的电磁阀，组合成不同的水处理工艺，也可在组合工艺界面中选择一键组合工艺选择。在选择组合工艺前，可对照各流程所需要用到的设备，选择其是软手操运行还是联锁运行。

（3）报警界面

报警界面由两部分组成，如图 5-14 所示，包括历史报警记录和实时报警显示。历史报警记录界面可查询十天内系统的各个报警记录，包括液位的高低、设备故障报警、仪表高低值报警等。实时报警界面显示当前的报警内容。

一级水处理 二级水处理 三级水处理 实时曲线 组合工艺 帮助 数据存储 用户登陆 系统报警窗口 2014年05月26日19:33:26

历史报警记录

事件日期	事件时间	报警日期	报警时间	变量名	报警类型	报警值/旧值	恢复值/新值	界限值	质量戳	优先级	报警组名	事件
14/05/26	19:21:28.946	14/05/26	19:21:27.218	氧化池PH	低	2.8	8.5	5.0	192	1	RootNode	恢
---	---	14/05/26	19:21:28.946	水解池PH	高	10.9	---	10.0	192	1	RootNode	报
14/05/26	19:21:30.879	14/05/26	19:21:28.946	还原反应...	低低	0.9	7.5	4.0	192	1	RootNode	恢
---	---	14/05/26	19:21:30.879	综合池PH	低	3.7	---	5.0	192	1	RootNode	报
---	---	14/05/26	19:21:30.879	氧化池PH	低	2.8	---	5.0	192	1	RootNode	报
14/05/26	19:21:30.879	14/05/26	19:21:28.946	水解池PH	高	10.9	7.6	10.0	192	1	RootNode	恢
14/05/26	19:21:32.795	14/05/26	19:21:30.879	综合池PH	低	3.7	7.5	5.0	192	1	RootNode	恢
14/05/26	19:21:32.795	14/05/26	19:21:30.879	氧化池PH	低	2.8	8.5	5.0	192	1	RootNode	恢
---	---	14/05/26	19:21:34.772	水解池PH	低	3.7	---	5.0	192	1	RootNode	报
---	---	14/05/26	19:21:36.559	氧化池PH	低	3.0	---	5.0	192	1	RootNode	报
14/05/26	19:21:36.559	14/05/26	19:21:34.772	水解池PH	低	3.7	8.1	5.0	192	1	RootNode	恢
---	---	14/05/26	19:21:38.489	水解池PH	低	2.1	---	5.0	192	1	RootNode	报
---	---	14/05/26	19:21:40.329	综合池PH	低	2.0	---	5.0	192	1	RootNode	报
14/05/26	19:21:40.329	14/05/26	19:21:36.559	氧化池PH	低	3.0	8.5	5.0	192	1	RootNode	恢
14/05/26	19:21:42.254	14/05/26	19:21:40.329	综合池PH	低	2.0	8.1	5.0	192	1	RootNode	恢
14/05/26	19:21:42.254	14/05/26	19:21:38.489	水解池PH	低	2.1	8.1	5.0	192	1	RootNode	恢
---	---	14/05/26	19:21:46.038	水解池PH	低	3.7	---	5.0	192	1	RootNode	报
---	---	14/05/26	19:21:47.825	还原反应...	低低	0.9	---	4.0	192	1	RootNode	报
14/05/26	19:21:47.825	14/05/26	19:21:46.038	水解池PH	低	3.7	10.9	5.0	192	1	RootNode	恢
---	---	14/05/26	19:21:47.825	水解池PH	高	10.9	---	10.0	192	1	RootNode	报
14/05/26	19:21:49.801	14/05/26	19:21:47.825	还原反应...	低低	0.9	7.5	4.0	192	1	RootNode	恢
14/05/26	19:21:49.801	14/05/26	19:21:47.825	水解池PH	高	10.9	7.6	10.0	192	1	RootNode	恢
---	---	14/05/26	19:21:51.699	水解池PH	低	3.7	---	5.0	192	1	RootNode	报
14/05/26	19:21:53.740	14/05/26	19:21:51.699	水解池PH	低	3.7	7.6	5.0	192	1	RootNode	恢

实时报警显示

事件日期	事件时间	报警日期	报警时间	变量名	报警类型	报警值/旧值	恢复值/新值	界限值	质量戳	优先级	报警组名	事件
---	---	14/05/26	19:29:55.030	氧化池差压	低	0.0	---	1.0	192	1	RootNode	报
---	---	14/05/26	19:26:27.984	混凝沉淀...	高液位报警	1.0	---	1.0	192	1	RootNode	报

图 5-14　报警界面

（4）实时曲线界面

实时曲线界面可动态显示各仪表的实时数据。

（5）帮助界面

帮助界面简单地介绍了设备组成和操作说明，如图 5-15 所示。上面的通信网络图显示了工控机与 PLC 之间的通信状态，闪黄色表示通信中断，闪绿色表示通信正常。

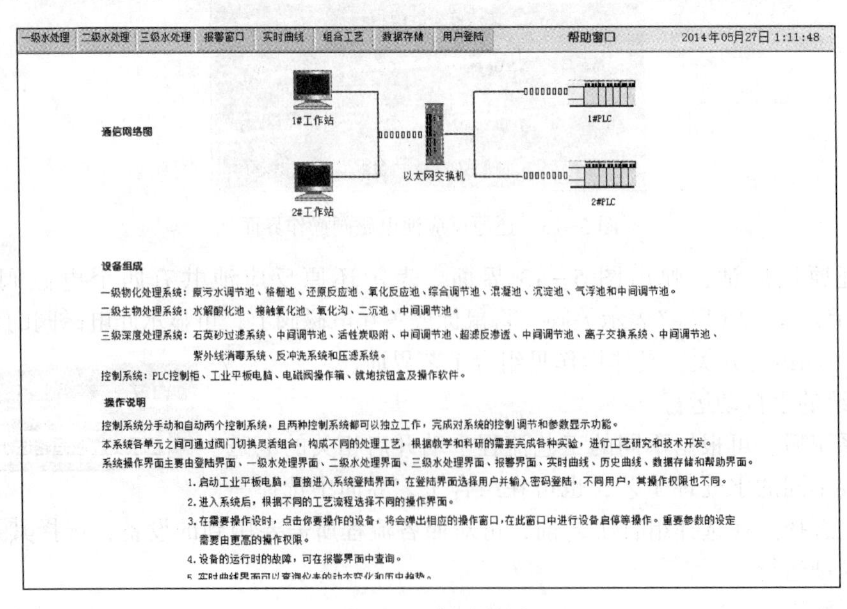

图 5-15　帮助界面

（6）组合工艺界面

组合界面列出了 17 种工艺组合，如图 5-16 所示。点击每种组合，可以弹出不同的工艺选择窗口，如图 5-17 所示，该图为点击含铬废水组合工艺时弹出的选择窗口。

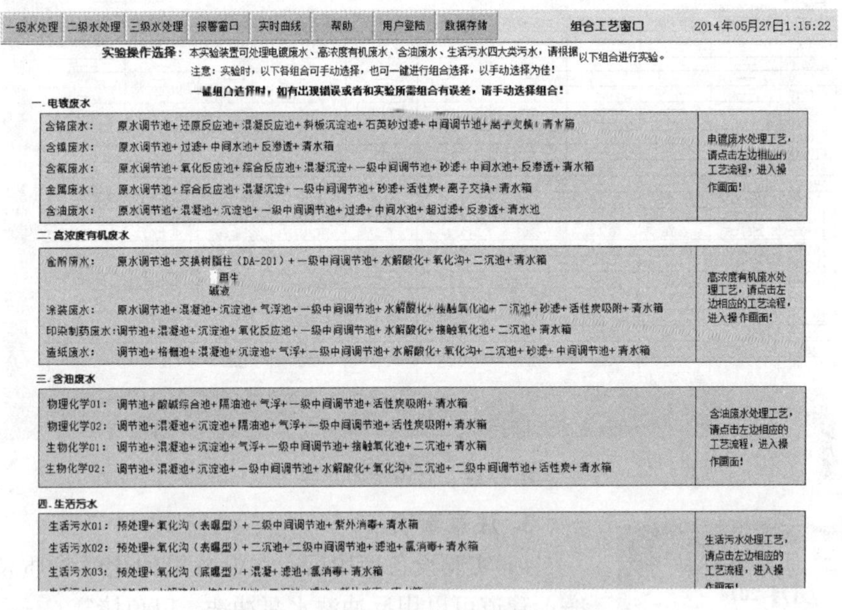

图 5-16　组合工艺界面

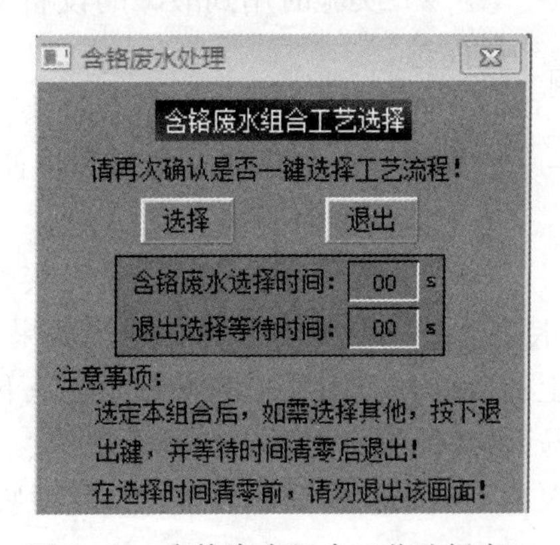

图 5-17　含铬废水组合工艺选择窗口

弹出含铬废水组合工艺选择窗口后，严格按照下面的提示内容进行操作。点击选择按钮后，耐心等待含铬废水选择时间，务必在选择时间清零后退出此窗口，否则此组合将不会被选择。如需选择其他工艺流程组合运行时，点击退出按钮，并等待退出时间的清零。注意：此操作界面只有高级权限的用户方可登录。

（7）数据存储界面

此界面可以查询 10 天内的数据，点击图 5-18 上面的查询日期控件。

选择需要查询的日期（如图 5-19 所示），便可查询相关的数据。点击保存按钮，将会把数据存放至工程的目录文件，点击打印按钮，可以进行打印设置并打印。

一级水处理 二级水处理 三级水处理 报警窗口 实时曲线 组合工艺 帮助 用户登陆 数据存储窗口 2014年05月26日19:34:07

选择数据查询日期：2014/5/26

水处理系统历史数据

日期：2014-05-26

时间	还原池ORP	还原池PH	氧化池DO	氧化池差压	氧化池PH	综合池PH	水解池PH	水解池ORP	接触池OPR	接触池DO
0:00:0	---	---	---	---	---	---	---	---	---	---
1:00:0	---	---	---	---	---	---	---	---	---	---
2:00:0	---	---	---	---	---	---	---	---	---	---
3:00:0	---	---	---	---	---	---	---	---	---	---
4:00:0	---	---	---	---	---	---	---	---	---	---
5:00:0	---	---	---	---	---	---	---	---	---	---
6:00:0	---	---	---	---	---	---	---	---	---	---
7:00:0	---	---	---	---	---	---	---	---	---	---
8:00:0	---	---	---	---	---	---	---	---	---	---
9:00:0	---	---	---	---	---	---	---	---	---	---
10:00:	---	---	---	---	---	---	---	---	---	---
11:00:	260.00	6.82	7.16	0.02	9.16	7.26	7.07	262.00	408.50	8.03
12:00:	257.25	6.77	6.82	0.05	9.21	7.40	7.15	260.50	405.75	8.03
13:00:	255.25	6.76	6.84	0.07	9.23	7.37	7.18	258.50	404.00	8.00
14:00:	255.50	6.76	6.84	0.00	9.23	7.39	7.19	258.25	404.25	7.97
15:00:	---	---	---	---	---	---	---	---	---	---
16:00:	265.75	6.86	6.88	0.00	9.13	7.20	6.98	267.25	415.25	7.99
17:00:	242.50	7.37	6.84	31.50	8.45	7.94	8.10	334.25	391.25	7.88
18:00:	0.00	13.31	6.89	13.67	9.07	3.65	8.15	507.75	393.75	7.88
19:00:	252.25	7.48	6.84	0.00	8.48	8.10	8.10	319.25	398.75	7.88
20:00:	---	---	---	---	---	---	---	---	---	---
21:00:	---	---	---	---	---	---	---	---	---	---

保存 打印

图 5-19 数据存储界面

3. 注意事项

图 5-19 查询日期界面

1）实验设备使用后，将设备里的化学物质及时清洗干净；管道可以用反冲洗水泵冲洗，以免堵塞。

2）实验时用到酸碱的设备一定要及时清洗，避免设备被腐蚀。

3）pH、ORP、熔氧仪探头：每一个探头在做完实验后，如果要等一个月以上的时间再使用，注意做好探头的保养，每个探头里面要加上保护液。

4）离子交换系统在做完实验后，一定要反洗 2h 以上。

5）超滤及反渗透需要保持在水中。过滤时出水的速度如果比较慢，应该是有杂质堵塞了膜，可将超滤及反渗透顶上的盖拧开，用反冲洗水泵冲洗一下即可。

6）超滤反渗透系统在开始做实验前，注意先打开电磁阀、再打开隔膜泵、再打开高压泵。注意：在反渗透的高压泵抽不到水的情况下要反冲洗超滤膜。

7）其他：

① 禁止非专业人士或未经授权人士操作！

② 启动设备前确认四周无人滞留，保证人身安全！

③ 现场调试完毕后，禁止随意修改系统的运行参数！

④ 禁止更改柜内任何线路！维修须专业人士进行！

⑤ 电机水泵长时间不运行时，将电源及控制回路电源断开！注意 PLC 电源断电不得超过 10 天！

⑥ 当系统或其他机械因故障停止工作时，请查明故障原因并于解决后方可再次启动。禁止在未查明故障前启动设备！

⑦ 控制柜验收合格投入使用后，需在醒目位置挂上警示牌，防止触电危险！

5.2 城镇生活污水处理综合实验

随着我国新型城镇化的不断推进以及城市人口的持续增加，城市生活污水和生活垃圾的产生量也不断增加。处理城市生活污水和生活垃圾填埋场产生的垃圾渗滤液是城市环境保护工作的重点和难点。本实验通过对原污水的分析，选择合理的处理工艺，模拟实际运行状况进行处理，以得到最佳的设计参数及控制指标。

该实验采用开放性实验的运行模式，让学生自己动脑、动手，老师指导，以取得最佳的实验效果。

1. 实验目的和要求

(1) 实验目的

1) 掌握城镇生活污水处理的一般方法，结合实验装置设计实验方案；

2) 掌握各处理工序的基本原理；

3) 了解并掌握整套废水处理系统的调试、运行、控制方法；

4) 学会编制水处理实验方案、正确的取样方法；掌握浊度仪、pH 计、COD 测定仪、溶解氧仪等设备的正确使用和操作方法。

(2) 实验要求

1) 提交实验方案：学生查阅相关资料，提出实验方案并提交指导教师，经指导教师签字认可后，方可展开实验。

2) 提交实验报告：含实验步骤、实验原始记录数据、数据分析及图表、实验结论、思考题答案等。

2. 实验原理

生活污水是居民日常工作和生活中排出的受一定污染的水，其成分99%为水，固体杂质不到1%，大多为无毒物质，其中无机盐有氰化物、硫酸盐、磷酸盐、铵盐、亚硝酸盐、硝酸盐等；有机物质有纤维素、淀粉、糖类、脂肪、蛋白质和尿素等；生活污水中还含有大量的杂菌，主要为大肠菌群。另外生活污水中氮和磷含量比较高，主要来源于商业污水、城市地面径流和粪便、洗涤剂等。

污水处理的目的，就是利用各种设施和技术方法，把污水中所含的污染物分离出来，或者转化成无害甚至是有用的物质，从而使污水得到净化，不致危害环境，并可以使污水中可以再生利用物质得到充分利用。目前常用的污水处理技术，按照作用原理可分为以下三类：

(1) 物理法

利用物理作用，分离污水中呈悬浮状态的污染物。在处理过程中，不改变水和污染物的化学性质。主要包括以下几种处理技术：

1) 沉淀：

污水在沉淀池中流速降低，其中悬浮的固体物质在重力作用下沉淀，与水分离。

2) 气浮：

使空气在污水中以微小气泡的形式黏附污水中的微小颗粒状污染物后上浮，形成泡沫浮渣而去除。

3）离心与旋流分离：

使污水在分离设备中高速旋转，质量较大的颗粒在离心力作用下被抛甩到外侧，与污水经不同出口排出。

其余常见的物理方法还有隔油、过滤、蒸发和结晶等。

（2）化学法

通过化学反应去除污水中的污染物，或使其转化为无害物质。主要包括：

1）混凝法：向污水中投入化学药剂使水中的污染物凝聚成大颗粒沉降。

2）中和法：利用化学反应消除污水中过量的无机酸和无机碱，使污水呈中性排放。

通常采用“以废治废”的方法，例如，适量电镀过程中产生的废酸液可以与印染业产生的大量碱性废水中和，使中和后的污水 pH 值达到排放要求。也可以采用加入化学药剂的方式。

3）氧化还原法：向污水中投加氧化剂或还原剂，使污水中原本呈溶解状态的污染物发生氧化或还原反应，转化成无害物质。

4）膜分离法：是一种新型隔膜分离技术。它作为废水深度处理方法在污水处理、饮用水精制和海水淡化等领域受到重视和研究，并已在工程实践中得以应用。它是利用一种特殊的半透膜使溶液中的某些组分隔开，某些溶质和溶剂渗透而达到分离的目的。其中包括电渗析、微滤、超滤、反渗透和纳滤五种膜分离技术。它不但能够进行污水处理，还可以使产品水回用，向城市给水或供农业灌溉等，甚至可以生成饮用水。在可持续利用水资源的要求下，膜分离技术在今后污水处理领域中有较大潜力。

（3）生物法

生物法是采取一定措施，使污水中的微生物在有利环境中得以大量繁殖，利用微生物的新陈代谢功能，使污水中的有机污染物被降解转化为无害物质的方法。以下为常用两种方法：

1）曝气法(活性污泥法)：该方法广泛应用于降解有机污染物含量多的污水。将大量空气连续鼓入其中，一段时间后，水中形成可繁殖大量好氧性微生物的活性污泥，吸附并分解有机污染物。常用的活性污泥法包含间歇式活性污泥(SBR)法、氧化沟法、厌氧-缺氧-好氧活性污泥(A^2/O)法、吸附和生物降解两段生物处理(AB)法等。

2）生物膜法：指以天然材料(如卵石)、合成材料(如纤维)为载体，在表面形成一种特殊的生物膜，基质向生物膜表面和内部扩散，生物膜表面积大，可为微生物提供较大的附着表面，有利于加强对污染物的降解作用，最终代谢生成物排出生物膜，从材料上脱落下来，经沉淀被净化。主要有生物转盘、生物滤池、接触氧化法等。

生活污水中一般都含有较多的杂质和砂粒，有可能会对后面设施造成堵塞、淤积等，因此采用细格栅和沉砂池对其分别去除。污水生化处理主要考核的指标为 COD、氨氮、总磷等，对污水经过预处理后，采用模拟的实验生物处理，以观察所运行工艺的有机负荷、曝气量与去除效率等的相互关系，并能调控其运行的模式。使学生不出校门就能直观了解各种废水处理所需注意事项、系统长期运行的状况及废水处理自动化管理的概念。

3. 实验装置与设备

（1）实验工艺流程

根据实验室现有装置设计并详细绘制工艺路线图，如图 5-20 所示。

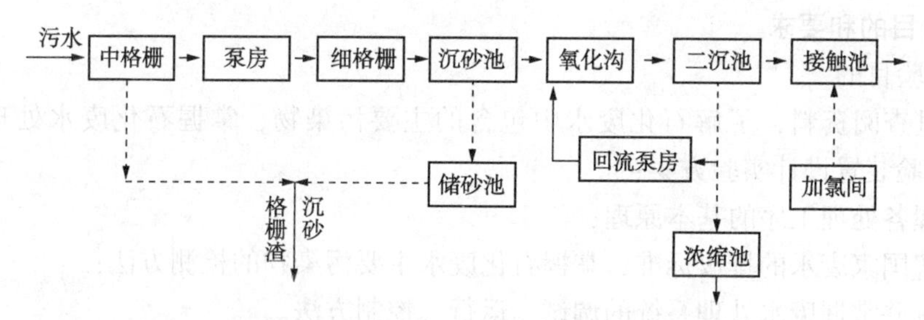

图 5-20　城镇污水处理工艺流程

(2) 实验设备及仪器仪表

格栅池、沉砂池、氧化沟、二沉池、接触氧化池、污泥浓缩池等。

4. 实验内容

1) 教师提供实验用生活污水。

2) 学生查阅相关资料，提出实验方案，方案中须明确：①各组内人员的分配及相关的工作内容；②实验的介绍，如：工艺流程、平面布置、构筑物的原理等；③处理系统对该废水的主要去除对象(pH 值、DO、COD、SS 浊度、电导率、微生物镜检等)及相关分析方法、效能评价指标；④针对该处理工艺，列出各自需控制的指标及原理；⑤实验中可能碰到的现象及问题；⑥方案提交指导教师，讨论和论证后展开实验。

3) 要求学生通过实验掌握：①采用不同处理工艺所需控制的实验条件、方法与步骤；②根据实验结果分析影响处理效果的主要因素和控制方法；③通过在线监测与自动化控制运行系统的方法。

4) 要求掌握的技能和知识点：水处理实验方案的编制要点；溶解氧、pH 值、COD、电导率等参数的测定方法；正确的取样方法；实验数据记录、整理和分析方法；根据指标调控各工序运行参数的方法。

5. 实验注意事项

1) 实验时需了解系统中各处理单元的运行参数；

2) 实验时需考虑到系统长期稳定运行的控制，不能随意调节其负荷、曝气量等；

3) 格栅与沉砂池去除的杂质和砂要及时清理。

6. 实验思考题

1) 氧化沟在污水处理中主要起什么作用，其结构类型有哪些?

2) 如何能保证系统长期稳定自动化运行? 关键点是什么?

3) 如何从现场观察及测定指标中判断该系统运行的效果?

5.3　石化废水的深度处理及回用

近年来，随着我国石化行业的发展，其用水量和废水排放量逐年增加。为了缓解水资源紧缺的情况，对污水进行深度处理，不仅节约了淡水资源，同时减少了污染物的排放，减轻了污染物对环境的压力。本实验以石化公司污水处理厂原污水为处理对象，通过对原污水的分析，选择合理的处理工艺，模拟实际运行状况进行处理，以得到最佳的工艺参数。

1. 实验目的和要求

（1）实验目的

1）通过查阅资料，了解石化废水中包含的主要污染物，掌握石化废水处理的一般方法，结合实验装置设计实验方案；

2）掌握各处理工序的基本原理；

3）了解国家废水的排放标准，掌握石化废水主要污染物的检测方法；

4）了解并掌握废水处理系统的调试、运行、控制方法。

（2）实验要求

1）提交实验方案：学生查阅相关资料，提出实验方案并提交指导教师，经指导教师签字认可后，方可展开实验。

2）提交实验报告：含实验步骤，实验原始记录数据，数据分析及图表，实验结论，思考题答案等。

2. 实验原理

石化废水中含有机物、悬浮物、烃类、石油类、重金属等有毒有害物质，成分复杂，难以生物降解，并且对微生物代谢产生抑制和毒害作用。针对石化废水的特点，许多研究者设计了不同的深度处理及回用工艺，主要包括物化处理法与生物处理法。其中，物化处理法主要包括活性炭吸附法、臭氧氧化法、光催化氧化法、湿式氧化法、电化学法及絮凝法等。生物处理法主要包括氧化沟工艺、水解酸化工艺、生物膜及膜反应器、A/O工艺等。

（1）物理处理法

1）活性炭吸附法：

吸附法是利用具有多孔结构材料自身具有的吸附性能，吸附废水中不同性质的污染物质，从而达到将污染物从废水中去除的目的。具有吸附性能的多孔结构材料被称为吸附剂，废水中通过吸附作用而被去除的物质称为吸附质。用于废水处理中常用的吸附剂主要包括：活性炭、沸石、蒙脱土及各类天然生物质材料。相比于其他吸附剂而言，活性炭具有更为发达的微孔结构及巨大的比表面积，对水中各种不同类型的污染物均有良好的吸附效果。它可吸附废水中存在的绝大多数有机污染物、多种无机污染物以及有毒重金属等同时，活性炭兼有去除废水色度、含量、臭味等功能，因而成为石化废水吸附处理工艺中使用最为广泛有效的吸附剂。在石化废水处理工艺中，活性炭吸附法还常常与臭氧氧化工艺或絮凝工艺联用，以达到更好的处理效果。

2）臭氧氧化技术：

臭氧具有极强的氧化能力，它的强氧化性可以有效分解水中包括显色有机物如有机染料、有机酸等不同种类的各种污染物，同时对由水中污染物引发的色、嗅、味等也有良好的去除效果，其除臭脱色的性能优于活性炭与氯。臭氧氧化的原理是通过破坏污染物的分子结构，将高分子有机物氧化成低分子的物质，将非极性物质氧化变为极性，将亲水性有机基团氧化为易凝聚的疏水性无机物，从而改变了污染物自身的基本性质。在水处理过程中，臭氧氧化常与活性炭吸附或生物降解等其他水处理工艺联合使用。

3）光催化氧化法：

该方法是近20年才出现的一种新型水处理氧化工艺，与传统氧化工艺不同的是，光催化氧化法可以产生大量的OH·自由基，利用OH·自由基的强氧化性氧化水中各类污染物。它能够彻底将废水中的污染物降解为无二次污染的H_2O、CO_2和无机盐。

光催化氧化法也很少单独用于水处理过程，常与其他工艺联合处理。常见组合工艺包括O_3/H_2O_2、H_2O_2/UV、O_3/UV等组合技术。采用H_2O_2/UV工艺处理石化废水，废水中COD、有机氮、氨氮和TOC的去除率分别为68.6%、21.6%、58.2%、55.4%。大量实验证明，上述组合工艺均可达到有效去除废水中芳香类化合物、苯及其衍生物、酚类等难降解有机物的效果。光催化氧化法主要具有以下优点：对有机废水的除臭、脱色效果良好，杀菌作用强，产物无二次污染，工艺设备简单，运行简便。

4）电化学法：

该方法常被用于废水的深度处理，是一种有效去除废水中残存有机物以及超标金属离子的废水处理技术。电化学法是通过电解还原、电解氧化或电絮凝等各种电化学作用来实现对废水的净化处理。石化废水中常含有大量难以生化降解的溶解性有机物，因而极易造成废水中存在残余的COD，这些残余COD可通过电化学作用被间接或直接降解为H_2O和CO_2。

5）絮凝法：

该方法是通过向废水中投入适当的化学药剂(即絮凝剂)，使水中的乳状污染物或悬浮胶体与絮凝剂发生物理或化学作用而失稳，通过碰撞、集合、聚集或架桥作用，形成更易于上浮或下沉的较大絮凝物或颗粒，再利用气浮或沉淀的方法将污染物从废水中去除。絮凝法可有效去除废水的浊度、色度及多种有机物、高分子类物质及重金属等。絮凝法常与气浮或沉淀工艺联合应用于石化废水的处理中，可作为石化废水生化处理的预处理或深度处理工艺。

（2）生物处理法

废水的生物处理是利用水中微生物的生物作用，对废水中所含的污染物进行生物氧化降解，根据微生物生长方式的不同，可将其分为活性污泥法和生物膜法。目前，石化废水处理工艺主要包括：氧化沟工艺、水解酸化工艺、生物膜及膜反应器、A/O工艺等。

1）氧化沟工艺：

该工艺是活性污泥工艺的一种改良形式，它将连续环式反应池作为生化反应器，采用转刷曝气或表面曝气的方式将氧化沟划分为好氧区、缺氧区，该工艺可通过硝化、反硝化作用完成石化废水的脱氮处理。

2）水解酸化工艺：

该工艺常被用作生物处理法的预处理工艺，水解酸化作用可将废水中难生物降解的有机大分子污染物(如有机氯化物、酸类、醇类、烃类等)水解为易生物降解的小分子物质，提高废水的可生化性能。水解酸化工艺通常与好氧工艺联合使用处理石化废水，其工艺流程如图5-21所示。

3）生物膜法：

该方法是通过向反应池内添加不同种类的填料，采用人为强化措施，优化微生物菌群、原生动物、后生动物等不同微生物在填料载体上的附着生长，形成生物膜，进而强化生物膜上附着微生物的生长代谢过程，提高活性微生物对废水的净化能力。

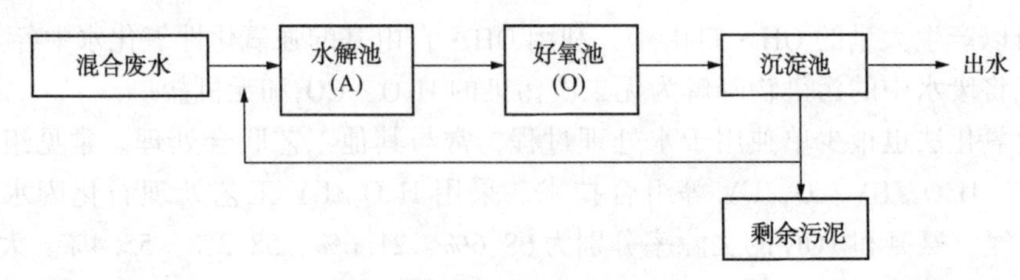

图 5-21　水解酸化-好氧工艺

4) A/O 工艺：也称缺氧/好氧工艺，如图 5-22 所示。废水经预处理后，首先进入缺氧池(A 池)，缺氧池中大量的反硝化异氧细菌将废水中的可溶性有机物、纤维素、碳水化合物及淀粉等水解为有机酸，将不溶性有机物降解为可溶性物质，将大分子有机物分解成小分子物质；同时，缺氧池中还存在着氨化菌，它能将废水中的有机氮转化为 NH_3-N，再与原废水一起进入到好氧池(O 池)进行硝化作用。经过缺氧池处理的废水可生化性得到很大的提高，因而进入好氧池后，与传统活性污泥法一样，好氧微生物对废水中残余的污染物进行更为有效的降解。

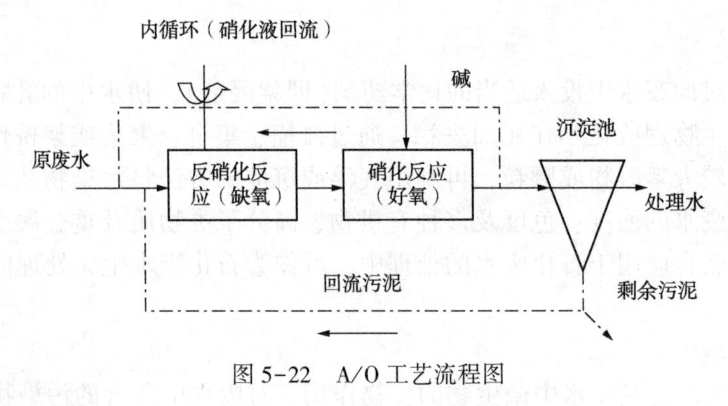

图 5-22　A/O 工艺流程图

3. 实验装置与设备

(1) 实验工艺流程

根据实验室现有装置设计并详细绘制工艺路线图，如图 5-23 所示。

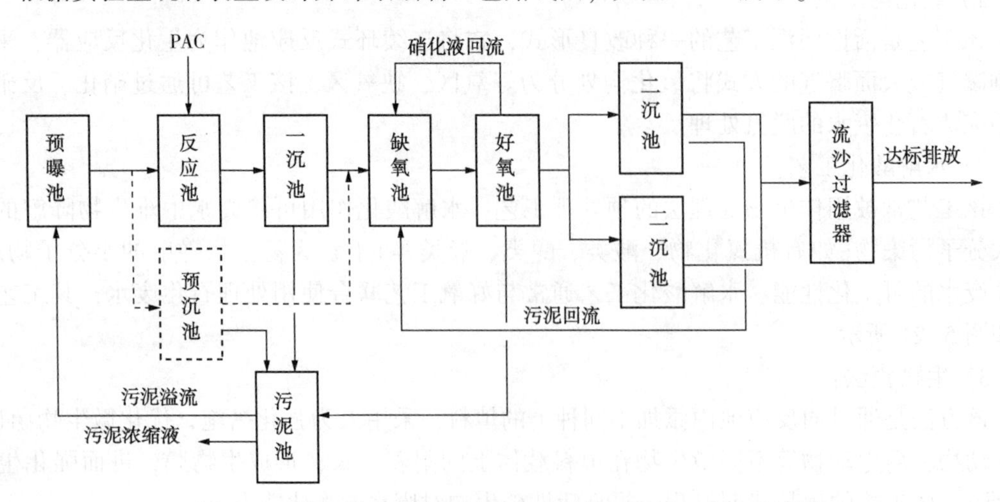

图 5-23　某乙烯废水处理厂 A/O 生化处理系统工艺流程简图

（2）实验设备及仪器仪表

曝气池、反应池、初沉池、缺氧池、好氧池、二沉池、流沙过滤器、污泥浓缩池等；COD测定仪及配套试剂、DO测定仪、NH_3-N测定仪、浊度仪、pH计等。

4. 实验内容

1）实验用水取自某石化公司污水处理厂。

2）学生根据要求查阅相关资料，提出实验方案，方案中须明确：

① 各组内人员的分配及相关的工作内容；

② 画出实验的工艺流程、平面布置、熟悉各构筑物的工作原理等；

③ 根据国家标准分别测定原水和出水的pH值、DO、COD、SS浊度、电导率、微生物镜检等，根据实验数据，对所设计工艺作出效能评价；

④ 列出实验中可能遇到的问题及处理措施；

⑤ 提交方案，经指导教师讨论和论证后展开实验。

3）要求学生通过实验掌握：

① 根据原水的测试指标、实验原理选择合理的工艺路线；

② 学会确定各处理单元实验条件的方法与步骤；

③ 根据实验结果对自己设计的工艺做出正确的评价；

④ 如何通过在线监测与自动化控制运行系统。

4）要求掌握的技能和知识点：进一步掌握水处理实验方案的编制方法；熟悉国家有关水质测定方法标准、各类污水水质排放标准。

5. 实验注意事项

1）注意定期观察缺氧池、好氧池细菌的形态、数量。

2）控制污泥回流比，观察回流比对污水处理效果的影响。

6. 实验思考题

1）石化废水有哪些特点，工业上主要采用哪种方法处理？

2）如何能保证系统长期稳定自动化运行？关键点是什么？

3）国家关于污水的排放和回用的标准是什么？

5.4 印染废水处理综合实验

1. 实验目的

印染行业是我国重要的经济支柱行业之一，印染行业的稳步发展对于促进国家经济发展具有重要的作用。近年随着加工工艺的发展和新型染料、助剂的不断开发应用，印染废水的处理难度也在增加；而且，随着水费的不断上涨和排放标准的日趋严格，印染行业的用水和排水问题日益突出，水的循环使用成为解决环境污染及缓解用水困难的措施之一。本实验以印染厂原污水为处理对象，通过实验希望达到以下目的：

1）查阅资料，了解印染废水中包含的主要污染物，目前国内外主要采用的治理方法；

2）根据原污水的特点和实验室现有设备条件，设计实验方案；

3）熟悉各构筑物的工作原理及其在整个方案中所起的作用；

4）了解国家废水的排放标准，掌握印染废水主要污染物的检测方法；

5）熟练掌握废水处理系统的调试、运行、控制方法。

2. 实验原理

印染废水主要源于印染加工中的漂炼、染色、印花、整理等工序，正是这些生产过程决定了印染废水具有如下特点：

1）色度大，有机物含量高，除含染料和助剂等污染物外，还含有大量的浆料，废水黏性大。为此需要研究和取用高效脱色菌、高效脱色混凝剂来进行脱色处理。

2）水质变化大，COD 高时可达 2000~3000mg/L，BOD_5也高达 200~300mg/L。

3）碱性大，如硫化染料和还原染料废水 pH 值可达 10 以上。

4）染料品种多，可生化性较差。染料品种的变化以及化学浆料的大量使用，使印染废水含难以生物降解的有机物，可生化性差。

由于印染企业生产品种的多样性，决定了废水组成的复杂性，因此，单一处理技术及工艺均很难达到要求，需对不同工艺进行优化组合。国外纺织印染行业比较发达的地区，如意大利、日本等对印染废水处理采用工厂处理和城市污水综合处理相结合的方法，即对印染废水初步处理达到一定标准后，和城市污水一起进入污水处理厂处理。德国由于行业不集中，一般采用单厂处理模式，在印染厂内建设污水处理厂，对废水进行处理。目前，国内外对印染废水的处理多采用物化法与生化法相结合的处理工艺。生化法是利用微生物酶来氧化或还原染料分子，破坏其不饱和键及发色基团，主要用于去除废水中的 COD、BOD；而物化法主要包括混凝沉淀法与混凝气浮法，主要用于脱色、去除废水中的悬浮物及不可生物降解的 COD。

以下介绍几种印染废水的处理工艺流程：

（1）棉及混纺印染废水处理工艺

印染废水→格栅→调节池→厌氧水解池→生物接触氧化池（活性污泥法）→沉淀池→混凝沉淀池（混凝气浮池）→化学氧化脱色→排放

（2）天然丝绸印染废水处理工艺

废水→格栅→调节池→厌氧水解池→生物接触氧化池（活性污泥法）→沉淀池→混凝沉淀池（混凝气浮池）→排放

（3）毛纺织品染色废水处理工艺

废水→格栅→调节池→水解酸化池→生物接触氧化池→沉淀池→排放

↓

曝气生物滤池（电解池、光化学氧化池、混凝沉淀池）→排放

3. 实验装置与设备

（1）实验方案的设计

根据原污水的特征和实验室现有装置设计并绘制工艺路线图，如浙江某印染厂采用的废水处理方案如图 5-24 所示：

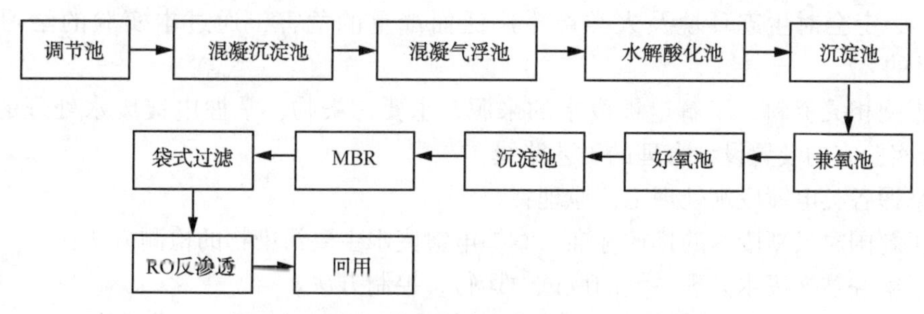

图 5-24 浙江某印染厂废水处理工艺流程图

(2) 实验设备及仪器仪表

调节池、混凝池、气浮池、水解酸化池、沉淀池、好氧池、MBR 反应器、袋式过滤器、RO 反渗透膜反应器等；

COD 测定仪及配套试剂、BOD 测定仪及配套试剂、浊度仪、pH 计、色度测试所需仪器等。

4. 实验内容

1) 实验用水取自某纺织厂污水处理车间。

2) 学生根据要求查阅相关资料，提出实验方案，方案中须明确：

① 各组内人员的分配及相关的工作内容；

② 根据工艺流程、连接各构筑物并熟悉其工作原理；

③ 按照国家标准分别测定原水和出水的 pH 值、色度、COD、SS 浊度等、利用显微镜观察生化处理过程微生物的变化等，根据实验数据，对所设计工艺作出效能评价；

④ 列出实验中可能遇到的问题及处理措施；

⑤ 提交方案，经指导教师讨论和论证后展开实验。

3) 要求学生通过实验掌握：如何合理选择废水处理工艺路线；确定各处理单元的工艺参数；能够对自己设计的工艺作出正确的评价；通过在线监测与自动化控制运行系统。

4) 要求学生掌握的技能和知识点：印染废水的特征，目前国内外主要采用的处理方法，各方法的优缺点。

5. 思考题

1) 印染废水有哪些特点，工业上主要采用哪种方法处理？

2) 印染废水生物处理的方法和生活污水的处理方法有何异同点？

3) 我国"水十条"为什么提出要严格控制印染废水的排放？

5.5 电镀废水处理技术与工艺

1. 实验目的

电镀是世界三大污染行业之一，其废水的排放量约占工业废水排放总量 10%，而其中只有不到 50%的废水在排放前得到有效治理。目前，随着电镀企业规模的日趋扩大，由此产生的废水成分也愈加复杂，处理难度越来越大，这些物质如果不能得到有效治理，必定会对生态环境及人类产生广泛而严重的危害，通过本实验的学习希望达到以下目的：

1）查阅相关资料，了解电镀废水的来源、主要污染物，掌握电镀废水处理的一般方法，结合实验室的装置设计合理的工艺路线；

2）掌握各类电镀废水处理工艺原理；

3）了解国家最新废水的排放标准，掌握电镀废水主要污染物的检测方法；

4）了解并掌握废水处理系统的调试、运行、控制方法。

2. 实验原理

电镀是利用电化学的方法对金属和非金属表面进行装饰、防护及获取某些新性能的一种工艺过程。电镀废水主要是来自电镀生产过程中镀件的清洗、镀液的过滤、钝化、镀件酸洗、刷洗地板以及生产事故产生的废水，此外还有一些化验过程中产生的废水等。电镀废水的污染物性质主要取决于化学清洗液和电镀液的性质，主要包括四类，分别为含氰废水、含铬废水、酸碱废水、重金属废水。其主要的污染物质为氰化物和各种重金属离子，常见的如镍、铜、六价铬、锌等；其次是酸类和碱类物质，如硫酸、盐酸、硝酸和氢氧化钠、碳酸钠等；有些电镀还使用了颜料等其他物质，这些物质大部分是有机物质。

氰化物是电镀废水中重要的污染物，在酸性条件下它会转变成氢氰酸，危害更为严重，在0.05mg/L的浓度下会引起短时间的头痛、心律不齐等现象。铬离子在废水中有三价铬和六价铬两种，其中六价铬对人体的危害较为严重，主要表现在对人体的皮肤、呼吸系统以及内脏的损害。锌能够在土壤中富积，使用含有锌的废水对农作物的灌溉，会使其在农作物中富积，长时间将会影响人类的健康。过量的锌还会导致急性肠胃炎等症状，同时还会有头晕、乏力等现象。铜对人体造血、细胞生长以及一些酶的产生和分泌具有一定的影响。除此之外，电镀废水中还存在一些盐类、添加剂等物质，在环境中过量存在将会造成严重的环境污染。

电镀废水的处理方法与废液的性质有关，目前国内研究最多的是含氰废水、含铬废水、重金属废水。

(1) 含氰废水

含氰废水的处理方法较多，例如电解氧化法、活性炭吸附法、离子交换法等。但在工厂实际运行中，应用最多的仍旧为化学法，而在化学法中应用最为广泛的是碱性氯化法。

碱性氯化法是在碱性条件下，采用次氯酸钠（$NaOCl$）、漂白粉[$Ca(OCl)_2$]、液氯（Cl_2）等氯系氧化剂将氰化物破坏的方法。利用此方法破氰主要分两个阶段：第一阶段是将氰化物氧化成氰酸盐（CNO^-），通常将第一阶段称作“不完全氧化”；第二阶段是将氰酸盐进一步氧化分解成二氧化碳和氮气，这个阶段称作“完全氧化”。

$$Cl_2+H_2O \longrightarrow HClO+HCl$$

$$NaOCl \longrightarrow Na^+ + ClO^-$$

碱性条件下：$CN^- + ClO^- + H_2O \longrightarrow CNCl + 2OH^-$

挥发性剧毒物质 CNCl 在 pH = 10～11 时，可在 10～15min 内转化为毒性极小的氰酸根 CNO^-：

$$CNCl+2OH^- \longrightarrow CNO^- +Cl^- +H_2O$$

因 CNO^-易水解生成 NH_3，所以应继续氧化，控制 pH = 7.5～8.0（pH>12 反应停止），使下列反应发生：

$$2CNO^- +2OCl^- \longrightarrow 2CO_2+N_2\uparrow +2Cl^-$$

$$2CNCl+4OCl^- \longrightarrow 2CO_2+N_2\uparrow +6Cl^-$$

（2）含铬废水

含铬电镀废水处理方法主要包括化学处理法、离子交换法以及电解处理法等。其中，化学处理法是技术最为成熟、应用最为广泛的处理方法，其包括有铁氧体处理法、亚硫酸盐还原处理法、槽内处理法等。

1）亚硫酸盐还原处理法：该方法是在酸性条件下，利用亚硫酸盐将六价铬还原成三价铬，然后加碱形成氢氧化铬沉淀从而达到去除效果。通常用的亚硫酸盐有亚硫酸氢钠、亚硫酸钠、焦亚硫酸钠等。其反应方程式如下：

$$2H_2Cr_2O_7+6NaHSO_3+3H_2SO_4 \longrightarrow 2Cr_2(SO_4)_3+3Na_2SO_4+8H_2O$$

$$Cr_2(SO_4)_3+6NaOH \longrightarrow 2Cr(OH)_3\downarrow +3Na_2SO_4$$

2）铁氧体处理法：该方法是指向废水中投加铁盐，通过控制工艺条件，使废水中的重金属离子在铁氧体的包裹、夹带作用下进入铁氧体的晶格中，形成复合铁氧体，然后采用固液分离的方法脱除重金属离子的方法。此方法处理含铬废水包含有三个过程，即还原过程、共沉淀和生成铁氧体。其反应方程式如下：

$$Cr_2O_7^{2-}+6Fe^{2+}+14H^+ \longrightarrow 2Cr^{3+}+6Fe^{3+}+7H_2O$$

$$Cr^{3+}+3OH^- \longrightarrow Cr(OH)_3\downarrow$$

$$M^{n+}+nOH^- \longrightarrow M(OH)_n\downarrow (M^{n+}=Fe^{2+}、Fe^{3+})$$

$$3Fe(OH)_2+\frac{1}{2}O_2 \longrightarrow FeO\cdot Fe_2O_3\downarrow +3H_2O$$

$$3FeO\cdot Fe_2O_3+Cr^{3+} \longrightarrow Fe^{3+}[Fe^{2+}\cdot Fe^{3+}_{(1-x)}\cdot Cr^{3+}_x]O_4$$

（3）重金属废水——含铜废水

对于含铜废水来说，主要采用化学沉淀法、离子交换法、电解处理法、膜分离法等来处理。化学沉淀法主要包括石灰法和硫化物沉淀法，以石灰和硫化钠为沉淀剂，使铜等重金属离子生成难溶化合物，其反应方程式为：

$$Cu^{2+}+2OH^- \longrightarrow Cu(OH)_2\downarrow$$

$$Cu^{2+}+S^{2-} \longrightarrow CuS\downarrow$$

电解法可以直接从水中回收金属铜，电解时，Cu^{2+}向阴极迁移并在电极表面析出，从而达到有效降低体系中的 Cu^{2+}的目的，其反应方程式为：

阴极：　$Cu^{2+}+2e \longrightarrow Cu$　　　$2H^{+}+2e \longrightarrow H_2\uparrow$

阳极：　$4OH^{-}-4e \longrightarrow 2H_2O+O_2\uparrow$

铜离子也可以与离子交换树脂发生交换，以达到富集铜离子、消除或降低废水中铜离子的目的。

3. 实验装置与设备

（1）实验工艺流程

根据实验室现有装置设计并详细绘制工艺路线图，如铁氧体处理含铬废水，其工艺流程如图 5-25 所示。

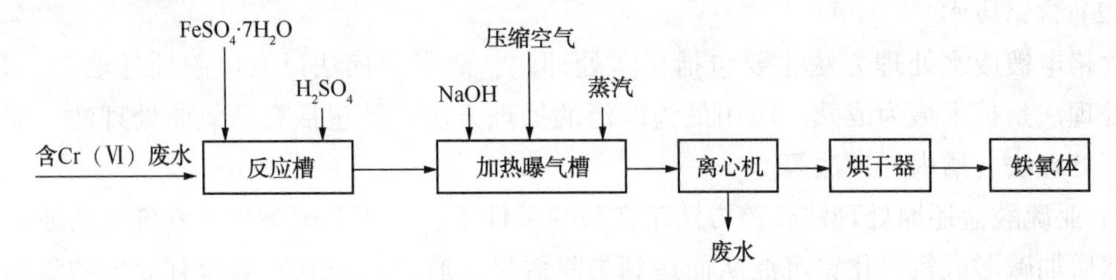

图 5-25　铁氧体处理电镀含铬废水工艺流程

（2）实验设备及仪器仪表

反应池、曝气池、离心机、烘干机；COD 测定仪及配套试剂、原子吸收分光光度计、电子天平、pH 计等。

4. 实验内容

1）电镀废水取自电镀工业园区；

2）根据国家最新制定的 GB 21900—2008《电镀污染物排放标准》测定原水的 pH 值、浊度、COD、氨氮、总氮、总磷、总铬、六价铬、总氰化物、总镍等的含量；

3）根据原水性质查阅相关资料，提出实验方案，方案中需包括人员分配及相关工作内容以及实验的工艺流程、各构筑物的工作原理等；

4）列出实验中有可能遇到的问题及处理措施；

5）提交方案，经指导教师讨论和论证后展开实验；

6）根据原水的测试指标、实验原理选择合理的工艺路线；

7）确定各处理单元实验条件，通过在线监测与自动化控制运行系统；

8）根据实验结果对自己设计的工艺作出正确的评价；

9）提交实验报告(包括实验步骤、实验原始记录数据、数据分析及图表、实验结论、思考题答案等)。

5. 实验思考题

1）含铬废水有哪些特点，工业上主要采用哪些方法处理?

2）电解法处理废水的原理是什么？有何优缺点?

3）国家关于电镀废水最新排放标准 GB 21900—2008 是什么?

【拓展阅读】

通过建设智慧污水厂，可以帮助水厂产生哪些智能化效益？

建设智慧污水厂不仅可以实现水厂的全流程自动化控制、运维数字化管理、资产全生命周期管理、一体化安全管控，还能改善环境质量、促进科技创新，为城市的可持续发展和环境保护做出重要贡献。

- 建立全厂闭环运行和系统的自诊断能力，实现污水厂少人无人值守。

智慧污水厂全厂闭环运行：建设智慧水厂可以实现全工艺流程的自动化控制和运行，使得水厂可以实现全厂闭环运行。

通过使用先进的自控系统、传感器和监测设备，水厂可以实时监测和调节污水处理过程中的各个环节，确保污水处理系统稳定高效地运行，达到更好的处理效果。

系统自诊断能力：智慧水厂配备先进的监测和诊断系统，能够实时监测设备运行状态、水质情况等关键指标。系统通过自学习和数据分析、识别和预测潜在的问题，及时发出警报并采取相应的措施。

- 实现混凝剂投加的智能运行

数据驱动和模型驱动相结合的协同智能算法，在线实时计算混凝剂投加量，能够满足混凝剂投加量的按需计算，实现混凝剂的投加环节的智慧化运行。

通过实现混凝剂投加环节的智能化运行，智慧污水厂可以提高混凝剂投加的精准度和效率，降低运行成本，同时减少人为操作带来的错误风险，提高处理效率，保证了污水处理系统的稳定和可靠性。

- 实现水厂的移动化运营

实现全厂少人无人值守运行的核心之一是让不同层级的管理人员能够实时掌握厂内运行情况，并在特殊情况下能及时有效地远程干预。

现有的SCADA系统是建立在厂级子站监控基础之上的，无法实现随时随地地监控。智慧污水厂配备了远程监控系统，管理人员可以通过移动设备实时查看污水处理系统的各项指标和数据，掌握厂内的运行情况，接收警报信息，远程干预等。

- 实现水厂的全面信息感知

智慧水厂通过对厂内设备设施信息、设备运行数据、视频消息、安防门禁等信息的集中采集，和对水厂周边数据进行按需采集，来全面了解和感知水厂的运行状态和环境情况。

具体而言，实现全面信息感知可以表现在：实时监测水质参数、设备状态监测、环境监测、能耗监测与优化等。

通过全面的信息感知，智慧污水厂可以提高水厂的运行效率、安全性和可靠性，实现智能化管理和控制，为水厂的可持续发展和环境保护提供重要支持。

- 实现高可靠的水厂运营安全性

主要通过实时监测与预警系统、设备健康管理、安全培训与演练、远程监控与干预、应急预案与演练，对设备运行过程中出现的故障、报警进行故障诊断分析，快速发现问题的根源，及时处理问题。

- 实现规范的绩效指标管理与分析

智慧污水厂通过实时监测与预警、智能化模型、智能诊断、智能预报、智能控制与智能服务，结合专家系统，可以提供给管理人员全面、准确的数据支持，帮助管理人员做出科学决策，优化运营管理，提高水厂的运行效率和安全性，实现水厂的智能化管理和持续改进。

（选自通过建设智慧污水厂，可以帮助水厂产生哪些智能化效益？行业信息中国水利企业协会水环境治理分会）

扫码获取更多知识

污水处理仿真实训

学习目的

1. 掌握污水处理仿真工艺 DCS、VRS 操作；
2. 了解污水处理工艺设计虚拟仿真操作；
3. 能够内外操相互配合完成开停工过程。

6.1 污水处理厂 3D 仿真实训

6.1.1 污水处理厂 3D 仿真简介

虚拟污水处理仿真系统由两个子系统构成，分别为虚拟现实系统（Virtual Reality System，简称 VRS）和集散控制系统（Distributed Control System，简称 DCS）。在 VRS 系统中，采用三维虚拟现实场景设计技术，按照真实工厂设备进行仿真建模，依据设备布局图进行场景布局，将真实工厂在计算机中再现，满足学生进入真实工厂实践的需求。在 DCS 系统中，以真实工艺指标为标准，结合真实工艺流程，模拟真实工厂的工作状况，设置了工厂装置的冷态开车、正常运行、正常停车、紧急停车、事故处理等功能状态。通过学习，为将来工作后操作 DCS 奠定良好基础。虚拟污水处理仿真系统实现了 VRS 与 DCS 交互功能，真实模拟工厂中内操作员（DCS 操作员）与外操作员（装置现场操作员）协作，内操作员完成电动阀门操作，外操作员按照内操作员指令完成手动阀门操作，展现了真实工厂的工作环境和工作流程。

6.1.2 污水处理仿真工艺

1. 装置概况

该装置的目的是去除工业废水中的有机物，使排水质量达到 GB 8978—1996《污水综合排放标准》中城镇二级污水厂二级排放标准。采用的主要方法是生物处理法与化学处理法，其工艺流程为：格栅池—集水井—调节池—预曝气池—缺氧池—好氧池—辅流沉淀池—混凝沉淀池—集泥池—污泥浓缩池外运。

（1）主要设备

污水处理系统设备组成见表6-1。

表6-1　污水处理系统设备组成

序　号	设备编号	设备名称
1	V-101	集水井
2	V-102	事故池
3	V-103	调节池
4	P-101A/B	集水井提升泵
5	P-102A/B	事故池提升泵
6	P-103A/B/C	调节池提升泵
7	V-201/V-202	A/O生化池
8	P-201A/B/C	鼓风机
9	P-202A/B/C	回流水泵
10	V-301	辅流沉淀池
11	V-302/V-303/V-304	混凝沉淀池
12	V-305/V-306	混凝沉淀池
13	V-307	中间水池
14	P-301A/B	沉淀池污泥提升泵
15	P-302A/B/C	外排水泵
16	P-303A/B	冲洗水泵
17	V-401	集泥罐
18	V-402	污泥浓缩池
19	P-401A/B	集泥罐排放泵
20	P-402A/B	剩余污泥排放泵
21	P-403A/B	浓缩池污泥提升泵
22	C-401A/B	离心脱水机
23	C-402A/B	螺旋输送机

（2）主要仪表和指标

主要仪表和指标见表6-2。

表6-2　主要仪表和指标　mg/L

序　号	位　号	进水指标	出水指标
1	COD	1251	95.95
2	BOD	760.6	28.62
3	TP	3	0.92
4	TN	50	72.98
5	SS	496	26.3

2. 操作规程

(1) 开车

开车操作规程见表 6-3。

表 6-3 开车操作规程

开车-集水井进水
全开集水井 V-101 进水阀门 XV-101，废水进入集水井
开车-调节池进水
全开集水井 V-101 出水阀门 XV-102
全开调节池 V-103 进水阀门 XV-103
待集水井液位 LI-101 达到 80%时，启动集水井提升泵 P-101A，污水进入调节池
开车-生化池进水
全开调节池 V-103 出水阀门 XV-104
全开调节池提升泵 P-103A 入口阀 XV-105
待调节池液位 LI-102 达到 80%时，启动调节池提升泵 P-103A
全开调节池提升泵 P-103A 出口阀 XV-106
全开 A/O 生化池 V-201 进口阀 XV-201，生化池开始进水
预曝气池污水达到一定液位后，先溢流至 A 池中；随着 A 池液位不断升高，达到一定液位后，溢流至 O1 池；随着 O1 池液位不断升高，达到一定液位后，溢流至 O2 池。待 O2 池液位 LI-204 达到 50%时，打开预曝气池曝气阀 XV-205，开度设为 50%
打开 O1 池曝气阀 XV-206，开度设为 50%
打开 O2 池曝气阀 XV-207，开度设为 50%
打开 O2 池曝气阀 XV-208，开度设为 50%
打开 O2 池曝气阀 XV-209，开度设为 50%
全开鼓风机出口总阀 XV-203
全开鼓风机 P-201A 出口阀门 XV-233
启动鼓风机 P-201A，开始曝气
打开 A/O 生化池 V-201 内回流阀 XV-225，开度设为 50%
全开回流水泵 P-202A 入口阀 XV-219
启动回流水泵 P-202A
全开回流水泵 P-202A 出口阀 XV-220，开始内回流
开车-沉淀池进水
待 O2 池液位 LI-204 达到 90%时，打开 O2 池出水阀门 XV-215，开度设为 50%
全开辅流沉淀池 V-301 进水阀门 XV-301，沉淀池开始进水(同时开启刮泥机)
(开启刮泥机 1h 后)全开沉淀池 V-301 底污泥阀 XV-322

续表

全开沉淀池污泥提升泵 P-301A 入口阀 XV-323
启动沉淀池污泥提升泵 P-301A
全开沉淀池污泥提升泵 P-301A 出口阀 XV-324
全开沉淀池污泥外回流阀 XV-327
全开生化池污泥外回流阀 XV-217，开始外回流
(24min 后)关闭沉淀池污泥提升泵 P-301A 出口阀 XV-324
停沉淀池污泥提升泵 P-301A
关闭沉淀池污泥提升泵 P-301A 入口阀 XV-323
关闭沉淀池 V-301 底污泥阀 XV-322
关闭沉淀池污泥外回流阀 XV-327
关闭生化池污泥外回流阀 XV-217，停止外回流
全开辅流沉淀池 V-301 出水阀门 XV-302
全开混凝沉淀池 V-302 进水阀门 XV-304，混凝沉淀池开始进水
全开絮凝剂阀门 XV-303
全开混凝沉淀池 V-304 出水阀门 XV-305
全开混凝沉淀池 V-305 进水阀门 XV-306
开车-中间水池进水
全开混凝沉淀池 V-305 出水阀门 XV-308
全开中间水池 V-307 进水阀门 XV-310
全开中间水池 V-307 出水阀门 XV-311
全开外排水泵 P-302A 入口阀 XV-312
待中间水池液位 LI-301 达 50%时，启动外排水泵 P-302A
全开外排水泵 P-302A 出口阀 XV-313，清水外排
开车-污泥外排
全开混凝沉淀池 V-305 底部排泥阀门 XV-331
全开集泥罐 V-401 进泥阀门 XV-401
全开集泥罐排放泵出水阀门 XV-402
全开污泥浓缩池 V-402 进口阀 XV-408
待集泥罐 V-401 液位 LI-401 达 50%时，启动集泥罐排放泵 P-401A，污泥排至浓缩池
全开集泥罐 V-401 底部排泥阀门 XV-403
全开剩余污泥排放泵 P-402A 入口阀 XV-404
启动剩余污泥排放泵 P-402A
全开剩余污泥排放泵 P-402A 出口阀 XV-405
当污泥浓缩池 V-402 液位 LI-402 达到 80%时，全开上清液至事故池阀门 XV-417

续表

全开事故池阀门 XV-111，上清液进入事故池
全开污泥脱水剂阀门 XV-414
全开污泥浓缩池 V-402 底部排泥阀门 XV-409
全开浓缩池污泥提升泵 P-403A 入口阀 XV-410
启动浓缩池污泥提升泵 P-403A
全开浓缩池污泥提升泵 P-403A 出口阀 XV-411
全开离心脱水机进口阀 XV-416
启动离心脱水机 C-401A，污泥脱水
启动螺旋输送机 C-402A，污泥外送

（2）停车

停车操作规程见表 6-4。

表 6-4 停车操作规程

停车-停止工业进水
关闭集水井 V-101 进水阀门 XV-101，停止进污水
关闭事故池阀门 XV-111
停车-停止调节池进水
停集水井提升泵 P-101A
关闭集水井 V-101 出水阀门 XV-102
关闭调节池 V-103 进水阀门 XV-103
停车-停止生化池进水
关闭调节池提升泵 P-103A 出口阀 XV-106
停调节池提升泵 P-103A
关闭调节池提升泵 P-103A 入口阀 XV-105
关闭调节池 V-103 出水阀门 XV-104
关闭 A/O 生化池 V-201 进口阀 XV-201，生化池停止进水
停鼓风机 P-201A，停止曝气
关闭鼓风机 P-201A 出口阀门 XV-233
关闭鼓风机出口总阀 XV-203
关闭预曝气池曝气阀 XV-205
关闭 O1 池曝气阀 XV-206
关闭 O2 池曝气阀 XV-207
关闭 O2 池曝气阀 XV-208
关闭 O2 池曝气阀 XV-209

续表

关闭回流水泵 P-202A 出口阀 XV-220
停回流水泵 P-202A
关闭回流水泵 P-202A 入口阀 XV-219
关闭 A/O 生化池 V-201 内回流阀 XV-225
停车-停止沉淀池进水
关闭 O2 池出水阀门 XV-215
关闭辅流沉淀池 V-301 进水阀门 XV-301(同时停刮泥机)
关闭辅流沉淀池 V-301 出水阀门 XV-302
关闭混凝沉淀池 V-302 进水阀门 XV-304
关闭絮凝剂阀门 XV-303
关闭混凝沉淀池 V-304 出水阀门 XV-305
关闭混凝沉淀池 V-305 进水阀门 XV-306
停车-停止中间水池进水
关闭混凝沉淀池 V-305 出水阀门 XV-308
关闭中间水池 V-307 进水阀门 XV-310
关闭外排水泵 P-302A 出口阀 XV-313
停外排水泵 P-302A
关闭外排水泵 P-302A 入口阀 XV-312
关闭中间水池 V-307 出水阀门 XV-311
停车-停止污泥外排
关闭混凝沉淀池 V-305 底部排泥阀门 XV-331
关闭集泥罐 V-401 进泥阀门 XV-401
停集泥罐排放泵 P-401A
关闭集泥罐排放泵出水阀门 XV-402
关闭剩余污泥排放泵 P-402A 出口阀 XV-405
停剩余污泥排放泵 P-402A
关闭剩余污泥排放泵 P-402A 入口阀 XV-404
关闭集泥罐 V-401 底部排泥阀门 XV-403
关闭污泥浓缩池 V-402 进口阀 XV-408
关闭污泥浓缩池 V-402 上清液至事故池阀门 XV-417
关闭污泥脱水剂阀门 XV-414
关闭浓缩池污泥提升泵 P-403A 出口阀 XV-411
停浓缩池污泥提升泵 P-403A
关闭浓缩池污泥提升泵 P-403A 入口阀 XV-410

续表

关闭污泥浓缩池 V-402 底部排泥阀门 XV-409
关闭离心脱水机进口阀 XV-416
停离心脱水机 C-401A
停螺旋输送机 C-402A

(3) 事故处理

事故处理规程见表 6-5。

表 6-5 事故处理规程

事故一：鼓风机 P-201A 故障
关闭鼓风机 P-201A 出口阀门 XV-233
全开鼓风机 P-201B 出口阀门 XV-234
去辅操台启动鼓风机 P-201B
重新观察好氧池 O1 池、好氧池 O2 池在线 DO 仪读数是否处于正常范围
事故二：出水总磷超标
全开 A/O 生化池 V-201 内回流阀 XV-225
返回出水单元 DCS 界面，监测出水总磷指标
事故三：进水 BOD 过高
加大好氧池 O1 池曝气阀门 XV-206 开度至 80%，观察好氧池曝气是否正常
重新观察好氧池 O1 池、好氧池 O2 池在线 DO 仪读数是否处于正常范围
全开沉淀池 V-301 底污泥阀 XV-322
全开沉淀池污泥提升泵 P-301A 入口阀 XV-323
启动沉淀池污泥提升泵 P-301A
全开沉淀池污泥提升泵 P-301A 出口阀 XV-324
全开沉淀池污泥外回流阀 XV-327
全开生化池污泥外回流阀 XV-217，提高好氧池污泥浓度
返回出水单元 DCS 界面，监测出水 BOD 指标
事故四：污泥丝状菌膨胀
加大好氧池 O2 池曝气阀门 XV-207 开度至 100%
加大好氧池 O2 池曝气阀门 XV-208 开度至 100%
加大好氧池 O2 池曝气阀门 XV-209 开度至 100%，观察好氧池曝气是否正常
重新观察好氧池 O2 池在线 DO 仪读数是否处于正常范围
加大 O2 池出口阀门 XV-215 开度至 100%，增大剩余污泥排放量(重新监测 SV 和 SVI 值)

3. DCS 操作界面

(1) 预处理单元 DCS 及现场图

预处理单元 DCS 及现场图如图 6-1 和 6-2 所示。

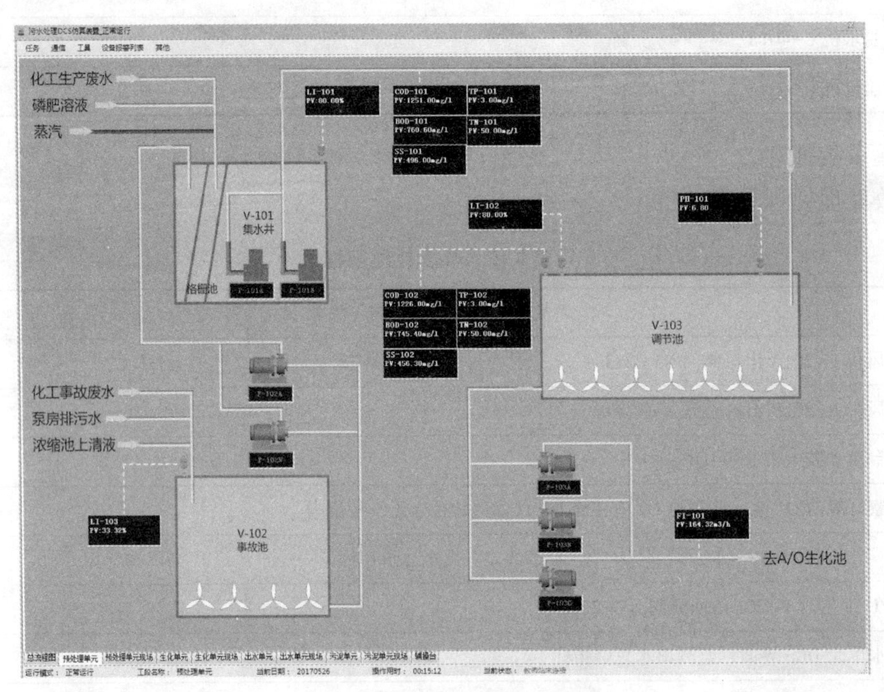

图 6-1　预处理单元 DCS 及现场图 1

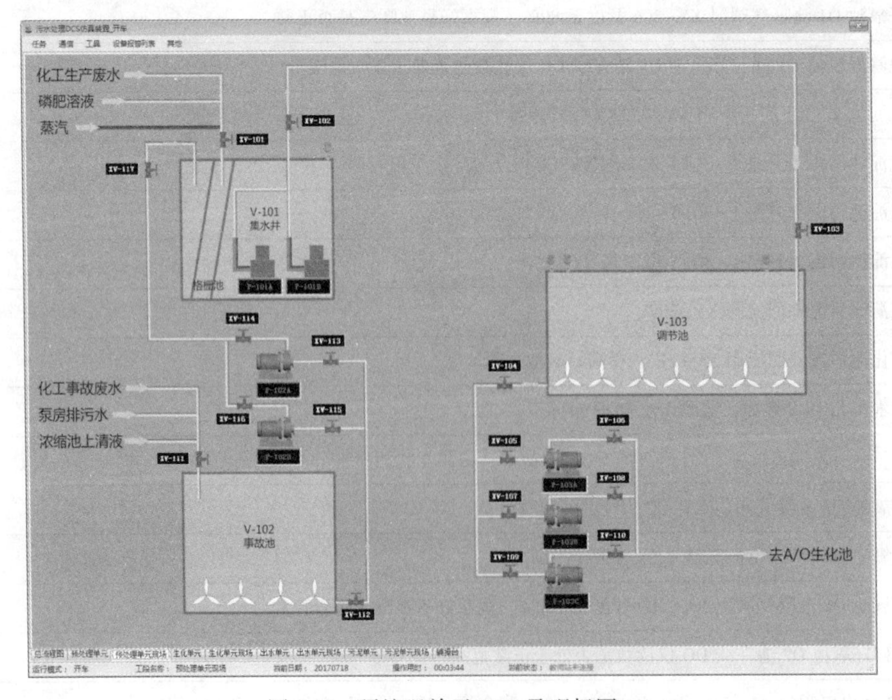

图 6-2　预处理单元 DCS 及现场图 2

(2) 生化处理单元 DCS 及现场图

生化处理单元 DCS 及现场图如图 6-3 和 6-4 所示。

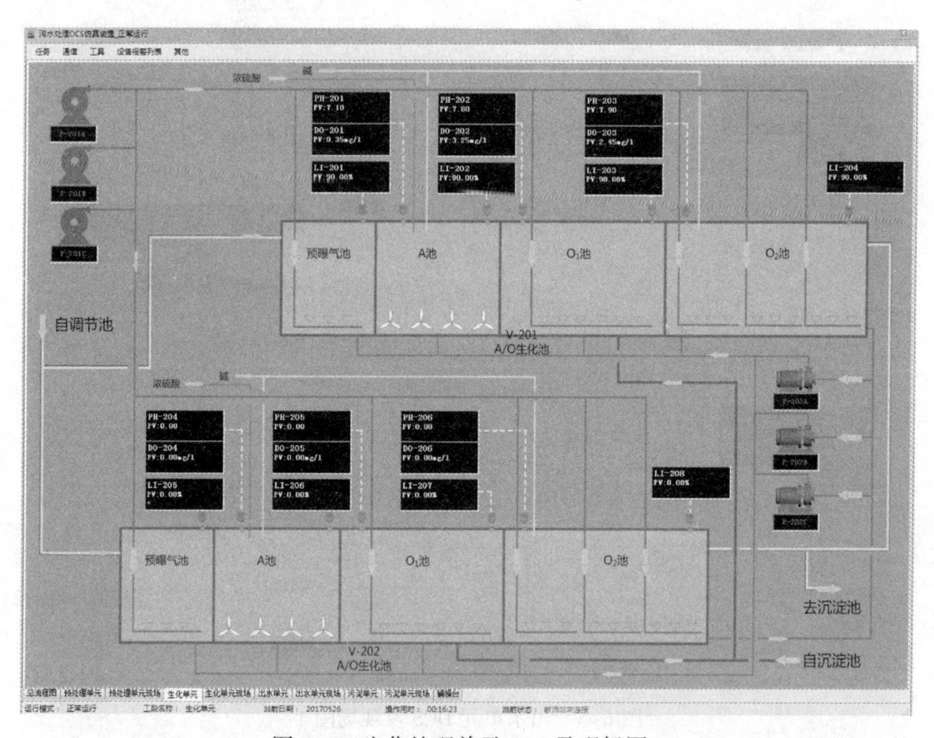

图 6-3　生化处理单元 DCS 及现场图 1

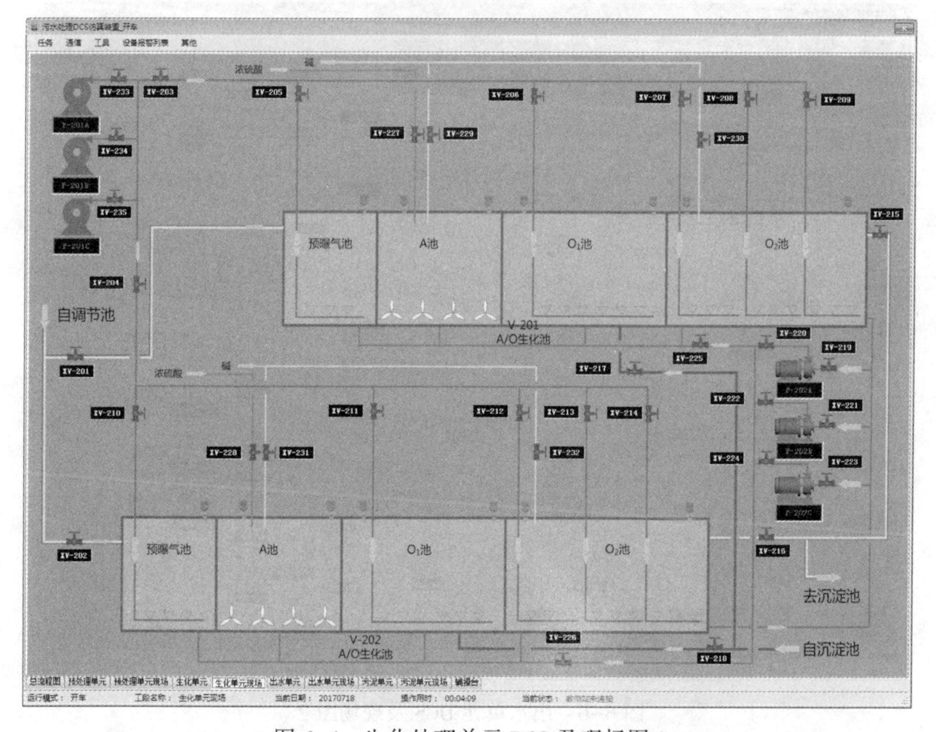

图 6-4　生化处理单元 DCS 及现场图 2

(3) 出水单元 DCS 及现场图

出水单元 DCS 及现场图如图 6-5 和 6-6 所示。

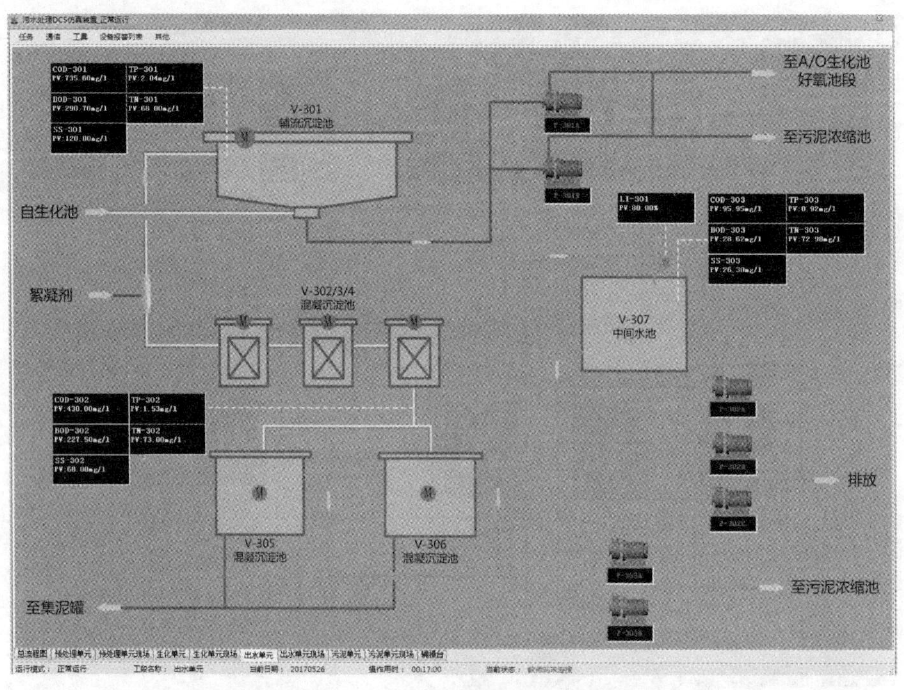

图 6-5　出水单元 DCS 及现场图 1

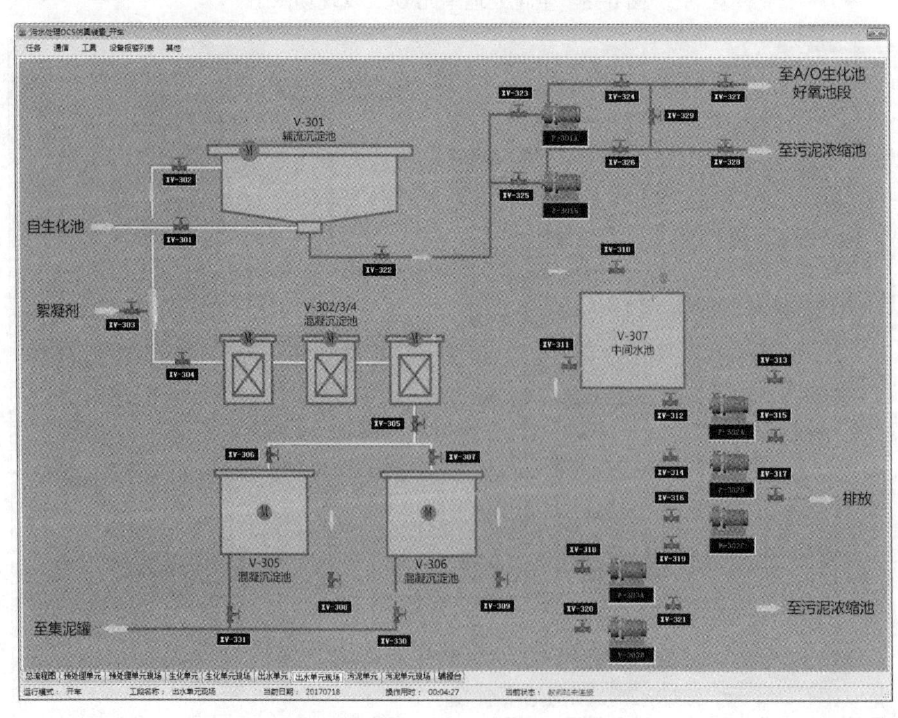

图 6-6　出水单元 DCS 及现场图 2

(4) 污泥单元 DCS 及现场图

污泥单元 DCS 及现场图如图 6-7 和 6-8 所示。

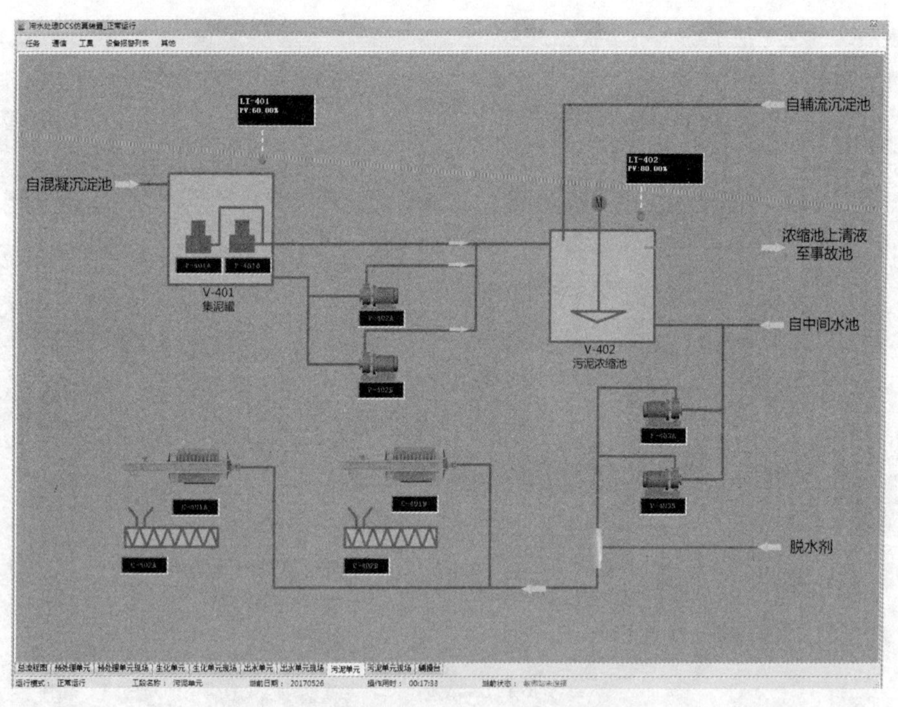

图 6-7 污泥单元 DCS 及现场图 1

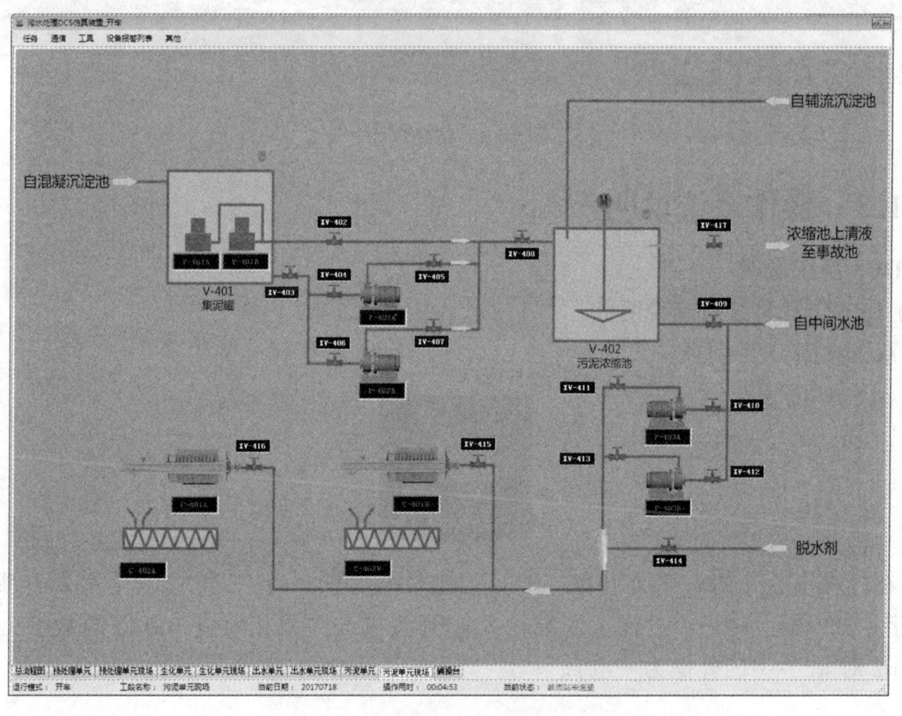

图 6-8 污泥单元 DCS 及现场图 2

（5）总流程图

总流程图如图 6-9 所示。

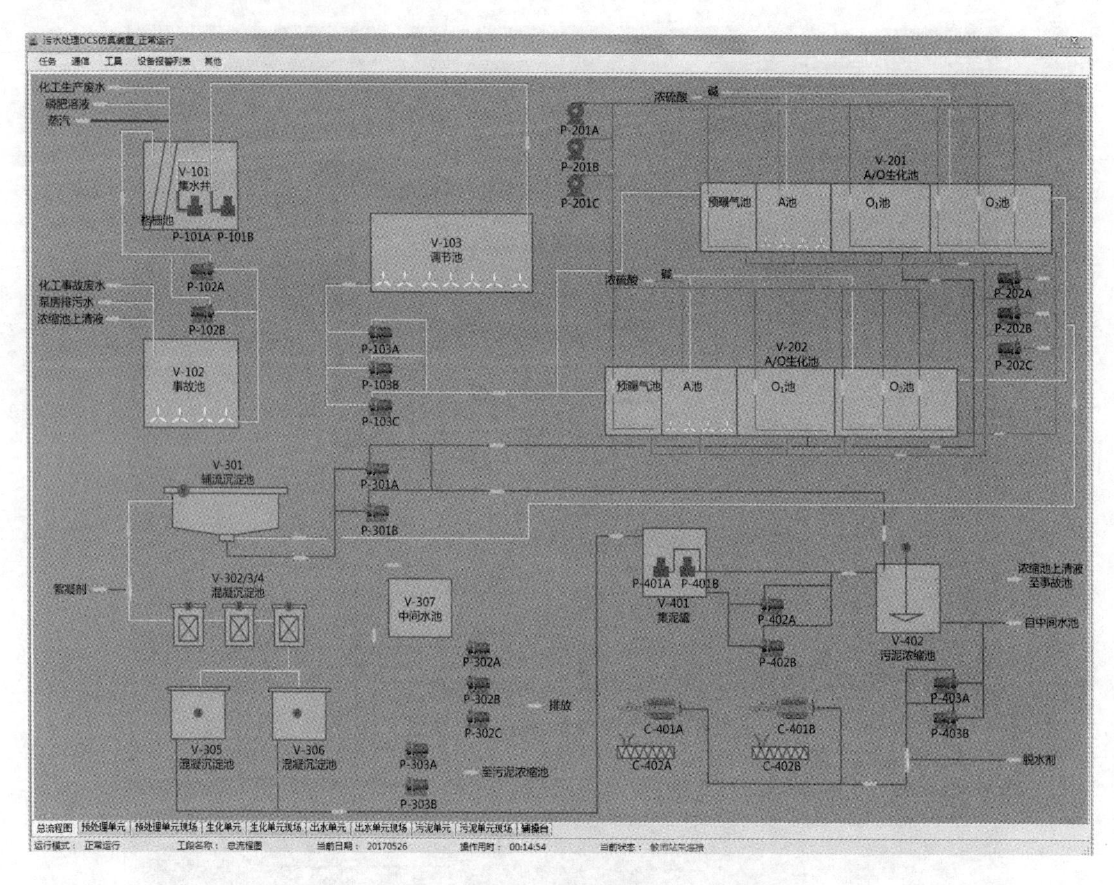

图 6-9　总流程图

6.1.3　操作系统说明

1. DCS 系统说明

（1）DCS 仿真系统登录说明

1）双击桌面 DCS 图标：

2）在内操作员处输入学员组号、学号、姓名等信息。（注：组号以小写 n 开头接 100 以内数字，如：n1、n2……外操工厂端输入 w 开头接与内操相对应 100 以内数字，如：n1 对 w1、n2 对 w2……内外操为一组）。

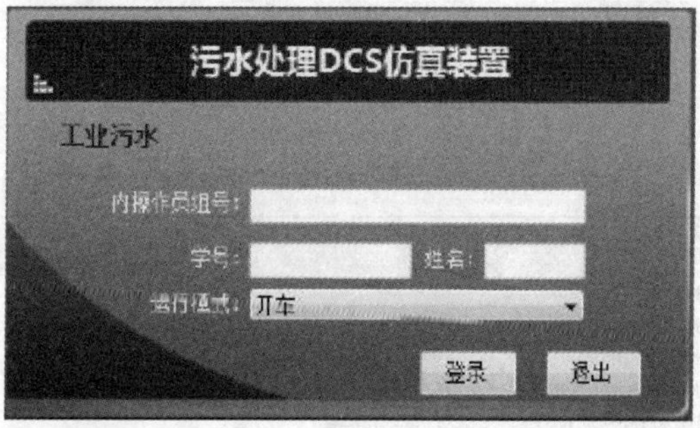

3）在运行模式下拉选框中，单击“开车”：

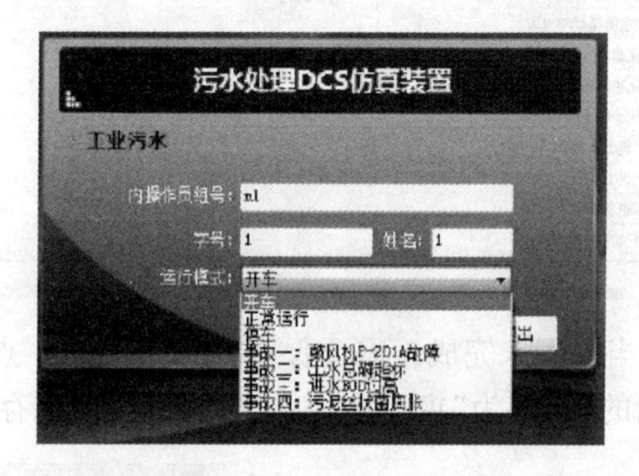

4）单击下方登录图标：

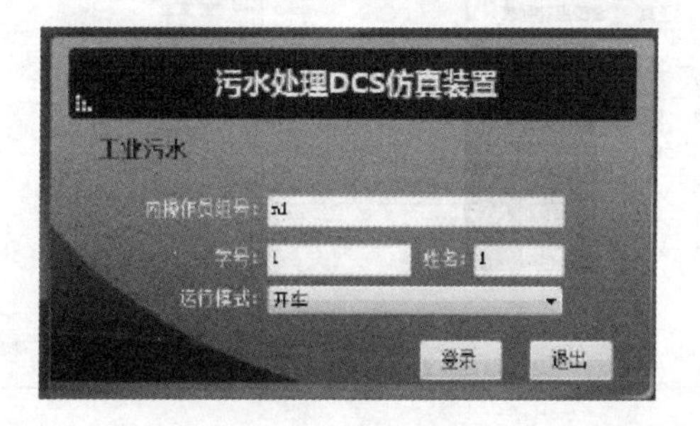

（2）DCS 仿真系统功能

1）任务-提交：考核 DCS 操作全部完成后，点击工具栏中“任务”菜单下的“提交考核”，系统操作结束并显示操作评分。

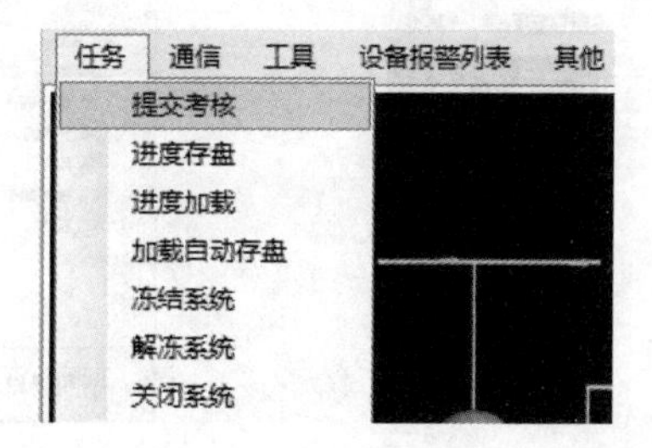

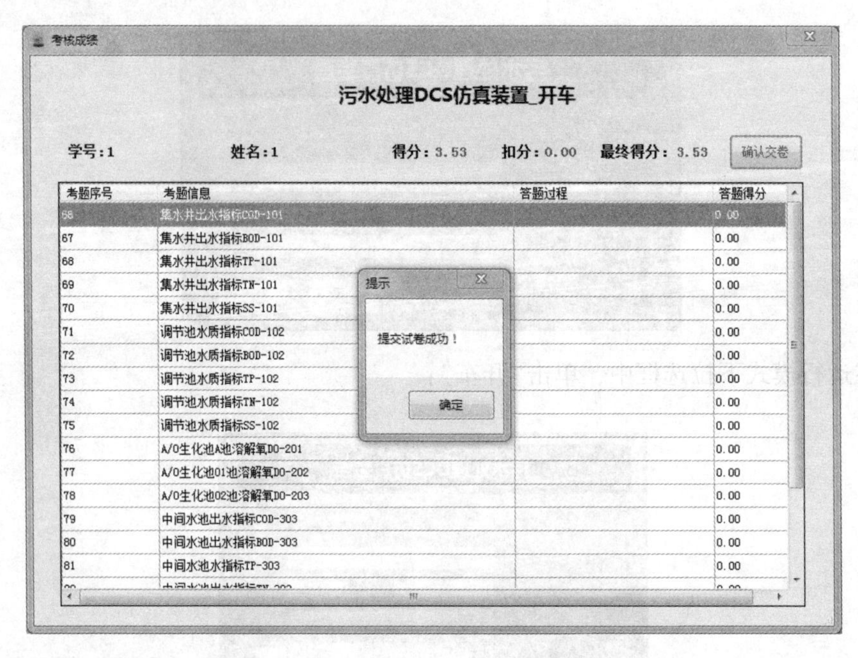

2）任务-进度存盘：当操作未完成，需要保存操作进度时，点击工具栏中“任务”菜单下的“进度存盘”，在弹出的“另存为”窗口中记录文件名点击“保存”。

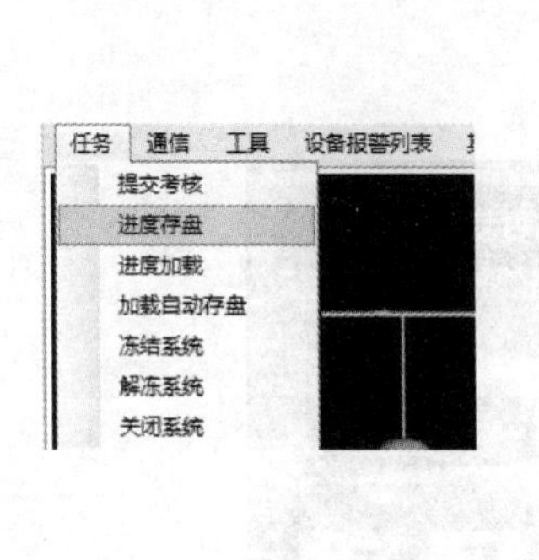

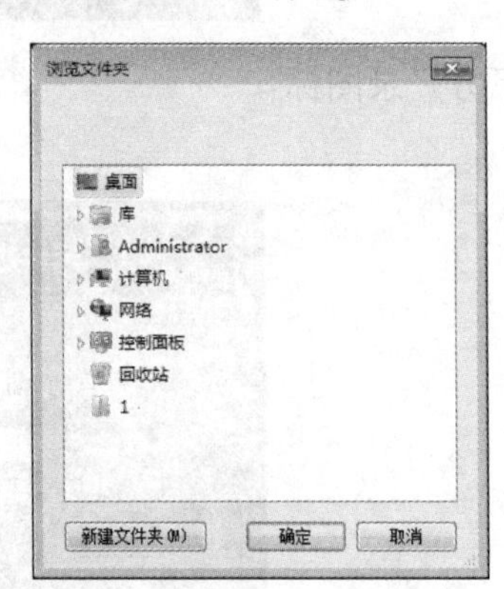

3）任务-进度加载：当需要从保存的进度开始操作时，点击工具栏中“任务”菜单下的“进度加载”，在弹出的“打开”窗口中找到保存进度的文件点击“打开”。

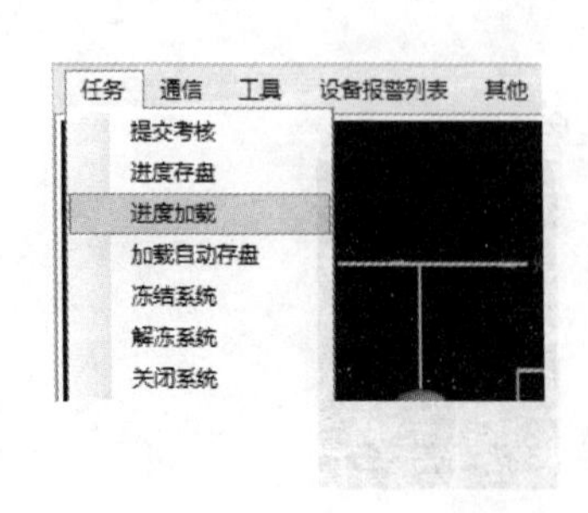

注意：进度存盘与加载功能必须保证两次输入的姓名、学号、组号一致，否则加载会报错失败！

4）任务-加载自动存盘：点击工具栏中“任务”菜单下的“加载自动存盘”，可以读取系统最近自动存储的数据，以防止断电等原因对操作造成的影响。

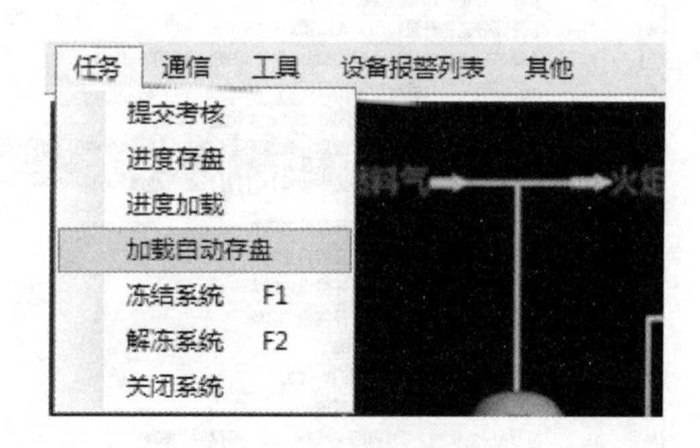

5）任务-冻结/解冻系统：当需要暂停操作进度时，点击工具栏中“任务”菜单下的“冻结系统”，系统即被冻结，保持当前操作状态。当系统冻结后要继续进行操作时，点击工具栏中“任务”菜单下的“解冻系统”键，系统即被解冻，可以继续进行操作。

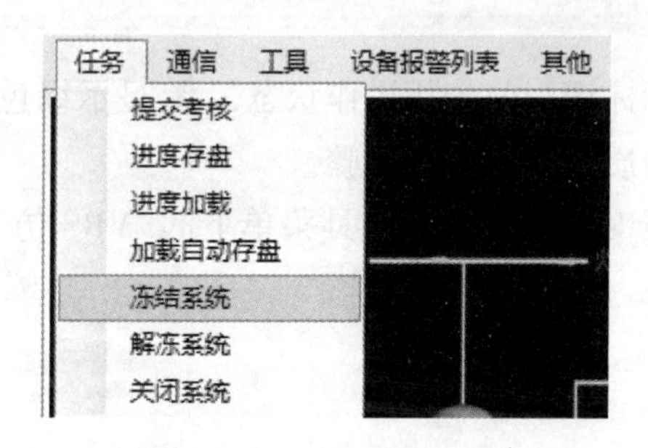

6）任务-关闭系统：无数据保存将系统关闭。

7）通信-VRS仿真现场通信：点击通信菜单下的通信选项，可与相对应的VRS仿真通过DCS软件对其进行操作。当此功能被选中时，DCS中的手动阀门不可操作。

8）工具-智能考评系统：点击工具栏中的“智能考评系统”，可显示装置操作信息。

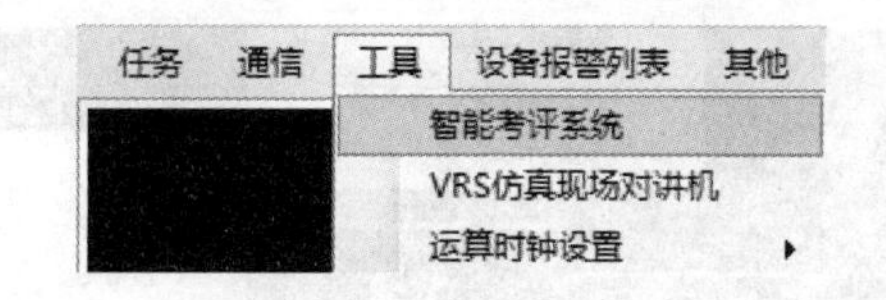

智能考评系统

开车
- 集水井进水
- 调节池进水
- 生化池进水
- 沉淀池进水
- 中间水池进水
- 污泥外排
- 监测指标

步骤	操作	分值	完成否
1	全开集水井V-101进水阀门XV-101，废水进入集水井	10	
2	全开集水井V-101出水阀门XV-102	10	
3	全开调节池V-103进水阀门XV-103	10	
4	待集水井液位LI-101达到80%时，启动集水井提升泵P-101A，污水进入调节池	10	
5	全开调节池V-103出水阀门XV-104	10	
6	全开调节池提升泵P-103A入口阀XV-105	10	
7	待调节池液位LI-102达到80%时，启动调节池提升泵P-103A	10	
8	全开调节池提升泵P-103A出口阀XV-106	10	
9	全开A/O生化池V-201进口阀XV-201，生化池开始进水	10	
10	预曝气池污水达到一定液位后，先溢流至A池中；随着A池液位不断升高，达到一定液位后，溢流至01池；随着01池液位不断升高，达到一定液位后，溢流至02池。待02池液位LI-204达到50%时，打开预曝气池曝气阀XV-205，开度设为50%	10	
11	打开01池曝气阀XV-206，开度设为50%	10	
12	打开02池曝气阀XV-207，开度设为50%	10	
13	打开02池曝气阀XV-208，开度设为50%	10	
14	打开02池曝气阀XV-209，开度设为50%	10	
15	全开鼓风机出口总阀XV-203	10	
16	全开鼓风机P-201A出口阀门XV-233	10	
17	启动鼓风机P-201A，开始曝气	10	
18	打开A/O生化池V-201内回流阀XV-225，开度设为50%	10	
19	全开回流水泵P-202A入口阀XV-219	10	
20	启动回流水泵P-202A	10	
21	全开回流水泵P-202A出口阀XV-220，开始内回流	10	

统计信息

本题类型：操作题　最小限度值：90.00

本题得分：0.00　最大限度值：100.00

本题状态：可做　得分关联变量：XV-101

合计得分 0.00　操作 交卷 关闭

操作步骤前方的小图标标识当前步骤操作状态，显示绿色为当前可做步骤，显示红色为当前不可做步骤，为质量指标监测步骤。

9）工具-VRS仿真现场对讲机：点击工具菜单下的“VRS仿真现场对讲机”，可与VRS仿真现场进行实时对讲功能。

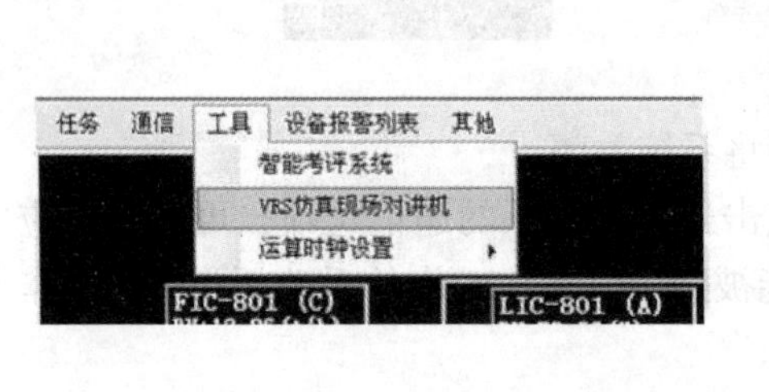

10）工具-运算时钟设置：点击工具菜单下的“时钟运算设置”，可调整反应速度，减少不必要的等待时间或因参数变化快而误操作。

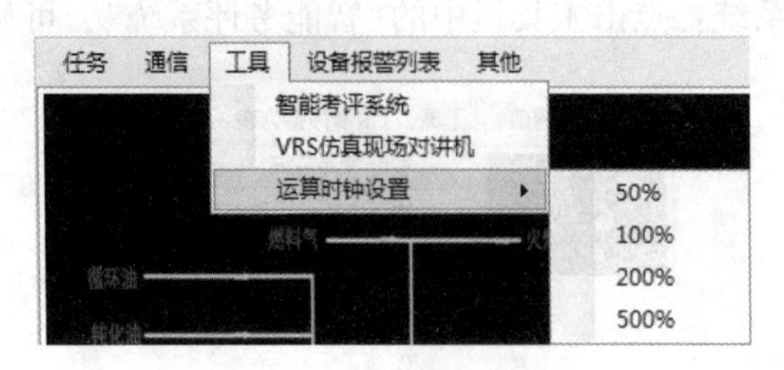

11）设备报警列表：点击设备报警列表选项，将显示当前监控设备的报警状态。

设备报警列表

当前监控设备数量：13　　当前报警设备数量：0

监控设备列表

控件名称	是否报警	最小报警值	最大报警值	当前PV	备注
DO-203	未报警	0	4	0	A/O生化池O2池溶解氧
TP-101	未报警	0	5	0	集水井出水指标
COD-303	未报警	0	120	0	中间水池出水指标
SS-303	未报警	0	30	0	中间水池出水指标
BOD-101	未报警	0	900	0	集水井出水指标
DO-201	未报警	0	0.5	0	A/O生化池A池溶解氧
TP-303	未报警	0	1	0	中间水池出水指标
COD-101	未报警	0	1500	0	集水井出水指标
DO-202	未报警	0	4	0	A/O生化池O1池溶解氧
BOD-303	未报警	0	30	0	中间水池出水指标
SS-101	未报警	0	500	0	集水井出水指标
TN-303	未报警	0	100	0	中间水池出水指标
TN-101	未报警	0	100	0	集水井出水指标

12）其他-设备数据监控：点击其他功能菜单下的“设备数据监控”，可对系统中各变量的数据进行实时监控，便于对比分析管理。

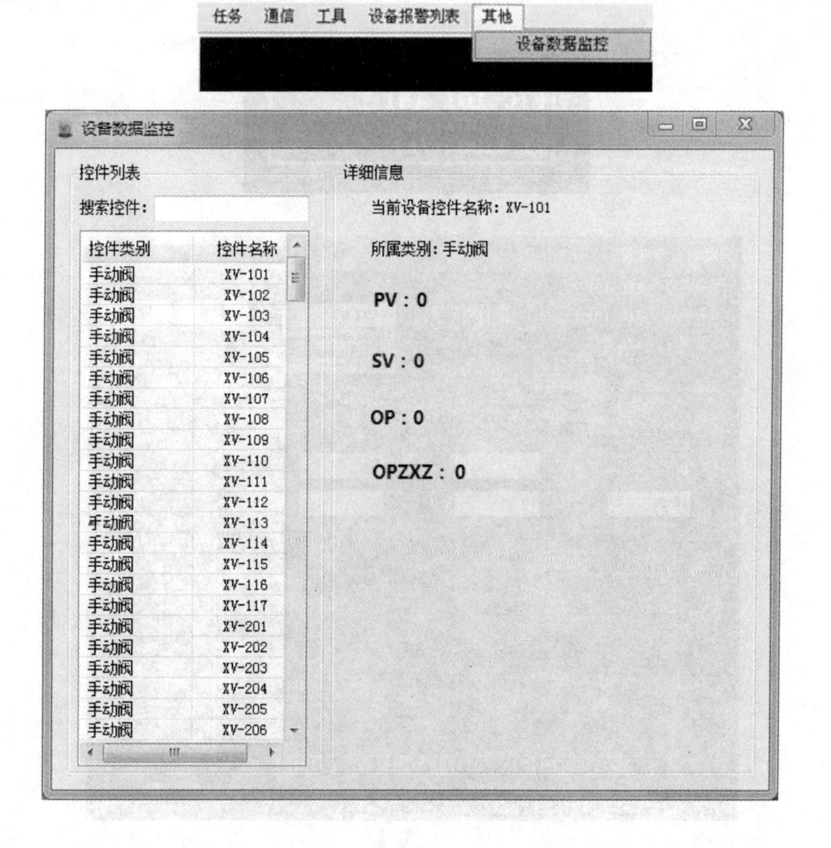

13）仿真系统操作方法：

① 手动阀操作：点击手动阀位号框，在弹出窗口中设置开度值，点击“确定”。（注：阀门绿色表示打开；红色表示关闭。）

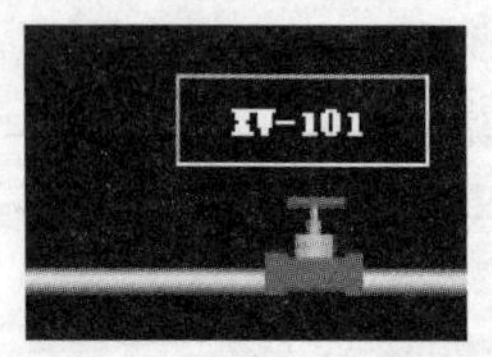

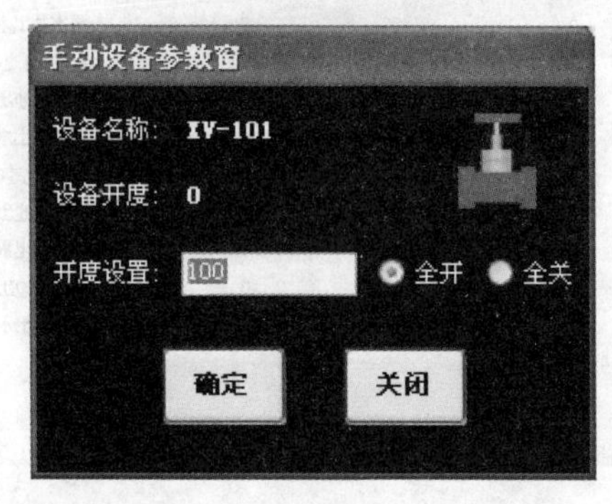

② 自动阀操作：点击自动阀位号框，在弹出窗口中：

a. 选择工作状态“手动”后，在下方“OP”栏中设置开度值，点击“提交”；若关闭自动阀，则在下方“OP”栏中设置开度值 0，点击“提交”。（注：自动阀绿色表示打开；红色表示关闭。）

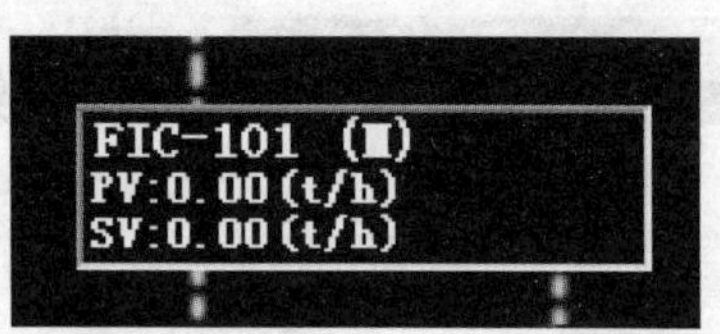

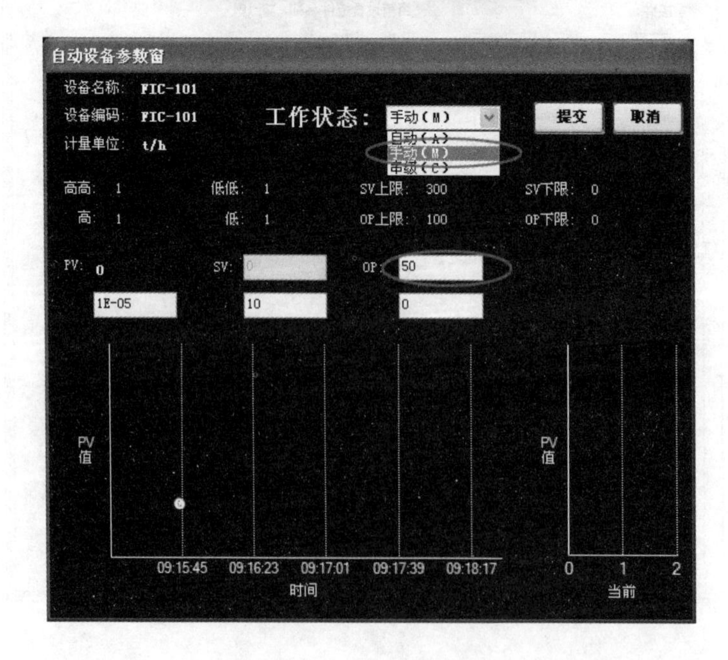

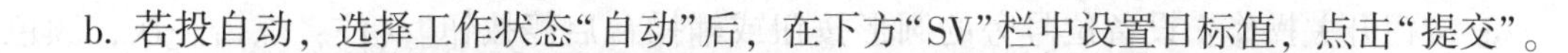

b. 若投自动，选择工作状态“自动”后，在下方“SV”栏中设置目标值，点击“提交”。

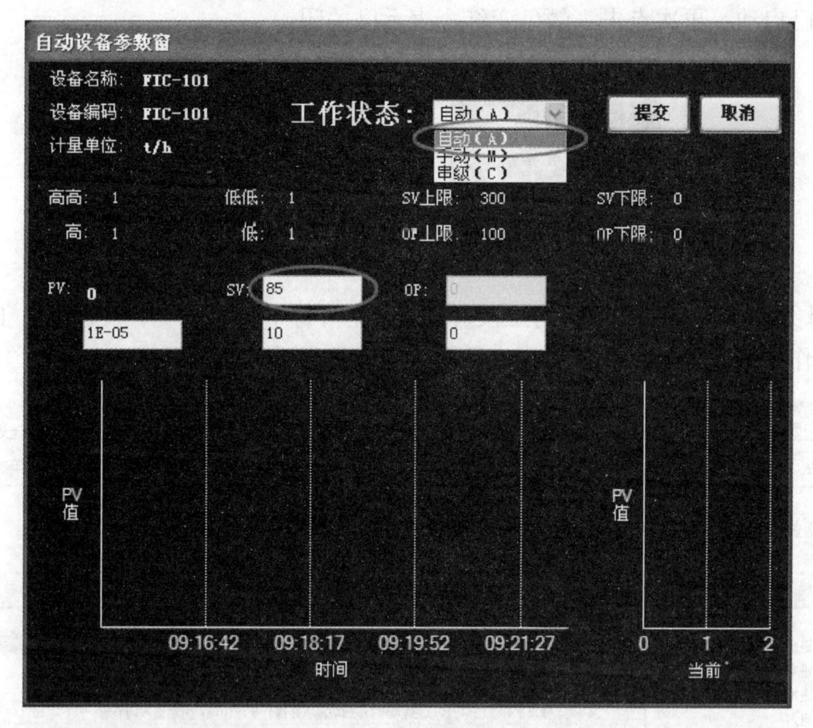

c. 若投串级，选择工作状态“串级”后，直接点击“提交”。

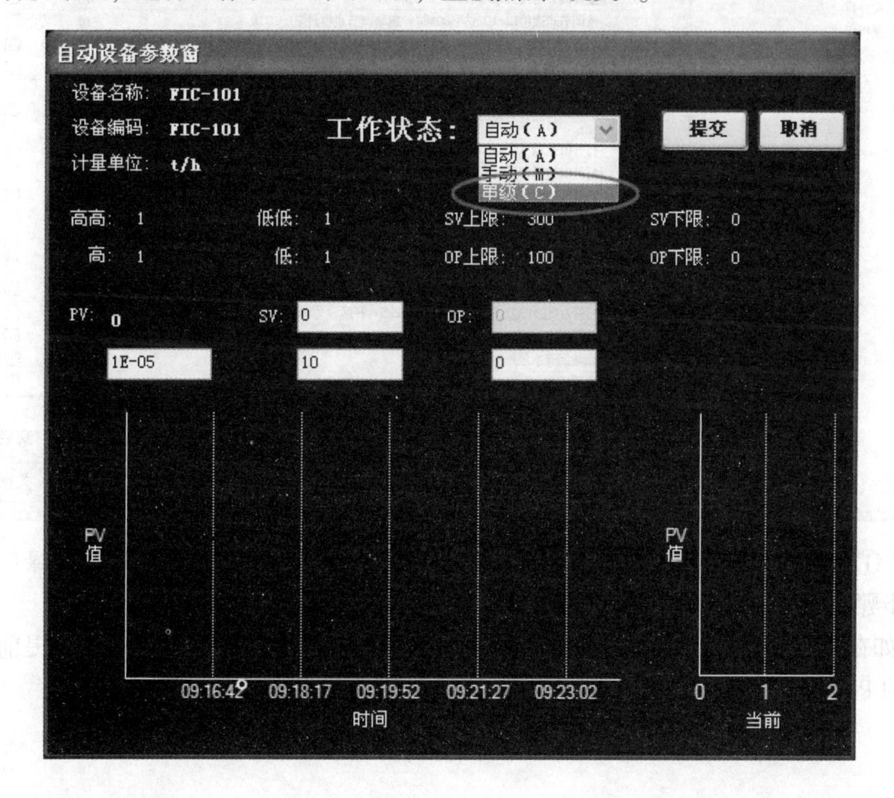

③ 按钮开关操作：设备位号旁的圆形按钮或辅操台启停按钮。（注：点击一次，颜色变绿，表示已启动；再次点击，颜色变红，表示已关闭。）

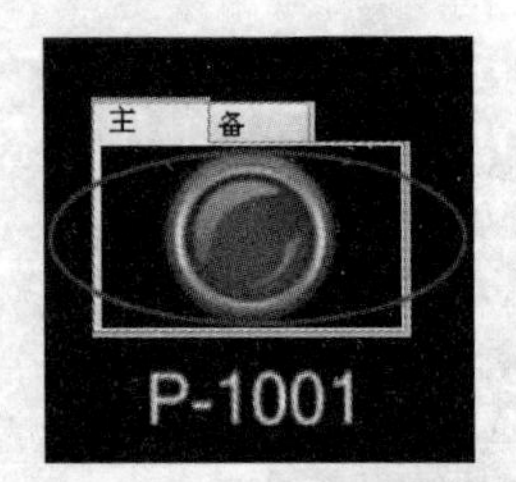

④ 选择文字描述，切换不同的工段界面。（注：每个工段分为两个界面：DCS 操作界面和现场操作界面。前者显示自动阀位号框，后者显示手动阀位号框。）

⑤ DCS 端通过“智能考评系统”查看操作步骤，确定进行哪步操作。

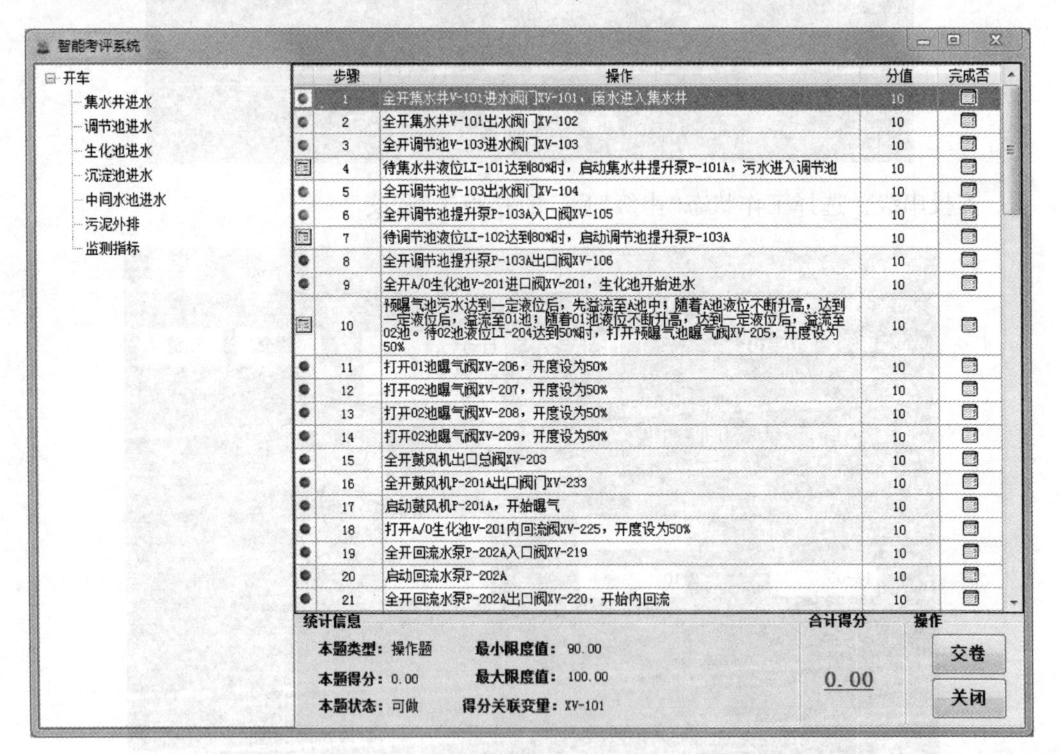

注：①在本图内绿色小圆点为当前可操作步骤；红色为不可操作步骤，当绿色小圆点对应的步骤完成后(不可做步骤满足条件后)，该步变为可操作步骤。

② 如在小圆点位置出现如下图标，表明该步骤答题条件对数值有要求，需提前监控相应参数的 PV 值。

	47	打开
	48	当再
	49	当外
	50	打开
	51	打开

③ 如在小圆点位置出现如下图标，表明该步骤为确认、汇报或监测质量指标等内容，不需要操作任何控件。

	8	汇报
	9	关闭
	10	汇报
	11	开启
	12	关闭

④ 当完成当前步骤并正确，“完成否”列打勾，错误“完成否”列打叉。

⑤ 左侧树形列表为当前运行模式及工段。

⑥ 下方最小、最大限度值为当前操作步骤正确取值范围和题型得分状态等。

2. VRS 操作系统

(1) VRS 仿真系统登录说明

1) 双击桌面图标：

2) 进入 VRS 系统登录界面：

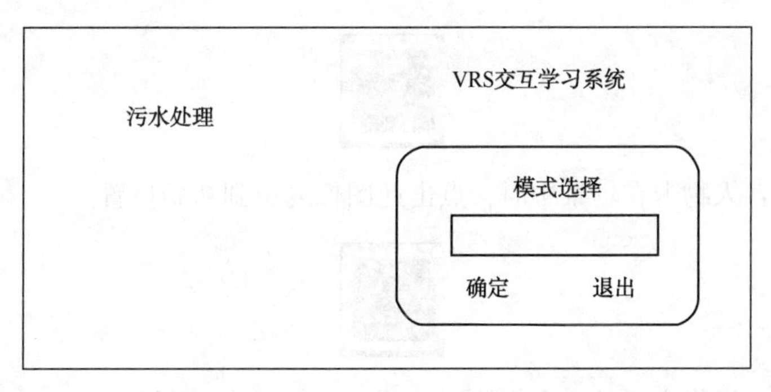

3) 输入外操人员账号(外操人员账号以小写 w 开头其后接 100 以内数字)，登录，进入主界面：

（2）VRS 仿真系统功能

1）冷态开车/正常停车/紧急停车/事故处理：点击冷态开车等模式，开始进行装置操作，此时弹出通信显示和对话内容。

2）操作帮助：点击此图标可弹出帮助界面，提示功能按键说明。

3）人物复位：人物卡在场景中时，点击此图标复位到初始位置。

4）退出系统：操作完成后，点击此图标可退出 VRS 仿真系统。

5）装置地图：点击此图标打开装置地图，可以查看操作人物所在工厂中的位置。再次点击图标可关闭地图。

6）行进方式切换：人物的行进方式可以为行走和跑动，点击图标可以相互切换。

7）标牌显示：可以在阀门标牌显示与不显示切换，以增加难度和考验对工厂的熟悉程度。

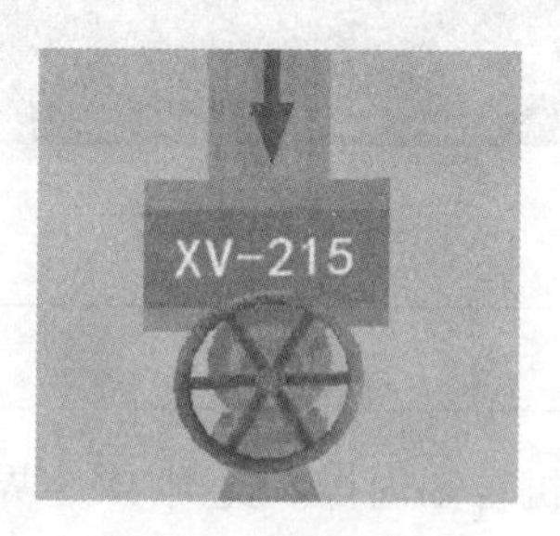

8）恢复通信：当不能进行阀门交互操作时，可能因为通信断开，点此按钮恢复通信。

9）阀门搜索：通过阀门搜索功能可直接定位到所要操作的阀门。阀门搜索功能可在教师端设置是否启用。

（3）交互功能介绍

1）DCS 端登录后勾选 VRS 仿真现场通信。

2）向外操发送操作步骤通知外操，发送操作步骤有两种方式：①直接在通信对讲机中手动输入操作步骤；②双击智能考评系统中的某一操作步骤，步骤信息会自动复制到对讲机中，然后点击发送即可。

3）外操接到通知并对相应阀门进行相应的操作；找到阀门，将鼠标放置阀门上变成手形状，阀门会出现绿色框，表明可以对阀门进行操作，点击鼠标左键即可。

4）通知内操循序操作进行交互：

XV101 操作完毕　　通知内操

外操对阀门操作完毕后，通过对讲机告知内操。此时 DCS 界面上对应阀门也会改变状态，并且智能考评系统中显示对应步骤操作正确。

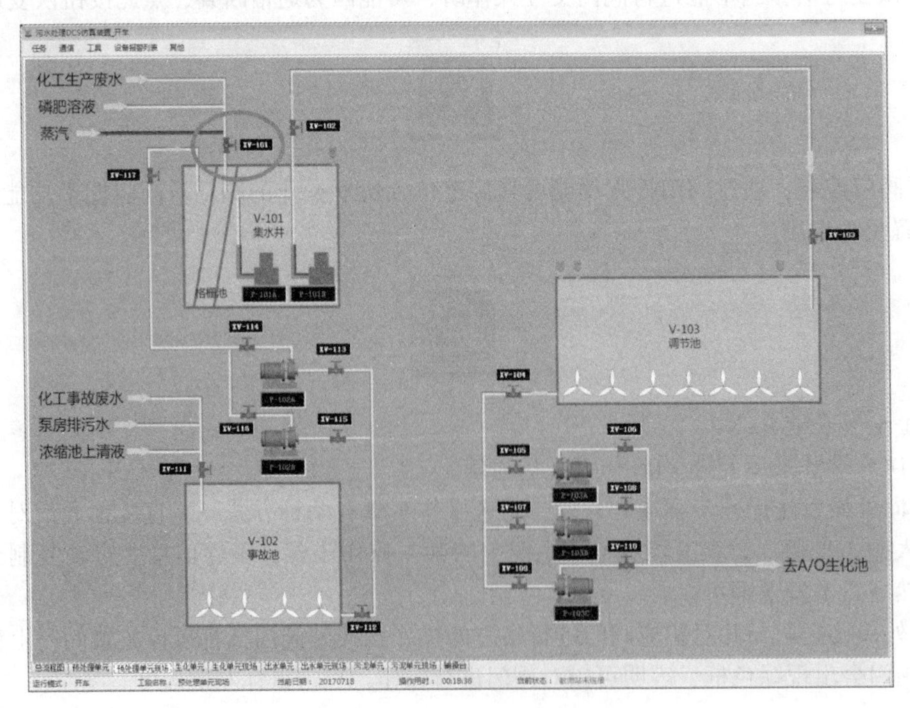

智能考评系统

开车
- 集水井进水
- 调节池进水
- 生化池进水
- 沉淀池进水
- 中间水池进水
- 污泥外排
- 监测指标

步骤	操作	分值	完成否
1	全开集水井V-101进水阀门XV-101，废水进入集水井	10	✓
2	全开集水井V-101出水阀门XV-102	10	
3	全开调节池V-103进水阀门XV-103	10	
4	待集水井液位LI-101达到80%时，启动集水井提升泵P-101A，污水进入调节池	10	
5	全开调节池V-103出水阀门XV-104	10	
6	全开调节池提升泵P-103A入口阀XV-105	10	
7	待调节池液位LI-102达到80%时，启动调节池提升泵P-103A	10	
8	全开调节池提升泵P-103A出口阀XV-106	10	
9	全开A/O生化池V-201进口阀XV-201，生化池开始进水	10	
10	预曝气池污水达到一定液位后，先溢流至A池中；随着A池液位不断升高，达到一定液位后，溢流至01池；随着01池液位不断升高，达到一定液位后，溢流至02池。待02池液位LI-204达到50%时，打开预曝气池曝气阀XV-205，开度设为50%	10	
11	打开01池曝气阀XV-206，开度设为50%	10	
12	打开02池曝气阀XV-207，开度设为50%	10	
13	打开02池曝气阀XV-208，开度设为50%	10	
14	打开02池曝气阀XV-209，开度设为50%	10	
15	全开鼓风机出口总阀XV-203	10	
16	全开鼓风机P-201A出口阀门XV-233	10	
17	启动鼓风机P-201A，开始曝气	10	
18	打开A/O生化池V-201内回流阀XV-225，开度设为50%	10	
19	全开回流水泵P-202A入口阀XV-219	10	
20	启动回流水泵P-202A	10	
21	全开回流水泵P-202A出口阀XV-220，开始内回流	10	

统计信息

本题类型：操作题　最小限度值：90.00

本题得分：10.00　最大限度值：100.00

本题状态：回答正确　得分关联变量：XV-101

合计得分 1.19

操作 交卷 关闭

4. 注意事项

1）在DCS仿真系统操作过程中，“监测题型”需提前监控，只要满足条件范围即可进行相应操作。

2）在DCS仿真系统操作过程中，“投自动、串级题型”当监测点达到监测最优值时，进行投自动操作，可减缓参数的波动。若波动较大，可先将自动参数改为手动控制，稳定后再重新进行投自动控制。

3）外操与内操进行交互时，登录时输入的对应组号要一致，比如w1对应n1、w2对应n2，最大组数为100，即w100和n100。并且，同一局域网内一个组号只能唯一存在，否则会发生错误。

4）外操选择冷态开车时，内操也应选择冷态开车，同理外操选择紧急停车时，内操也需要选择紧急停车，即外操的操作模式要与内操一致，否则通信会发生错误。

5）内操切换模式时，如做完“冷态开车”需要再进行“紧急停车”，要退出系统，然后再次登录系统时选择“紧急停车”运行模式；外操切换模式时，只需重新点击“功能面板”上对应模式按钮即可，系统会自动进行数据和阀门初始化。切换模式时会有提示，注意不要误操作。一旦模式切换后，之前的操作都不可恢复。

6）外操场景中有很多狭窄空间，漫游操作时尽量不要进入，容易被卡住，人物卡住后可通过复位按钮进行人物位置复位。

6.2 污水处理工艺设计虚拟仿真实训

6.2.1 平台简介

污水处理工艺设计虚拟仿真平台是一个三维的、高仿真度的、高交互操作的、全程参与式的、可提供实时信息反馈与操作指导的、虚拟水质分析模拟操作平台。平台采用虚拟现实技术，依据污水厂实际布局搭建模型，根据实际实验过程完成交互，完整再现了环境实验室的实验操作过程及实验中发生的反应现象，学生通过在平台上操作练习，进一步熟悉专业基础知识，了解实际实验环境，培养基本动手能力，为进行实际实验奠定良好基础。

该平台可实现城市污水、垃圾渗滤液，以及印染废水等典型的污水处理工艺搭建，平台中设置了污染物去除顺序学习、污水处理单元分类、2D 平面布置、3D 平面布置及搭建工艺的运行调试等功能。平台内置了各种构筑物的设计手册、处理标准等工具书，方便使用者查找相关的设计依据。

6.2.2 污水处理工艺设计虚拟仿真平台操作步骤

以城市污水处理为例：

1. 点击启动按钮

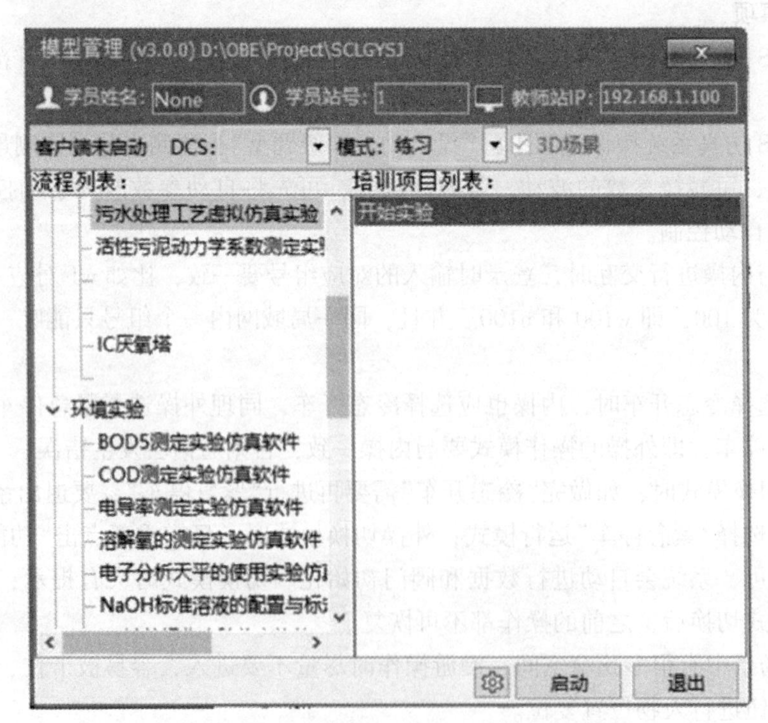

2. 选择设计污水水质类型

3. 选择污水设计水量

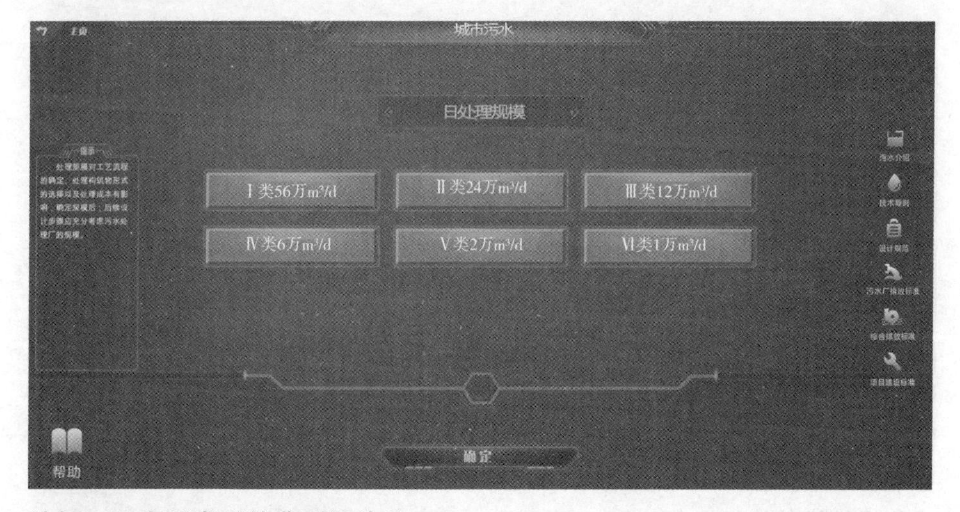

4. 选择不同水质类型的典型污染物

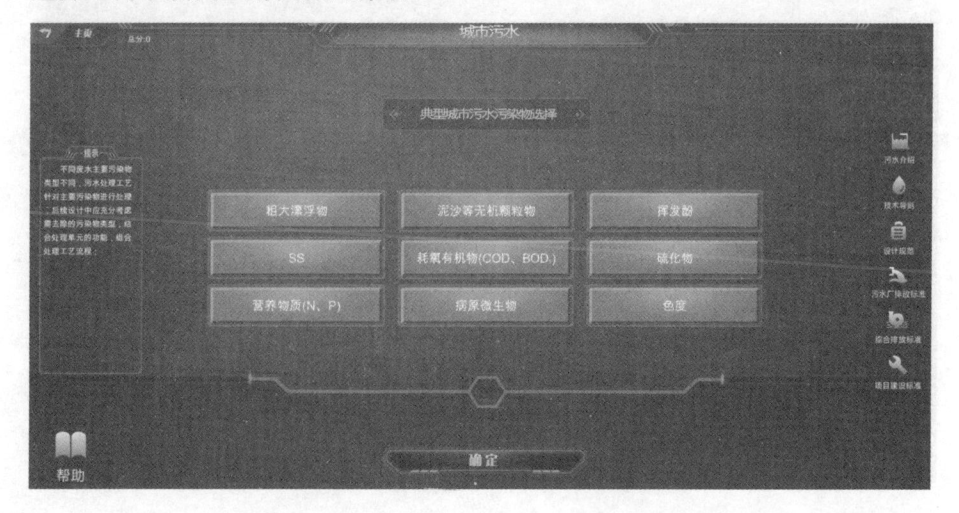

5. 选择污水水质指标

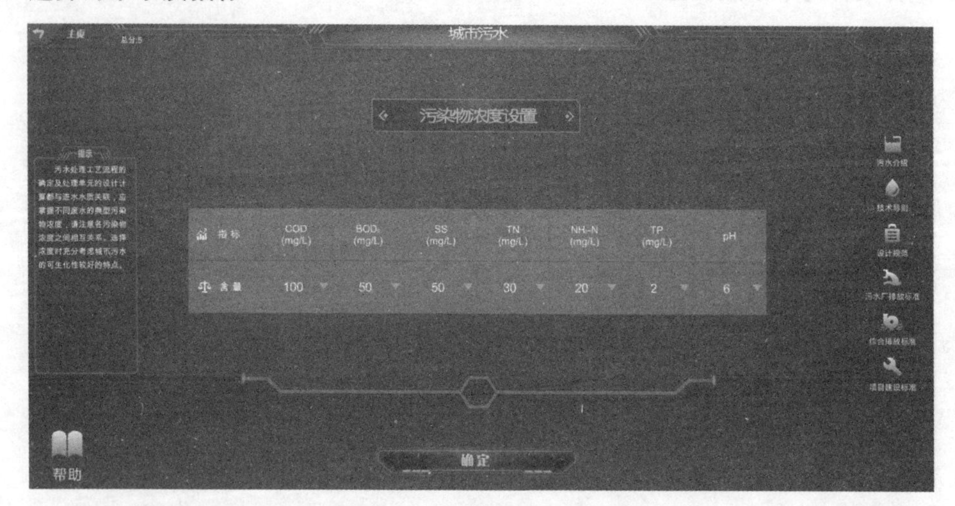

6. 选择出水排放去向

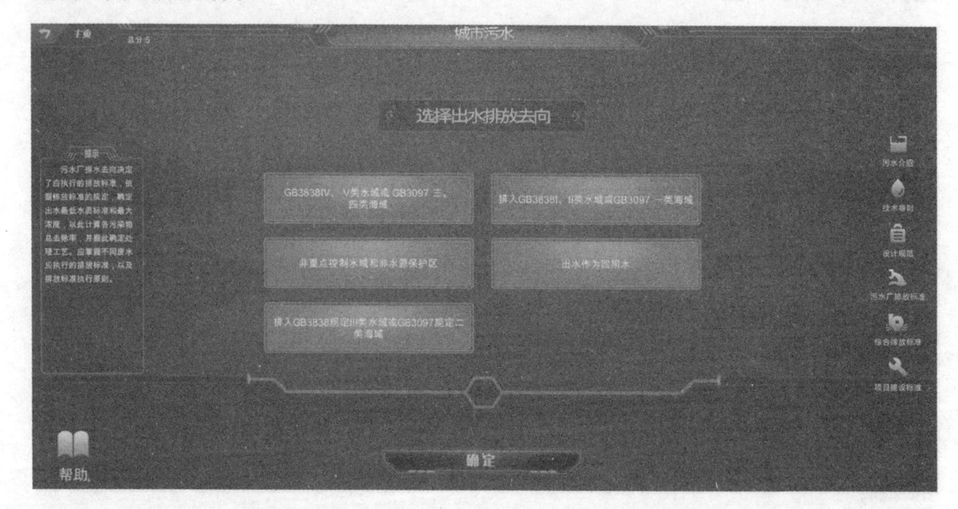

7. 选择设计排放执行标准

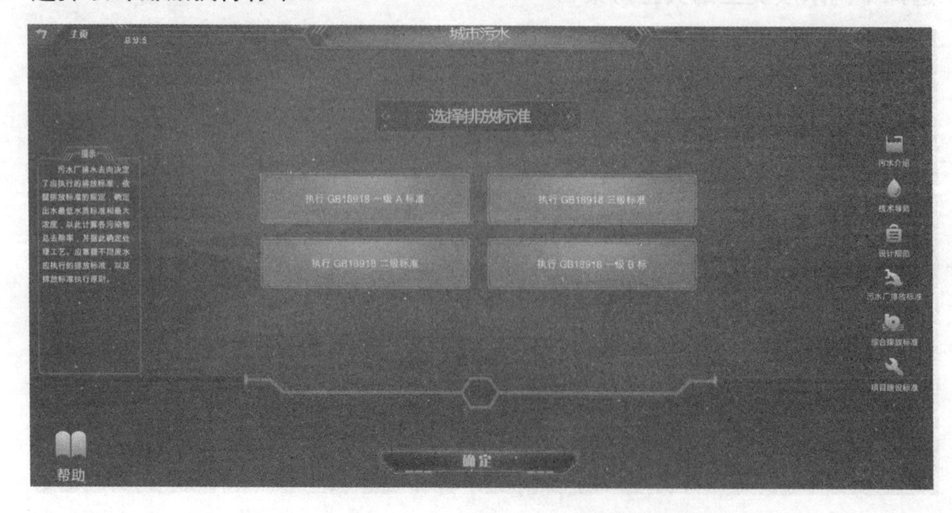

8. 生成进出水水质表、确定水质生化性

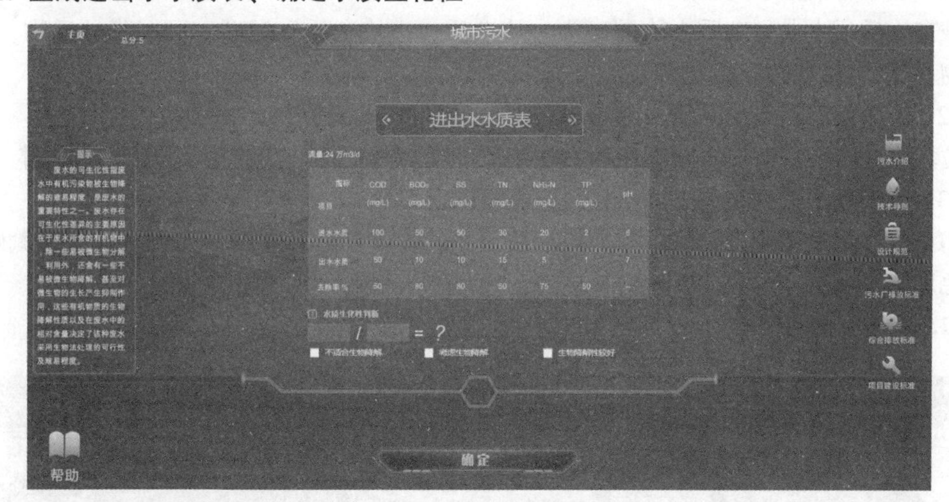

9. 确定污染物的去除顺序

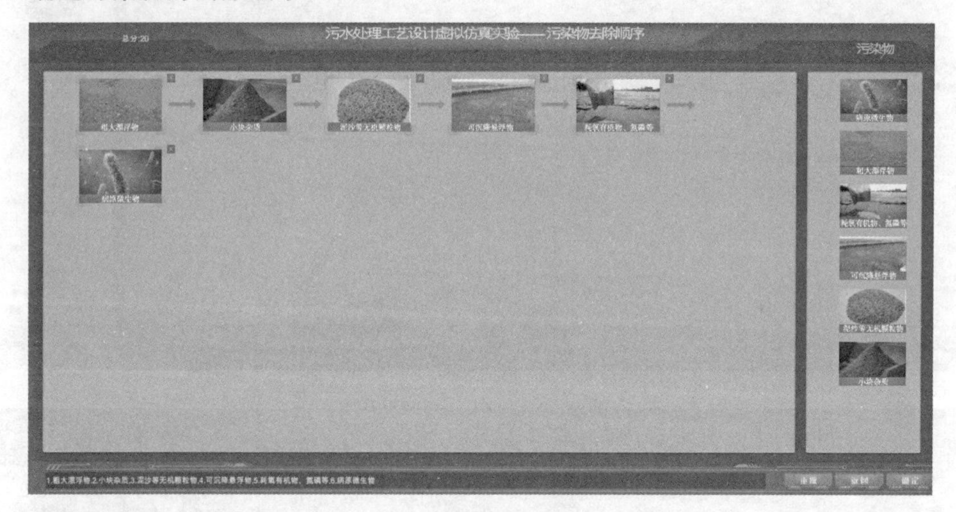

10. 处理单元分类

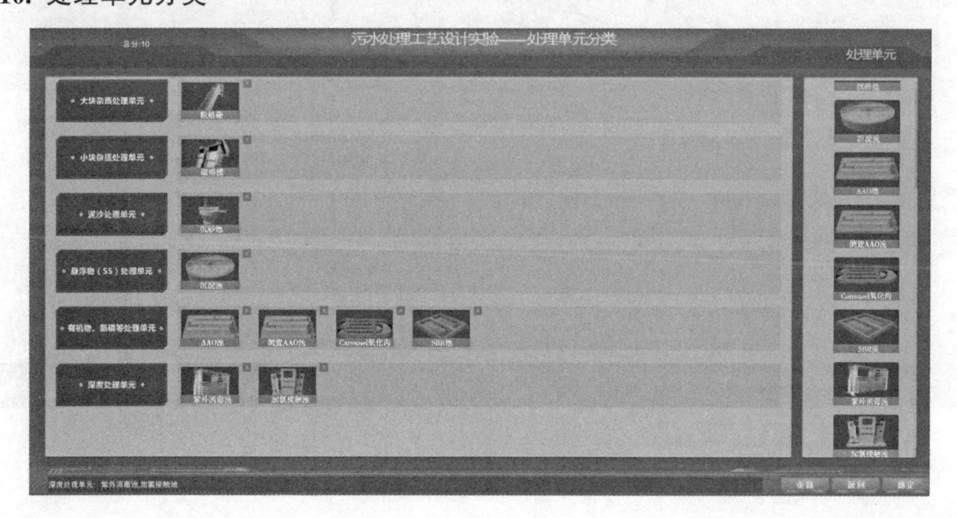

(1) 城市生活污水典型杂质去除顺序

城市生活污水典型杂质去除顺序为大块杂质、小块杂质、泥砂、可沉降悬浮物、耗氧有机物、氮磷等以及病原微生物。

(2) 垃圾渗滤液典型杂质去除顺序

垃圾渗滤液典型杂质去除顺序为大块杂质、耗氧有机物、氮磷等及总溶解性固体。

(3) 印染废水典型杂质去除顺序

印染废水典型杂质去除顺序为大块杂质、泥砂等可沉降悬浮物，耗氧有机物、氮磷等，调节色度。

11. 工艺流程的搭建

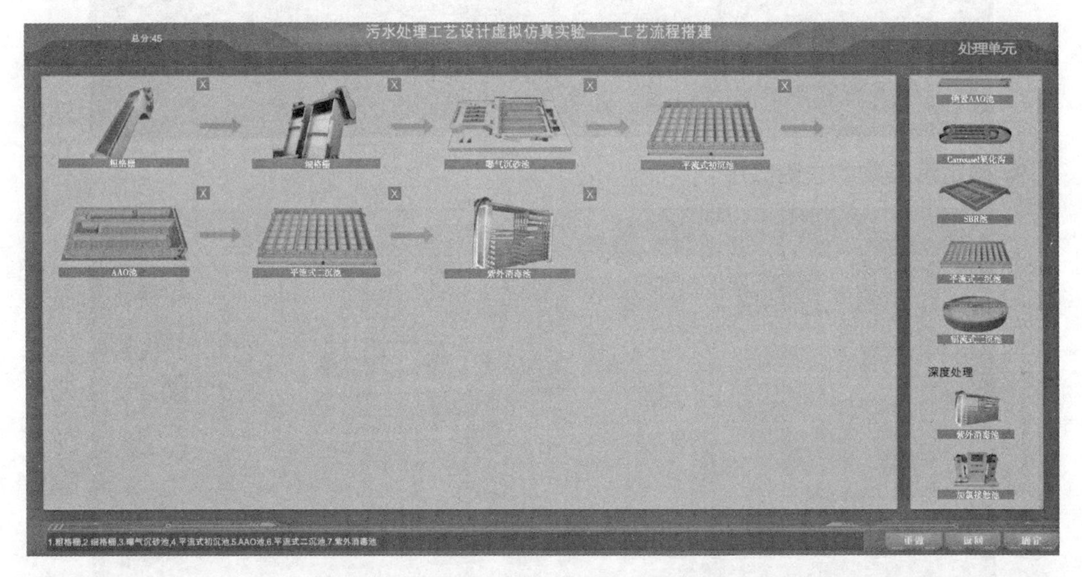

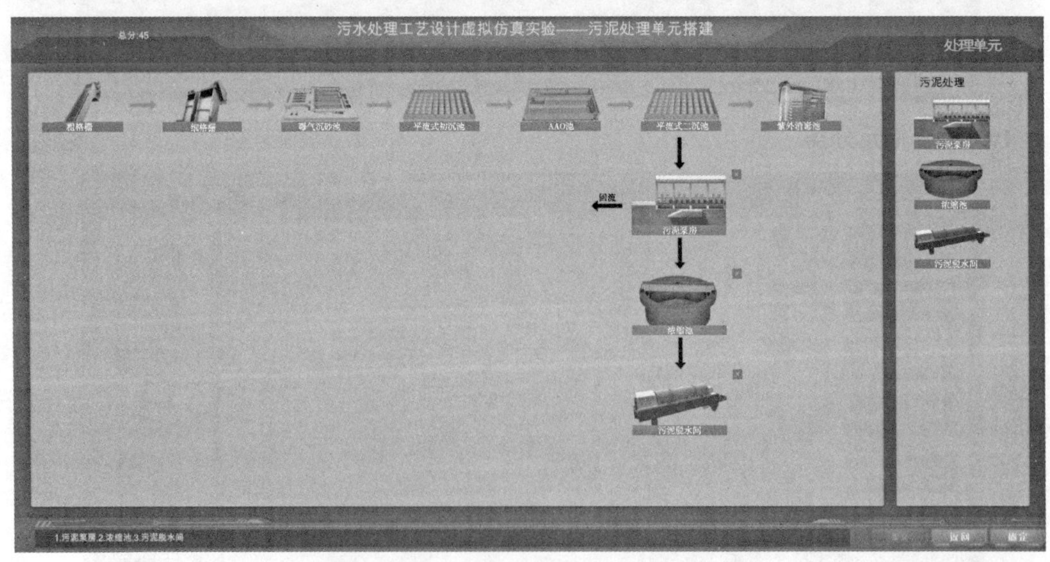

(1) 城市生活污水

粗格栅→细格栅→旋流沉砂池→AAO 池→平流式二沉池→紫外消毒池

粗格栅→细格栅→旋流沉砂池→AAO 池→辐流式二沉池→紫外消毒池

粗格栅→细格栅→旋流沉砂池→AAO 池→平流式二沉池→加氯接触池

粗格栅→细格栅→旋流沉砂池→AAO 池→辐流式二沉池→加氯接触池

粗格栅→细格栅→曝气沉砂池→平流式初沉池→AAO 池→平流式二沉池→紫外消毒池

粗格栅→细格栅→曝气沉砂池→平流式初沉池→AAO 池→平流式二沉池→加氯接触池

粗格栅→细格栅→曝气沉砂池→平流式初沉池→AAO 池→辐流式二沉池→紫外消毒池

粗格栅→细格栅→曝气沉砂池→平流式初沉池→AAO 池→辐流式二沉池→加氯接触池

粗格栅→细格栅→曝气沉砂池→辐流式初沉池→AAO 池→平流式二沉池→紫外消毒池

粗格栅→细格栅→曝气沉砂池→辐流式初沉池→AAO 池→平流式二沉池→加氯接触池

粗格栅→细格栅→曝气沉砂池→辐流式初沉池→AAO 池→辐流式二沉池→紫外消毒池

粗格栅→细格栅→曝气沉砂池→辐流式初沉池→AAO 池→辐流式二沉池→加氯接触池

粗格栅→细格栅→旋流沉砂池→平流式初沉池→AAO 池→平流式二沉池→紫外消毒池

粗格栅→细格栅→旋流沉砂池→平流式初沉池→AAO 池→平流式二沉池→加氯接触池

粗格栅→细格栅→旋流沉砂池→平流式初沉池→AAO 池→辐流式二沉池→紫外消毒池

粗格栅→细格栅→旋流沉砂池→平流式初沉池→AAO 池→辐流式二沉池→加氯接触池

粗格栅→细格栅→旋流沉砂池→辐流式初沉池→AAO 池→平流式二沉池→紫外消毒池

粗格栅→细格栅→旋流沉砂池→辐流式初沉池→AAO 池→平流式二沉池→加氯接触池

粗格栅→细格栅→旋流沉砂池→辐流式初沉池→AAO 池→辐流式二沉池→紫外消毒池

粗格栅→细格栅→旋流沉砂池→辐流式初沉池→AAO 池→辐流式二沉池→加氯接触池

粗格栅→细格栅→曝气沉砂池→平流式初沉池→倒置 AAO 池→平流式二沉池→紫外消毒池

粗格栅→细格栅→曝气沉砂池→平流式初沉池→倒置 AAO 池→平流式二沉池→加氯接触池

粗格栅→细格栅→曝气沉砂池→平流式初沉池→倒置 AAO 池→辐流式二沉池→紫外消毒池

粗格栅→细格栅→曝气沉砂池→平流式初沉池→倒置 AAO 池→辐流式二沉池→加氯接触池

粗格栅→细格栅→曝气沉砂池→辐流式初沉池→倒置 AAO 池→平流式二沉池→紫外消毒池

粗格栅→细格栅→曝气沉砂池→辐流式初沉池→倒置 AAO 池→平流式二沉池→加氯接触池

粗格栅→细格栅→曝气沉砂池→辐流式初沉池→倒置 AAO 池→辐流式二沉池→紫外消毒池

粗格栅→细格栅→曝气沉砂池→辐流式初沉池→倒置 AAO 池→辐流式二沉池→加氯接触池

粗格栅→细格栅→旋流沉砂池→平流式初沉池→倒置 AAO 池→平流式二沉池→紫外消毒池

粗格栅→细格栅→旋流沉砂池→平流式初沉池→倒置 AAO 池→平流式二沉池→加氯接触池

粗格栅→细格栅→旋流沉砂池→平流式初沉池→倒置 AAO 池→辐流式二沉池→紫外消毒池

粗格栅→细格栅→旋流沉砂池→平流式初沉池→倒置 AAO 池→辐流式二沉池→加氯接触池

粗格栅→细格栅→旋流沉砂池→辐流式初沉池→倒置 AAO 池→平流式二沉池→紫外消毒池

粗格栅→细格栅→旋流沉砂池→辐流式初沉池→倒置 AAO 池→平流式二沉池→加氯接触池

粗格栅→细格栅→旋流沉砂池→辐流式初沉池→倒置 AAO 池→辐流式二沉池→紫外消毒池

粗格栅→细格栅→旋流沉砂池→辐流式初沉池→倒置 AAO 池→辐流式二沉池→加氯接触池

粗格栅→细格栅→旋流沉砂池→倒置 AAO 池→平流式二沉池→紫外消毒池

粗格栅→细格栅→旋流沉砂池→倒置 AAO 池→辐流式二沉池→紫外消毒池

粗格栅→细格栅→旋流沉砂池→倒置 AAO 池→平流式二沉池→加氯接触池

粗格栅→细格栅→旋流沉砂池→倒置 AAO 池→辐流式二沉池→加氯接触池

粗格栅→细格栅→旋流沉砂池→Carrousel 氧化沟→平流式二沉池→紫外消毒池

粗格栅→细格栅→旋流沉砂池→Carrousel 氧化沟→辐流式二沉池→紫外消毒池

粗格栅→细格栅→旋流沉砂池→Carrousel 氧化沟→平流式二沉池→加氯接触池

粗格栅→细格栅→旋流沉砂池→Carrousel 氧化沟→辐流式二沉池→加氯接触池

粗格栅→细格栅→曝气沉砂池→Carrousel 氧化沟→平流式二沉池→紫外消毒池

粗格栅→细格栅→曝气沉砂池→Carrousel 氧化沟→辐流式二沉池→紫外消毒池

粗格栅→细格栅→曝气沉砂池→Carrousel 氧化沟→平流式二沉池→加氯接触池

粗格栅→细格栅→曝气沉砂池→Carrousel 氧化沟→辐流式二沉池→加氯接触池

粗格栅→细格栅→曝气沉砂池→平流式初沉池→Carrousel 氧化沟→平流式二沉池→紫外消毒池

粗格栅→细格栅→曝气沉砂池→平流式初沉池→Carrousel 氧化沟→平流式二沉池→加氯接触池

粗格栅→细格栅→曝气沉砂池→平流式初沉池→Carrousel 氧化沟→辐流式二沉池→紫

外消毒池

粗格栅→细格栅→曝气沉砂池→平流式初沉池→Carrousel 氧化沟→辐流式二沉池→加氯接触池

粗格栅→细格栅→曝气沉砂池→辐流式初沉池→Carrousel 氧化沟→平流式二沉池→紫外消毒池

粗格栅→细格栅→曝气沉砂池→辐流式初沉池→Carrousel 氧化沟→平流式二沉池→加氯接触池

粗格栅→细格栅→曝气沉砂池→辐流式初沉池→Carrousel 氧化沟→辐流式二沉池→紫外消毒池

粗格栅→细格栅→曝气沉砂池→辐流式初沉池→Carrousel 氧化沟→辐流式二沉池→加氯接触池

粗格栅→细格栅→旋流沉砂池→平流式初沉池→Carrousel 氧化沟→平流式二沉池→紫外消毒池

粗格栅→细格栅→旋流沉砂池→平流式初沉池→Carrousel 氧化沟→平流式二沉池→加氯接触池

粗格栅→细格栅→旋流沉砂池→平流式初沉池→Carrousel 氧化沟→辐流式二沉池→紫外消毒池

粗格栅→细格栅→旋流沉砂池→平流式初沉池→Carrousel 氧化沟→辐流式二沉池→加氯接触池

粗格栅→细格栅→旋流沉砂池→辐流式初沉池→Carrousel 氧化沟→平流式二沉池→紫外消毒池

粗格栅→细格栅→旋流沉砂池→辐流式初沉池→Carrousel 氧化沟→平流式二沉池→加氯接触池

粗格栅→细格栅→旋流沉砂池→辐流式初沉池→Carrousel 氧化沟→辐流式二沉池→紫外消毒池

粗格栅→细格栅→旋流沉砂池→辐流式初沉池→Carrousel 氧化沟→辐流式二沉池→加氯接触池

粗格栅→细格栅→曝气沉砂池→平流式初沉池→SBR 池→紫外消毒池

粗格栅→细格栅→曝气沉砂池→平流式初沉池→SBR 池→加氯接触池

粗格栅→细格栅→曝气沉砂池→辐流式初沉池→SBR 池→紫外消毒池

粗格栅→细格栅→曝气沉砂池→辐流式初沉池→SBR 池→加氯接触池

粗格栅→细格栅→旋流沉砂池→平流式初沉池→SBR 池→紫外消毒池

粗格栅→细格栅→旋流沉砂池→平流式初沉池→SBR 池→加氯接触池

粗格栅→细格栅→旋流沉砂池→辐流式初沉池→SBR 池→紫外消毒池

粗格栅→细格栅→旋流沉砂池→辐流式初沉池→SBR 池→加氯接触池

(2) 垃圾渗滤液

袋式过滤器→一级 A/O 系统→外置式 UF 系统→NF 系统→RO 系统

袋式过滤器→一级 A/O 系统→沉淀缓冲池→外置式 UF 系统→NF 系统→RO 系统

袋式过滤器→二级 A/O 系统→沉淀缓冲池→外置式 UF 系统→NF 系统→RO 系统

袋式过滤器→二级 A/O 系统→外置式 UF 系统→NF 系统→RO 系统

袋式过滤器→二级 A/O 系统→内置式 UF 系统→NF 系统→RO 系统

袋式过滤器→一级 A/O 系统→内置式 UF 系统→NF 系统→RO 系统

袋式过滤器→二级 A/O 系统→内置式 UF 系统→NF 系统→RO 系统

袋式过滤器→A/O/O 系统→内置式 UF 系统→NF 系统→RO 系统

袋式过滤器→A/O/O 系统→外置式 UF 系统→NF 系统→RO 系统

调节池→转鼓格栅→UASB→二级 A/O 系统→外置式 UF 系统→NF 系统→RO 系统

调节池→转鼓格栅→UASB→二级 A/O 系统→沉淀缓冲池→外置式 UF 系统→NF 系统→RO 系统

调节池→固液分离机→UASB→二级 A/O 系统→外置式 UF 系统→NF 系统→RO 系统

调节池→固液分离机→UASB→二级 A/O 系统→沉淀缓冲池→外置式 UF 系统→NF 系统→RO 系统

调节池→转鼓格栅→UASB→二级 A/O 系统→外置式 UF 系统→STRO 系统→RO 系统

调节池→转鼓格栅→UASB→二级 A/O 系统→沉淀缓冲池→外置式 UF 系统→STRO 系统→RO 系统

调节池→固液分离机→UASB→二级 A/O 系统→外置式 UF 系统→STRO 系统→RO 系统

调节池→固液分离机→UASB→二级 A/O 系统→沉淀缓冲池→外置式 UF 系统→STRO 系统→RO 系统

调节池→转鼓格栅→UASB→二级 A/O 系统→外置式 UF 系统→NF 系统→STRO 系统

调节池→转鼓格栅→UASB→二级 A/O 系统→沉淀缓冲池→外置式 UF 系统→NF 系统→STRO 系统

调节池→固液分离机→UASB→二级 A/O 系统→外置式 UF 系统→NF 系统→STRO 系统

调节池→固液分离机→UASB→二级 A/O 系统→沉淀缓冲池→外置式 UF 系统→NF 系统→STRO 系统

调节池→转鼓格栅→UBF→二级 A/O 系统→外置式 UF 系统→NF 系统→RO 系统

调节池→转鼓格栅→UBF→二级 A/O 系统→沉淀缓冲池→外置式 UF 系统→NF 系统→RO 系统

调节池→固液分离机→UBF→二级 A/O 系统→外置式 UF 系统→NF 系统→RO 系统

调节池→固液分离机→UBF→二级 A/O 系统→沉淀缓冲池→外置式 UF 系统→NF 系统→RO 系统

调节池→转鼓格栅→UBF→二级 A/O 系统→外置式 UF 系统→STRO 系统→RO 系统

调节池→转鼓格栅→UBF→二级 A/O 系统→沉淀缓冲池→外置式 UF 系统→STRO 系统→RO 系统

调节池→固液分离机→UBF→二级 A/O 系统→外置式 UF 系统→STRO 系统→RO 系统

调节池→固液分离机→UBF→二级 A/O 系统→沉淀缓冲池→外置式 UF 系统→STRO 系

统→RO 系统

调节池→转鼓格栅→UBF→二级 A/O 统→外置式 UF 系统→NF 系统→STRO 系统

调节池→转鼓格栅→UBF→二级 A/O 系统→沉淀缓冲池→外置式 UF 系统→NF 系统→STRO 系统

调节池→固液分离机→UBF→二级 A/O 系统→外置式 UF 系统→NF 系统→STRO 系统

调节池→固液分离机→UBF→二级 A/O 系统→沉淀缓冲池→外置式 UF 系统→NF 系统→STRO 系统

(3) 印染废水

格栅→调节池→初沉池→水解酸化池→生物接触氧化池→活性炭滤池→二沉池

格栅→调节池→初沉池→水解酸化池→生物接触氧化池→混凝脱色→二沉池

格栅→调节池→初沉池→水解酸化池→生物接触氧化池→氧化脱色→二沉池

格栅→调节池→初沉池→水解酸化池→氧化沟→活性炭滤池→二沉池

格栅→调节池→初沉池→水解酸化池→氧化沟→混凝脱色→二沉池

格栅→调节池→初沉池→水解酸化池→氧化沟→氧化脱色→二沉池

格栅→调节池→初沉池→UASB→生物接触氧化池→活性炭滤池→二沉池

格栅→调节池→初沉池→UASB→生物接触氧化池→混凝脱色→二沉池

格栅→调节池→初沉池→UASB→生物接触氧化池→氧化脱色→二沉池

格栅→调节池→初沉池→UASB→氧化沟→活性炭滤池→二沉池

格栅→调节池→初沉池→UASB→氧化沟→混凝脱色→二沉池

格栅→调节池→初沉池→UASB→氧化沟→氧化脱色→二沉池

格栅→调节池→初沉池→水解酸化池→生物接触氧化池→曝气生物滤池

格栅→调节池→初沉池→水解酸化池→氧化沟→曝气生物滤池

格栅→调节池→初沉池→UASB→生物接触氧化池→曝气生物滤池

格栅→调节池→初沉池→UASB→氧化沟→曝气生物滤池

格栅→调节池→水解酸化池→生物接触氧化池→活性炭滤池→二沉池

格栅→调节池→水解酸化池→生物接触氧化池→混凝脱色→二沉池

格栅→调节池→水解酸化池→生物接触氧化池→氧化脱色→二沉池

格栅→调节池→水解酸化池→氧化沟→活性炭滤池→二沉池

格栅→调节池→水解酸化池→氧化沟→混凝脱色→二沉池

格栅→调节池→水解酸化池→氧化沟→氧化脱色→二沉池

格栅→调节池→水解酸化池→生物接触氧化池→曝气生物滤池

格栅→调节池→水解酸化池→氧化沟→曝气生物滤池

格栅→调节池→初沉池→水解酸化池→生物接触氧化池→活性炭滤池→二沉池

格栅→调节池→初沉池→水解酸化池→生物接触氧化池→活性炭滤池→气浮池

格栅→调节池→初沉池→水解酸化池→生物接触氧化池→混凝脱色→二沉池

格栅→调节池→初沉池→水解酸化池→生物接触氧化池→混凝脱色→气浮池

12. 工艺设计

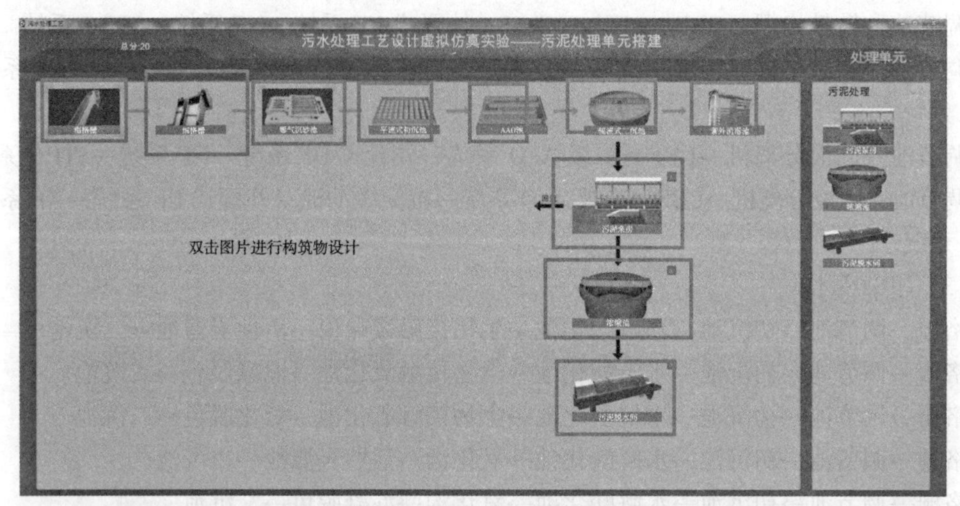

13. 2D 平面布置

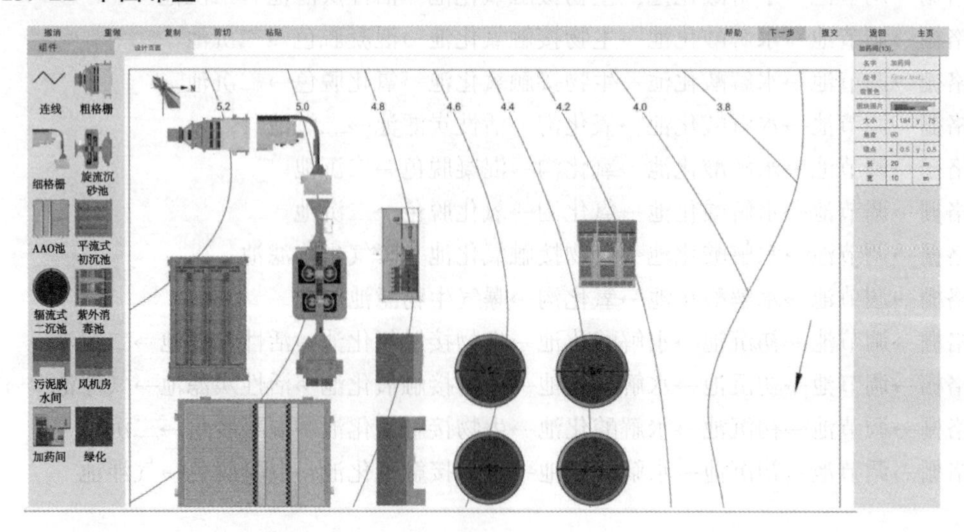

14. 3D平面布置

15. 工艺运行调试

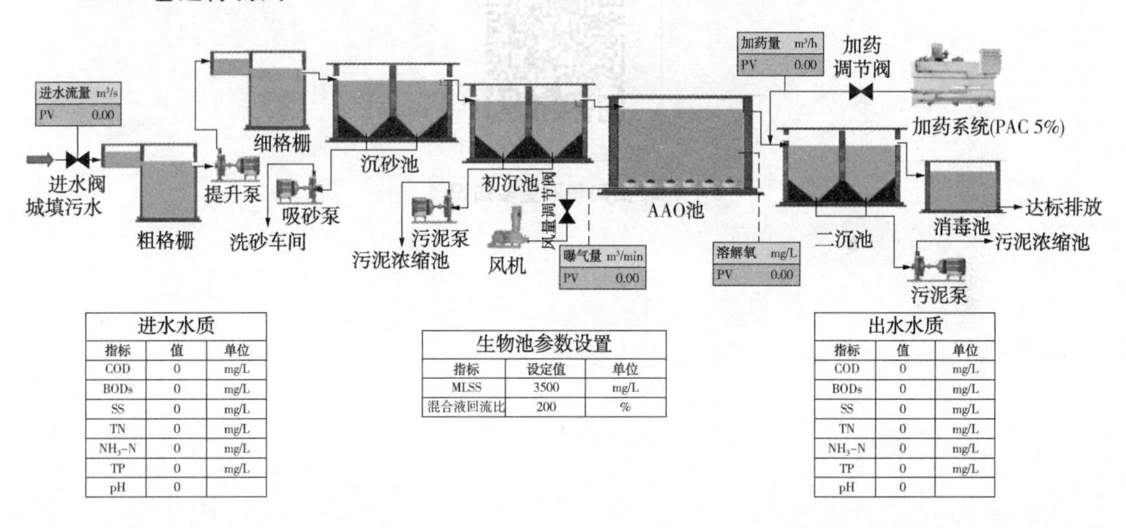

进水水质

指标	值	单位
COD	0	mg/L
BOD_5	0	mg/L
SS	0	mg/L
TN	0	mg/L
NH_3-N	0	mg/L
TP	0	mg/L
pH	0	

生物池参数设置

指标	设定值	单位
MLSS	3500	mg/L
混合液回流比	200	%

出水水质

指标	值	单位
COD	0	mg/L
BOD_5	0	mg/L
SS	0	mg/L
TN	0	mg/L
NH_3-N	0	mg/L
TP	0	mg/L
pH	0	

【拓展阅读】

首座城市污水资源概念厂投运

2021年10月18日，首座城市污水资源概念厂在江苏宜兴环科园投入运行，为污水可持续管理翻开了崭新的一页。

中国拥有世界最大且仍在不断扩大规模的污水行业，中国在污水处理技术和模式方面的实践和取得的进步可以为世界其他国家和地区提供宝贵经验。在过去的数十年中，中国令人瞩目的发展速度促进了国内水处理规模的扩大和技术创新能力的提升。2014年，曲久辉院士带领国内多位知名环保专家成立了“中国城市污水处理概念厂专家委员会”，提出了“建设面向未来的中国污水处理概念厂”的愿景。经过多年的系统性探索并在18个月的工程建设之后，宜兴城市污水资源概念厂(Yixing Concept Wastewater Resource Recovery Factory)正式投入运行。

宜兴城市污水资源概念厂是由水质净化中心、有机质协同处理中心和生产型研发中心组成的生态综合体，将以污染物消减为目标的传统污水处理厂转化为水源工厂、能源工厂和肥料工厂。宜兴城市污水资源概念厂不仅促进了“污水是资源、污水处理厂是资源工厂”这一新概念的推广，也重新定义了城市和污水处理厂的关系：新型未来城市空间中生态、生活、生产相互融合、开放共享。

[选自 Jiuhui Qu, Hongqiang Ren, Hongchen Wang, et al. China Launched the First Wastewater Resource Recovery Factory in Yixing. Front. Environ. Sci. Eng., 2022, 16(1): 13.]

扫码获取更多知识

参 考 文 献

[1] 吴俊奇，李燕城，马有龙．水处理实验设计与技术(第四版)[M]．北京：中国建筑工业出版社，2015.

[2] 王云海，杨树成，梁继东，等．水污染控制工程实验[M]．西安：西安交通大学出版社，2013.

[3] 张学洪，张力，梁延鹏．水处理工程实验技术[M]．北京：冶金工业出版社，2008.

[4] 全燮．环境科学与工程实验教程[M]．大连：大连理工大学出版社，2007.

[5] 章北平，陆谢娟，任拥政．水处理综合实验技术[M]．武汉：华中科技大学出版社，2011.

[6] 严子春．水处理实验与技术[M]．北京：中国环境科学出版社，2008.

[7] 王兰，王忠．环境微生物学实验方法与技术[M]．北京：化学工业出版社，2009.

[8] 肖琳，杨柳燕，尹大强，等．环境微生物实验技术[M]．北京：中国环境科学出版社，2004.

[9] 徐爱玲，宋志文．环境工程微生物实验技术[M]．北京：中国电力出版社．2017.

[10] 刘广立，赵广英译．膜技术在水和废水处理中的应用[M]．北京：化学工业出版社，2003.

[11] 孙丽欣，贾学斌主编．水处理工程应用实验[M]．哈尔滨：哈尔滨大学出版社，2002.

[12] 韩照祥．环境工程实验技术[M]．南京大学出版社，2006.

[13] 国家环境保护总局编．水和废水监测分析方法(第四版)[M]．北京：中国环境科学出版社，2002.

[14] 丁文川，叶姜瑜，何冰．水处理微生物实验技术[M]．北京：化学工业出版社，2011.

[15] 张可方．水处理实验技术(第二版)[M]．广州：暨南大学出版社，2009.

[16] 赵晶．中国城市污水处理市场化研究[D]．郑州：华北水利水电学院，2007.

[17] 左鸣．电镀废水处理工艺优化研究[D]．广州：华南理工大学，2009.

[18] 巨润科．电镀废水处理技术的研究进展[J]．当代化工研究，2016，(03)：27-28.

[19] 王飞扬．炼油废水回用于循环冷却水系统深度处理技术研究[D]．北京：中国石油大学，2013.

[20] 祁晓霞．炼油废水处理及回用工艺研究[D]．兰州：兰州大学，2011.

[21] 景福林．水解酸化-A/O 工艺处理石化废水研究[D]．长春：吉林大学，2011.

[22] 马玉萍．印染废水深度处理工艺现状及发展方向[J]．工业用水与废水，2013，44(04)：1-5.

[23] 马春燕．印染废水深度处理及回用技术研究[D]．上海：东华大学，2007.

[24] 温沁雪，王进，郑明明．印染废水深度处理技术的研究进展及发展趋势[J]．化工环保，2015，35(04)：363-369.